前　言

本书是在编者多年讲授"激光原理"、"激光物理与技术"、"激光原理与技术"课程讲义的基础上，经过整理、修改、补充完成的。本书全面介绍了激光的产生、激光与物质的相互作用、激光控制等方面的基本概念和基本方法。

本教材的参考学时数为72学时。全书共分11章。第1章激光与激光器基础，主要讨论激光器的基本概念、激光基本特性；第2章光学谐振腔，主要讨论光线传播的矩阵表示、光学谐振腔、高斯光束、Fabry-Perot 腔特性；第3章电磁场与物质相互作用，主要讨论电磁场与物质相互作用，泵浦概念、光谱展宽、速率方程；第4章连续与脉冲激光器工作特性，主要讨论小信号稳态增益、增益饱和、激光器的振荡阈值条件、模竞争效应、激光器的输出功率、最佳透过率、线宽极限、脉冲激光器的输出特性；第5章激光调制技术，主要讨论常见的激光调制与偏转技术、电光调制、声光调制、磁光调制；第6章调 Q 技术，主要讨论调 Q 激光器的基本理论、常见调 Q 方法；第7章超短脉冲技术，主要讨论锁模机理、超短脉冲测量技术；第8章激光放大器，主要讨论光纤放大器；第9章模式选择、稳频及倍频技术，主要讨论模式选择技术、模式测量方法；稳频概念、稳频方法；倍频概念与原理；第10章常见激光器，主要讨论固体激光器、气体激光器、光纤激光器；第11章半导体激光器与放大器，主要讨论半导体激光器结构与工作原理、半导体激光放大器结构与工作原理。

本书是根据《全国高等院校工科电子信息类光电信息专业的教学大纲》编写的专业基础课教材，具有物理光学基础知识的读者可以顺利阅读。本书适用于高等院校光电子技术、光信息技术、应用物理等专业本、专科生教材，也可以作为光学工程、物理电子学等专业研究生的参考书，并可供高等院校相关专业师生及从事光电子技术的科技人员参考。本书内容较多，各校可从教学的实际情况出发，有所侧重地选择讲授的内容，加 * 号的章节可以略去而不影响课程体系的系统性。另外，本书以基本激光现象、解释现象的基本概念与原理的研究性教学模式进行编写，以求能更好地做到理论与实践相结合。全书配有大量习题与思考题，供学生练习使用。

本书第1~4章、第7~8章、9.1、9.2与9.4节、第10~11章由陈海燕执笔，第5章由黄春雄执笔，第6章与9.3节由罗江华执笔。陈海燕负责统编全稿，并编写全部例题、习题与思考题。本书在编写过程中，参阅了一些编著者的著作和论文，在参考文献中未能一一列出，在此谨向他们表示诚挚的感谢。由于编者水平有限，书中难免还存在一些缺点和错误，殷切希望广大读者批评指正。

编　者
2011年9月

目 录

绪 论 ·· 1

第一章 激光与激光器基础 ·· 1
1.1 激光器基本结构 ··· 1
1.1.1 激光笔 ·· 1
1.1.2 激光器基本结构 ··· 2
1.2 光的描述(Ⅰ)——电磁理论 ·· 2
1.2.1 电磁波的模式 ·· 2
1.2.2 光强与光功率 ·· 4
1.2.3 介质的色散与吸收 ··· 5
1.2.4 光纤色散 ·· 7
1.3 光的描述(Ⅱ)——早期的光量子理论 ·· 9
1.3.1 普朗克的黑体辐射规律 ··· 9
1.3.2 光量子的概念 ··· 11
1.3.3 波尔理论的基本假设 ··· 12
1.3.4 两种描述的统一——光波模式和光子状态相格 ······················· 12
1.4 光子的相干性 ··· 14
1.5 光波在时域与频域中的描述 ·· 16
1.6 激光的基本概念 ··· 17
1.6.1 自发辐射、受激吸收与受激辐射 ··· 17
1.6.2 激光器的基本思想 ·· 19
1.6.3 增益系数 ·· 20
1.6.4 光的自激振荡 ··· 21
1.7 激光的特性 ·· 23

第二章 光学谐振腔 ·· 27
2.1 引言 ··· 27
2.2 光线传播的矩阵表示 ··· 28
2.2.1 几何光学的矩阵分析 ··· 28
2.2.2 常见光学元件的变换矩阵 ··· 29
2.2.3 变换矩阵与成像问题 ··· 31

2.3 光学谐振腔及其稳定条件 ·· 33
2.3.1 光学谐振腔的分类 ·· 33
2.3.2 波导透镜 ·· 35
2.3.3 谐振腔的稳定条件 ··· 37
2.3.4 谐振腔的稳区图 ·· 38
2.4 谐振腔的损耗与 Q 值 ··· 39
2.4.1 光学谐振腔的损耗 ··· 39
2.4.2 腔内光子寿命 ··· 41
2.4.3 腔的 Q 值 ··· 41
2.5 高斯光束及其变换 ·· 42
2.5.1 基模高斯光束 ··· 43
2.5.2 基模高斯光束的描述 ··· 45
2.5.3 薄透镜对基模高斯光束的变换 ··· 45
2.5.4 均匀介质中的高阶高斯光束 ·· 46
2.6 谐振腔设计 ·· 48
2.7 谐振腔本征模式的概念 ··· 51
2.7.1 谐振腔的本征模式 ··· 51
2.7.2 谐振腔的谐振频率 ··· 52
2.8 谐振腔的衍射积分理论简介 ·· 54
2.9 Fabry-Perot 腔(标准具) ··· 56
2.9.1 Fabry-Perot(FP)腔的理论模型 ··· 56
2.9.2 连续波入射时单模光纤 FP 腔的输出特性 ·· 59
2.9.3 脉冲激光入射时单模光纤 FP 腔的衰荡输出特性 ······························· 59

第三章 电磁场与物质相互作用 ··· 67
3.1 掺铒光纤的自发辐射谱 ·· 67
3.1.1 激光产生的物理基础 ··· 67
3.1.2 掺铒光纤的自发辐射谱 ·· 68
3.2 谱线加宽的概念 ·· 68
3.2.1 原子自发辐射的经典电偶极子模型 ··· 68
3.2.2 受激吸收和色散的经典理论基础 ·· 69
3.3 谱线加宽对辐射的影响 ·· 70
3.4 谱线加宽类型 ··· 74
3.4.1 均匀加宽 ·· 74
3.4.2 非均匀加宽(多普勒加宽) ··· 77
3.4.3 综合加宽** ··· 78
3.5 泵浦 ··· 79
3.5.1 泵浦过程 ·· 79

激光原理与技术

 陈海燕 罗江华 黄春雄 编著

武汉大学出版社

图书在版编目(CIP)数据

激光原理与技术/陈海燕,罗江华,黄春雄编著. —武汉:武汉大学出版社,2011.12

ISBN 978-7-307-09292-1

Ⅰ.激… Ⅱ.①陈… ②罗… ③黄… Ⅲ.①激光理论 ②激光技术 Ⅳ.TN241

中国版本图书馆 CIP 数据核字(2011)第 225765 号

责任编辑:谢文涛　　　责任校对:刘　欣　　　版式设计:马　佳

出版发行:**武汉大学出版社**　(430072　武昌　珞珈山)
（电子邮件:cbs22@whu.edu.cn　网址:www.wdp.com.cn)

印刷:荆州市天园印刷责任有限公司

开本:787×1092　1/16　印张:17.5　字数:397 千字　插页:1

版次:2011 年 12 月第 1 版　　2011 年 12 月第 1 次印刷

ISBN 978-7-307-09292-1/TN·48　　定价:22.00 元

版权所有,不得翻印;凡购买我社的图书,如有质量问题,请与当地图书销售部门联系调换。

3.5.2　泵浦过程的分类 …………………………………………………… 80
　　3.5.3　光泵浦系统 ……………………………………………………… 81
　　3.5.4　电泵浦系统 ……………………………………………………… 82
　3.6　激光器的速率方程理论 …………………………………………………… 83

第四章　连续与脉冲激光器工作特性 ……………………………………………… 87
　4.1　连续激光器的实验结果 …………………………………………………… 87
　4.2　小信号稳态增益 …………………………………………………………… 89
　4.3　增益饱和 …………………………………………………………………… 91
　4.4　激光器的振荡阈值条件 …………………………………………………… 96
　4.5　均匀加宽情况的模式竞争效应 ………………………………………… 100
　4.6　均匀加宽单纵横激光器的输出功率、最佳透过率 …………………… 103
　4.7　非均匀加宽连续激光器的稳态工作特性 ……………………………… 105
　4.8　激光的线宽极限 ………………………………………………………… 109
　4.9　频率牵引效应 …………………………………………………………… 111
　4.10　脉冲激光器的工作特性 ………………………………………………… 112
　　4.10.1　多模振荡的速率方程 …………………………………………… 112
　　4.10.2　脉冲激光器的工作特性 ………………………………………… 113

第五章　激光调制技术 …………………………………………………………… 121
　5.1　引言 ……………………………………………………………………… 121
　　5.1.1　一个激光调制实例 ……………………………………………… 121
　　5.1.2　调制的分类 ……………………………………………………… 121
　　5.1.3　光在晶体中的传播——折射率椭球 …………………………… 126
　5.2　电光效应 ………………………………………………………………… 129
　5.3　电光调制 ………………………………………………………………… 131
　　5.3.1　电光效应对光偏振态的影响 …………………………………… 131
　　5.3.2　电光强度调制 …………………………………………………… 132
　　5.3.3　电光相位调制 …………………………………………………… 136
　　5.3.4　电光波导调制器 ………………………………………………… 136
　　5.3.5　电光调制器的电学性能 ………………………………………… 138
　　5.3.6　电光调制器设计要素 …………………………………………… 139
　5.4　声光调制器 ……………………………………………………………… 139
　　5.4.1　声光调制器的工作原理 ………………………………………… 140
　　5.4.2　声光体调制器 …………………………………………………… 145
　　5.4.3　声光调制器设计应考虑的问题 ………………………………… 147
　5.5　其他调制器 ……………………………………………………………… 149
　　5.5.1　磁光调制 ………………………………………………………… 149

  5.5.2 直接调制 ·················· 150

第六章 调 Q 技术 ·················· 152
 6.1 调 Q 实验 ·················· 152
  6.1.1 Nd^{3+}：YAG 调 Q 激光器实验 ·················· 152
  6.1.2 掺镱(Yb)调 Q 光子晶体光纤激光器实验 ·················· 155
 6.2 调 Q 概念 ·················· 156
 6.3 调 Q 激光器速率方程(三能级、固体、均匀加宽) ·················· 159
  6.3.1 调 Q 的速率方程 ·················· 159
  6.3.2 速率方程的求解 ·················· 160
  6.3.3 调 Q 脉冲的峰值功率 ·················· 161
  6.3.4 调 Q 脉冲的能量及能量利用率 ·················· 162
  6.3.5 调 Q 脉冲的时间特性 ·················· 163
 6.4 常见调 Q 方法 ·················· 166

第七章 超短脉冲技术 ·················· 170
 7.1 单壁碳纳米管被动锁模光纤激光器实验 ·················· 170
  7.1.1 谐振腔结构 ·················· 170
  7.1.2 实验结果 ·················· 173
 7.2 多模激光器的输出特性 ·················· 175
 7.3 锁模原理(频域描述) ·················· 176
 7.4 锁模方法 ·················· 179
  7.4.1 主动锁模方法 ·················· 181
  7.4.2 被动锁模方法 ·················· 185
 7.5 超短脉冲压缩技术* ·················· 187
 7.6 超短脉冲测量技术 ·················· 192
 7.7 超短脉冲放大技术* ·················· 195

第八章 激光放大器 ·················· 197
 8.1 引言 ·················· 197
  8.1.1 光放大器的种类 ·················· 197
  8.1.2 光放大器的基本原理 ·················· 199
 8.2 光纤放大器的增益 ·················· 201
 8.3 Er^{3+} 的三能级系统速率方程 ·················· 204
  8.3.1 归一化的稳态粒子数差 ·················· 205
  8.3.2 放大器增益 ·················· 206
  8.3.3 1.48μm 和 0.98μm 波长泵浦 ·················· 209
  8.3.4 与时间相关的速率方程的近似解 ·················· 212

8.4 泵浦结构 ··· 213
　　8.4.1 前向泵浦 vs 后向泵浦　214
　　8.4.2 双包层光纤泵浦　214
8.5 光纤的最佳长度 ·· 216
8.6 当掺铒光纤作为前置放大器时的电噪声 ······················· 217
8.7 放大器的噪声指数 ·· 222
8.8 掺铒磷酸盐玻璃光波导放大器* ····································· 222
　　8.8.1 掺铒波导放大器　223
　　8.8.2 铒-镱共掺光波导放大器　224

第九章　模式选择、稳频与倍频技术 ·································· 227
9.1 模式选择技术 ··· 227
　　9.1.1 横模选择技术　227
　　9.1.2 纵模选择技术　228
9.2 激光器调谐 ·· 231
9.3 稳频技术 ·· 232
　　9.3.1 频率抖动　232
　　9.3.2 稳频技术　232
9.4 激光倍频技术* ·· 235
　　9.4.1 介质的非线性极化　236
　　9.4.2 激光倍频技术　236

第十章　常见激光器 ··· 239
10.1 激光器泵浦效率 ··· 239
10.2 固体激光器 ··· 240
10.3 气体激光器 ··· 244
10.4 其他激光器 ··· 248

第十一章　半导体激光器与放大器 ······································ 251
11.1 概述 ··· 251
11.2 半导体激光器结构与工作原理 ···································· 252
　　11.2.1 半导体物理基础　252
　　11.2.2 半导体激光器的增益与吸收　256
　　11.2.3 电子注入激光器的输出功率　260
　　11.2.4 半导体激光器封装技术*　260
11.3 半导体激光放大器结构与工作原理 ····························· 262
　　11.3.1 半导体激光放大器结构与工作原理　262
11.4 半导体激光器/放大器发展动态 ·································· 263

参考文献 ··· 267

绪 论

激光是20世纪的重大发明之一，现代社会已离不开激光。激光(Laser)是 Light amplification by stimulated emission of radiation 的缩写。激光是在一定条件下，光与粒子（原子、分子或离子）系统相互作用而产生的受激辐射。产生激光的器件称为激光器，激光器是利用受激辐射方法产生可见光或者不可见光的一种器件。

激光原理与技术是一门研究激光的产生、激光与物质的相互作用、激光控制等问题的应用学科。它着重由实验事实出发，阐明激光现象的基本规律和基本概念及应用。激光原理与技术的主要内容和范畴就是光（电磁场）与物质的相互作用。

与激光器有关的重大历史进程为1860年麦克斯韦建立了光的电磁理论，1900年普朗克提出能量子假说，1905年爱因斯坦提出光量子假说，1917年爱因斯坦提出受激辐射理论，1953年 Towns 建立第一台微波激射器，1958年 Towns、Shawlow 开始研制激光器，提出将 Maser 原理推广到光波段。1960年 Maiman 制造第一台红宝石激光器，其工作波长 $\lambda = 694.3$ nm，自1960年以来，激光器已得到了飞速发展，各种新型激光器不断出现，现已广泛应用于国防、通信、医疗保健、生物等各个方面。

激光器的种类繁多。按工作物质可分为：①固体（晶体和玻璃）激光器；②气体激光器；③液体激光器；④半导体激光器；⑤自由电子激光器等。按激励方式可分为：①光泵式激光器；②电激励式激光器；③化学激光器；④核泵浦激光器。按运转方式可分为：①连续激光器；②调 Q 激光器；③锁模激光器；④可调谐激光器等。按输出波段范围可分为：①远红外激光器，输出波长范围处于 $25 \sim 1000\mu m$ 之间；②中红外激光器，指输出激光波长处于中红外区（$2.5 \sim 25\mu m$）的激光器件，代表者为 CO_2 分子气体激光器（$10.6\mu m$）、CO 分子气体激光器（$5 \sim 6\mu m$）；③近红外激光器，指输出激光波长处于近红外区（$0.75 \sim 1.6\mu m$）的激光器件，代表者为掺钕固体激光器（$1.06\mu m$）、CaAs 半导体二极管激光器（约 $0.8\mu m$）、掺铒光纤激光器（$1.55\mu m$）、掺镱光纤激光器（$1.0\mu m$）等；④可见激光器，指输出激光波长处于可见光谱区（$0.4 \sim 0.7\mu m$）的一类激光器件，代表者为红宝石激光器（694.3nm）、氦氖激光器（632.8nm）、氩离子激光器（488.0nm、514.5nm）、氪离子激光器（476.2nm、520.8nm、568.2nm、647.1nm）以及一些可调谐染料激光器等；⑤近紫外激光器，其输出激光波长范围处于近紫外光谱区（$0.2 \sim 0.4\mu m$），代表者为氮分子激光器（337.1nm）、氟化氙（XeF）准分子激光器（351.1nm、353.1nm）、氟化氪（KrF）准分子激光器（249.0nm）以及某些可调谐染料激光器等；⑥真空紫外激光器，其输出激光波长范围处于真空紫外光谱区（$5 \sim 200$nm）代表者为（H）分子激光器（$164.4 \sim 109.8$nm）、氙（Xe）准分子激光器（173.0nm）等；⑦X射线激光器，指输出波长处于 X 射线谱区（$0.001 \sim 5$nm）的激光器系统。按产生机理可分为：①光与组成物质的原子（或离子、分子）内的电子之间的共振相互作用；②光与自由电子的相互作用；③光与物质的非共振相互作用，如非线性光学效应。

研究激光现象的 3 个层次的理论为速率方程理论、半经典理论和全量子理论。激光的速率方程理论研究激光的光强以及粒子数分布的变化；激光的半经典理论研究激光的基本动力学方程及其应用，包括：激光器的基本特性、光学孤立子、光学双稳态和光学混沌等；激光的全量子理论研究激光的量子统计、激光线宽以及光场的非经典效应，包括光学压缩态等。

有关激光物理学的 3 个学派是拉姆学派、哈肯学派和拉克斯-路易塞尔学派。拉姆学派的理论基础是密度矩阵和密度算符；哈肯学派的理论基础是朗之万方程；拉克斯-路易塞尔学派的理论基础是福克-普朗克方程。它们都取得了巨大成功，三者本质上是等价的。

本书主要介绍激光器的速率方程理论，用唯象的方法，讨论激光的产生、控制与传输。

学习课程除了掌握基本知识外，更重要的是学习一种科学的思维方法，掌握课程体系结构。本书的设计理念是现象、理论、模拟、新现象四维一体的研究性教学模式，该模式符合人们的认识规律，即从实践中来，到实践中去的认识规律。这里的现象就是已知的一些激光现象、理论是指解释上述激光现象的基本理论、模拟是指用计算机来模拟现有的或未知的实验现象、新现象是指利用现有的理论和计算机模拟所预言的新现象（即创新），并通过实验进行验证，这是一种创新性教学理念。读者在学习过程中应将三者有机地结合起来，为解决实际问题积累经验。

第一章 激光与激光器基础

激光现象是激光器的外部表现,激光器结构是产生激光的内因。本章以激光笔为例介绍常见激光器的基本结构、描述光波的电磁理论与初步量子理论、光子的相干性、激光器基本思想以及激光特性。学习本章之后,读者应知道:

(1) 常见激光器的基本结构及各组成元件的作用。
(2) 电磁波的模式、光强与光功率、介质的色散与吸收、光纤色散。
(3) 普朗克的黑体辐射规律、光量子、波数、光波模式和光子状态的等效性。
(4) 光子的相干性,光波在时域与频域中的描述。
(5) 激光器基本思想,光放大与谐振腔,损耗。
(6) 激光特性有哪些。

1.1 激光器基本结构

1.1.1 激光笔

在现代社会中,激光的应用无处不在,比如普遍在课堂、演讲等场合广泛使用的无线激光笔,就是一个典型的激光器。无线激光笔由激光器、射频(RF)遥控器和接收器(USB接口)组成。RF遥控器内嵌有无线射频发射器,在使用时只需将接收器插入电脑主机的 USB 接口,无需安装驱动即可正常工作,使用者只需点击射频遥控器的相关功能键便可操纵接收器。

半导体激光器是激光笔的核心,它由泵浦源又称激励源(电池)、激光物质(半导体材料)、光学谐振腔(由两块相互平行的光学镜组成)以及输入/输出接口系统组成。图 1-1 为典型红光激光笔的结构示意图。激光管前面的玻璃片是一个 98% 的平面反射镜,它必须与激光管后面的 100% 反光镜平行,以便构成光学谐振腔。由于半导体激光器的发散角较大,激光笔的前面需加一个光学镜头来准直半导体激光器发出的激光。绿光激光笔是用 1063nm 激光倍频得到的,采用的是半导体泵浦固态激光器结构,如图 1-2 所示。

电池　　驱动电路　　输出模块

图 1-1　红光激光笔结构示意图

电池　　泵浦二极管(LD)　　LD泵浦固态
　　　　驱动电路　　　　　激光器模块

图 1-2　绿光激光笔结构示意图

目前激光笔的颜色有蓝光：457nm，473nm，488nm，绿光：532nm，黄光：561nm与红光等。

1.1.2 激光器基本结构

激光笔虽然简单，但已包含了激光器的基本组成，即谐振腔、工作物质（激光物质）、泵浦源以及输入/输出接口。谐振腔的目的是提供反馈与激光模式选择、工作物质是光与物质作用的主体以实现光放大、泵浦源为激光器提供能量。泵浦源可分为电泵浦源与光泵浦源两种。光泵浦激光器的基本结构如图1-3所示。

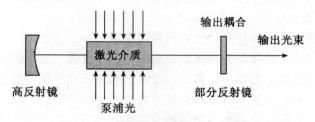

图1-3 光泵浦激光器结构示意图

◎ **自测练习**

（1）常见激光器由_____、_____、_____及输入/输出接口组成。

（2）谐振腔的目的是_____与_____，泵浦源为激光器提供_____。

（3）激光笔的泵浦源为_____。

（4）绿光激光笔的结构较复杂，它是用_____激光倍频而得到，常采用_____结构。

1.2 光的描述（Ⅰ）——电磁理论

光具有波粒二象性。光的波动性用电磁理论来描述，光的粒子性用量子理论来描述。光的电磁理论认为光是一种电磁波，本节介绍谐振腔内的光波模式、光波强度与功率、介质的色散与吸收以及光纤色散等基本概念。

1.2.1 电磁波的模式

单色平面波是麦克斯韦方程的一个特解，可表示为

$$E(r, t) = E_0 \exp(i2\pi\nu t - i\boldsymbol{k} \cdot \boldsymbol{r}) \tag{1-1}$$

式中，E_0为光波电场的振幅矢量；ν为单色平面波的频率，$\boldsymbol{k}\left(k = \dfrac{2\pi}{\lambda}\vec{s}\right.$；$\vec{s}$为光传播方

向上的单位矢量）为波矢；r 为空间位置坐标矢量。麦克斯韦方程的通解可表示为一系列单色平面波的线性叠加。

在自由空间，具有任意波矢的单色平面波都可以存在。但在封闭谐振腔（一个有边界条件限制的空间，见图 1-4）内，只能存在一些分离的、具有特定波矢的单色平面驻波。这种能够存在于腔内的驻波称为电磁波的模式或称光波模式，简称模式。

本书中，我们关心的问题是谐振腔（长方体空腔）内的模式数。腔内光波模式可用图 1-5 所示的波矢空间来描述。每个模式对应波矢空间的一点。波矢 $\boldsymbol{k}(m,n,q)$ 的三个分量满足条件：

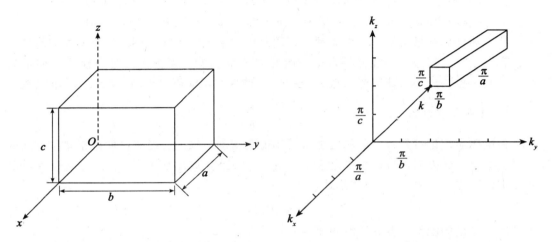

图 1-4 封闭长方体谐振腔结构示意图　　　图 1-5 波矢 (k) 空间

$$k_x = m \cdot \frac{\pi}{a}, \quad k_y = n \cdot \frac{\pi}{b}, \quad k_z = q \cdot \frac{\pi}{c} \tag{1-2}$$

每一组 (m, n, q) 代表腔内一个模式（包含两个偏振）。
每一模式在三个坐标轴方向与相邻模式的间隔为

$$\Delta k_x = \frac{\pi}{a}, \quad \Delta k_y = \frac{\pi}{b}, \quad \Delta k_z = \frac{\pi}{c} \tag{1-3}$$

因此，每个模式在波矢空间所占体积为

$$\Delta k_x \Delta k_y \Delta k_z = \frac{\pi^3}{abc} = \frac{\pi^3}{V} \tag{1-4}$$

式中，$V = abc$。

在波矢空间，波矢大小处于 $k \sim k+\mathrm{d}k$ 区间的体积为 $\frac{1}{8} \cdot 4\pi k^2 \mathrm{d}k$，此体积内的模式数为 $\frac{1}{8} \cdot 4\pi k^2 \mathrm{d}k / (\Delta k_x \Delta k_y \Delta k_z)$。又因 $k = \frac{2\pi}{\lambda} = \frac{2\pi\nu}{c}$，$\mathrm{d}k = \frac{2\pi \mathrm{d}\nu}{c}$，可得频率在 $\nu \sim \nu+\mathrm{d}\nu$ 区间内的模式数为 $\frac{4\pi\nu^2}{c^3} V \mathrm{d}\nu$，考虑到同一波矢有两种不同偏振，上述模式数应乘 2。在体积

为 V 的空腔内,处在频率 ν 附近 $\mathrm{d}\nu$ 频带内的模式数为

$$N_m = \frac{8\pi\nu^2}{c^3} V \mathrm{d}\nu \tag{1-5}$$

频率 ν 附近单位体积、单位频带内的模式数(又称单色模密度)为

$$n_\nu = \frac{8\pi\nu^2}{c^3} \tag{1-6}$$

式中,c 为真空中的光速。

例 1.1 求封闭腔在波长为 10cm、500nm、1500nm 处的单色模密度。

解:$\lambda = 10\mathrm{cm}$,$\nu = c/\lambda = 3\times10^9\mathrm{Hz}$,$n_\nu = 8\pi\nu^2/c^3 = 8.37\times10^{-6}/(\mathrm{Hz}\cdot\mathrm{m}^3)$

$\lambda = 500\mathrm{nm}$,$\nu = c/\lambda = 6\times10^{14}\mathrm{Hz}$,$n_\nu = 8\pi\nu^2/c^3 = 3.35\times10^5/(\mathrm{Hz}\cdot\mathrm{m}^3)$

$\lambda = 1500\mathrm{nm}$,$\nu = c/\lambda = 2\times10^{14}\mathrm{Hz}$,$n_\nu = 8\pi\nu^2/c^3 = 3.7\times10^4/(\mathrm{Hz}\cdot\mathrm{m}^3)$

从上述计算结果可知:在微波频段,闭腔内的单色模密度很小,每个模式的能量较大,有利于模式起振;而在光频段,封闭腔内的单色模密度很大,每个模式的能量较小,不利于振荡。为了获得光频振荡(激光),谐振腔不能用封闭腔,需采用其他方法。

1.2.2 光强与光功率

由电磁学理论可知:电磁场的能量可用能流密度来描述。能流密度是指单位时间内通过垂直于传播方向单位面积的能量,它是一个矢量(坡印廷矢量),其方向表示电磁场能量传输方向,可用(1-7)式描述。

$$\vec{S} = \vec{E} \times \vec{H} \tag{1-7}$$

也可用电磁波的能量密度 ρ 和波的速度 v 表示为

$$S = \rho v = \frac{1}{2}(\varepsilon E^2 + \mu H^2)v \tag{1-8}$$

光强,即光的强度,是光波场平均能流密度的绝对值,单位是瓦特/米^2($\mathrm{W/m}^2$),即

$$I = \langle |\vec{S}| \rangle = \langle |\vec{E} \times \vec{H}| \rangle \tag{1-9}$$

对于各向同性无源介质中的简谐平面波,有

$$I = \frac{n}{2\eta} E_0^2 \tag{1-10}$$

式中,n 为介质的折射率,$n = \sqrt{\varepsilon_r \mu_r}$,对于非铁磁介质,$\mu_r \approx 1$,$n \approx \sqrt{\varepsilon_r}$,$\eta = \sqrt{\mu_0/\varepsilon_0} = 377\Omega$,$\varepsilon_0 = 8.85\times10^{-12}\mathrm{F}\cdot\mathrm{m}^{-1}$,$\mu_0 = 4\pi\times10^{-7}\mathrm{N}\cdot\mathrm{A}^{-2}$;$E_0$ 为光场振幅。光波的电场强度矢量又称光矢量。

设垂直于传播方向光束的面积为 A,则其功率为

$$P = IA \tag{1-11}$$

功率的单位为瓦特(W)。在光电子技术中,常用 dBm 作为光功率单位,任意功率 P 转换为 dBm 单位的变换式为:$P = 10\lg(P/1\mathrm{mW})(\mathrm{dBm})$。例如,$1\mathrm{mW} = 0\mathrm{dBm}$。

例 1.2 一台 3kW 的 CO_2 激光器发出的光束被聚焦成直径为 $10\mu\mathrm{m}$ 的光斑,求在焦点处的光强以及光场的振幅值(假设空气的折射率为 1,不计光束的损失)。

解:光强

$$I = \frac{P}{A} = \frac{3000}{\pi \times (5 \times 10^{-6})^2} = 3.82 \times 10^{13} \, \text{W/m}^2$$

由(1-10)式有

$$E_0 = \sqrt{2I\sqrt{\frac{\mu_0}{\varepsilon_0}}} = \sqrt{2 \times 3.82 \times 10^{13} \times \sqrt{\frac{4\pi \times 10^{-7}}{8.85 \times 10^{-12}}}} = 1.70 \times 10^8 \, \text{V/m}$$

1.2.3 介质的色散与吸收

1. 经典的电偶极子模型

当光与介质发生相互作用时，在外场的作用下，正负电荷中心分离，介质被极化，其中的电子与离子会形成电偶极子。将电偶极子作为弹性振子处理，即弹性系数 k 为常数，振子的固有频率为 ω_0。介质中的电偶极子在外界光场 E 的作用下，将会作受迫振动，并辐射出电磁波。这就是经典的受激原子发光的模型，因为最初由洛伦兹提出，故称为洛伦兹模型。

假设由原子核与电子组成的系统，坐标原点在核上，电子偏离平衡位置的位移用 x 表示，按照电磁学理论，系统的运动方程在线性近似下为

$$\frac{d^2 x}{dt^2} + \gamma \frac{dx}{dt} + \omega_0^2 x = -\frac{eE}{m} \tag{1-12}$$

式中，γ 为辐射阻尼常数；m 与 e 分别为电子的质量与电荷。设外电场的频率为 ω，即 $E = E_0 e^{i\omega t}$，方程(1-12)的特解可写为

$$x(t) = x_0 e^{i\omega t} \tag{1-13}$$

将式(1-13)代入方程(1-12)，可得

$$x = \frac{eE_0}{m} \times \frac{1}{(\omega_0^2 - \omega^2) + i\omega\gamma} e^{i\omega t} \tag{1-14}$$

2. 色散与吸收

首先讨论最简单的情形，即假设介质中的束缚电子只有单一的固有频率。此时，在入射电磁场的作用下，带电粒子发生位移，导致极化，极化强度为

$$\vec{P} = -NZe\vec{x} \tag{1-15}$$

式中，N 为原子的数密度；Z 为每个原子中参与形成电偶极子的核外电子数。极化率为

$$\chi = \frac{\vec{P}}{\varepsilon_0 \vec{E}} \tag{1-16}$$

将式(1-14)、式(1-15)代入式(1-16)，可得

$$\chi = \frac{ZNe^2}{m\varepsilon_0} \times \frac{1}{(\omega_0^2 - \omega^2) + i\omega\gamma} \tag{1-17}$$

令 $\chi = \chi' + i\chi''$，考虑共振相互作用(即 $\omega \approx \omega_0$)情形，电极化率的实部与虚部分别为

$$\chi' = \text{Re}(\chi) = \frac{ZNe^2}{2m\varepsilon_0\omega_0} \times \frac{\omega - \omega_0}{(\omega - \omega_0)^2 + \left(\frac{\gamma}{2}\right)^2} \tag{1-18}$$

$$\chi'' = \text{Im}(\chi) = -\frac{ZNe^2}{2m\varepsilon_0\omega_0} \times \frac{\gamma/2}{(\omega-\omega_0)^2 + \left(\frac{\gamma}{2}\right)^2} \tag{1-19}$$

式(1-19)称为洛伦兹函数。可见，极化率的实部与虚部都与外加电场的频率有关。由相对介电常数的定义，有

$$\varepsilon_r = 1 + \chi = 1 + \chi' + i\chi'' \tag{1-20}$$

因为 $\chi \ll 1$，式(1-20)可近似改写成

$$\sqrt{\varepsilon_r} = 1 + \frac{\chi}{2} = 1 + \frac{\chi'}{2} + i\frac{\chi''}{2} \tag{1-21}$$

介质的复折射率为

$$\tilde{n} = n + i\kappa$$

式中，n 为介质的折射率；κ 为介质的吸收系数(或消光系数)。由折射率与介电常数的关系 $\tilde{n} = \sqrt{\varepsilon_r}$，得到

$$n = 1 + \frac{\chi'}{2} \tag{1-22}$$

$$\kappa = \frac{\chi''}{2} \tag{1-23}$$

可见，介质的折射率是外加电场频率的函数，即不同频率的光有不同的折射率，这就是色散现象。令 $Z=1$，$\frac{ZNe^2}{2m\varepsilon_0\omega_0} = \frac{1}{4}$，$\gamma = \frac{\omega_0}{20}$，图 1-6 给出极化率的实部与虚部随频率的变化曲线，图 1-7 给出 n 和 κ 随频率的变化曲线。从图 1-6 中可以看出，当外场频率接近振子的固有频率，即共振时，χ'' 才有较大值。χ'' 和 κ 都具有洛伦兹线型。由图 1-7 可见，介质的折射率可能大于 1，也可能小于 1，甚至可能是负值。

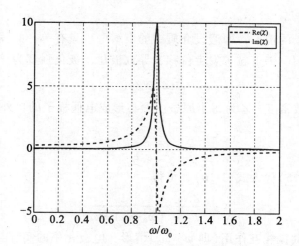

图 1-6 极化率的实部与虚部随频率的变化曲线

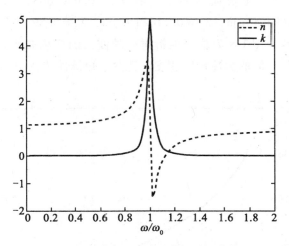

图 1-7 折射率与消光系数随频率的变化曲线

讨论：

(1) 当 $0 \leq \omega \leq \omega_0$ 时，$n>1$，且 n 随 ω 的增加而增加，这是正常色散区域。

(2) 当 $\omega = \omega_0$ 时，n 达最大值，产生共振吸收，在吸收取内，n 随 ω 的增加而减少，这是反常色散区域。

(3) 当 $\omega_0 \leq \omega \leq \infty$ 时，$n<1$，这也是正常色散区域。

3. 多个本征频率

实际上，介质中的原子体系往往有多个本征振动频率，设原子的本征频率为 ω_1，ω_2，$\cdots$，ω_j，$\cdots$，阻尼系数为 γ_1，γ_2，$\cdots$，γ_j，$\cdots$，相应的振子个数为 f_1，f_2，$\cdots$，f_j，$\cdots$，则 $\sum_j f_j = Z$，仿照单一本征频率下的推导过程，有

$$\varepsilon_r = 1 + \frac{Ne^2}{m\varepsilon_0} \sum_j \frac{f_j}{(\omega_j^2 - \omega^2) + i\omega\gamma_j} \tag{1-24}$$

$$n^2(1-\kappa^2) = 1 + \frac{Ne^2}{m\varepsilon_0} \sum_j \frac{\omega_j^2 - \omega^2}{(\omega_j^2 - \omega^2)^2 + (\omega\gamma_j)^2} \tag{1-25}$$

$$2\kappa n^2 = \frac{Ne^2}{m\varepsilon_0} \times \frac{\omega\gamma_j}{(\omega_j^2 - \omega^2)^2 + (\omega\gamma_j)^2} \tag{1-26}$$

色散的起源与介质通过束缚电子的振荡吸收电磁辐射的特征谐振频率有关，远离介质谐振频率时，折射率与塞尔迈耶尔方程很近似

$$n^2(\omega) = 1 + \sum_{j=1}^m \frac{B_j \omega_j^2}{\omega_j^2 - \omega^2} \tag{1-27}$$

式中，ω_j 是谐振频率；B_j 为 j 阶谐振强度。方程(1-27)中的求和号包含了所有对感兴趣的频率范围有贡献的介质谐振频率。

1.2.4 光纤色散

对光纤而言，用与纤芯成分有关的方程(1-27)，取 $m=3$，与实验测得的色散曲线

相拟合，求得 B_j 和 ω_j。对块体熔石英，有 $B_1 = 0.6961663$，$B_2 = 0.4079426$，$B_3 = 0.8974794$，$\lambda_1 = 0.0684043 \mu m$，$\lambda_2 = 0.1162414 \mu m$，$\lambda_3 = 9.896161 \mu m$，这里 $\lambda_j = 2\pi c/\omega_j$，$c$ 为真空中的光速。图 1-8 为熔石英折射率随波长的变化曲线。不同的频率分量对应于由 $c/n(\omega)$ 给定的不同的脉冲传输速度，色散在短脉冲传输中起重要作用。

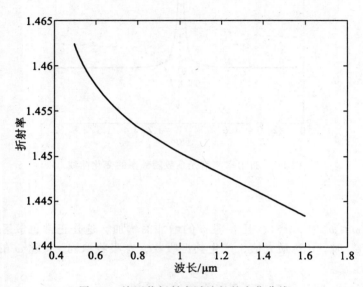

图 1-8 熔石英折射率随波长的变化曲线

光纤中传输模式的传输常数 β 在中心频率 ω_0 处的泰勒级数为

$$\beta(\omega) = n(\omega)\frac{\omega}{c} = \beta_0 + \beta_1(\omega - \omega_0) + \frac{1}{2}\beta_2(\omega - \omega_0)^2 + \cdots \tag{1-28}$$

式中，

$$\beta_m = \left(\frac{d^m \beta}{d\omega^m}\right)_{\omega = \omega_0} \quad (m = 0, 1, 2, \cdots) \tag{1-29}$$

参量 β_1，β_2 与折射率有关，且有关系：

$$\beta_1 = \frac{n_g}{c} = \frac{1}{v_g} = \frac{1}{c}\left(n + \omega\frac{dn}{d\omega}\right) \tag{1-30}$$

$$\beta_2 = \frac{1}{c}\left(2\frac{dn}{d\omega} + \omega\frac{d^2 n}{d\omega^2}\right) \tag{1-31}$$

式中，n_g 是群折射率；v_g 是群速度，脉冲包络以群速度运动。参量 β_2 表示群速度色散，和脉冲的加宽有关。这种现象称群速度色散（GVD），β_2 是 GVD 参量，单位是 ps^2/km。

在光纤光学的文献中，通常用总色散参量 D 来代替 β_2，它们之间的关系为

$$D = \frac{d\beta_1}{d\lambda} = -\frac{2\pi c}{\lambda^2}\beta_2 = -\frac{\lambda}{c}\frac{d^2 n}{d\lambda^2} \tag{1-32}$$

D 的单位是 $ps/(km \cdot nm)$。

例 1.3 一单模光纤在 $\lambda = 0.8\mu m$ 时测得 $\lambda^2(d^2n/d\lambda^2) = 0.02$. 计算色散参数 β_2 和 D。

解：由式(1-32)有

$$\beta_2 = \frac{\lambda}{2\pi c^2} \cdot \lambda^2 \frac{d^2 n}{d\lambda^2} = \frac{0.8 \times 10^{-6} \times 10^{-3} km}{2 \times 3.14 \times (3 \times 10^5 km)^2} s^2 \times 0.02$$

$$= 29.3 ps^2/km$$

$$D = -\frac{\lambda}{c}\frac{d^2 n}{d\lambda^2} = -\frac{\lambda^2}{c\lambda}\frac{d^2 n}{d\lambda^2} = -\frac{0.02}{3\times 10^5 km \times 0.8 \times 10^3 nm}s = -\frac{100}{1.2}ps/(km\cdot nm)$$

$$= -83.3 ps/(km\cdot nm)$$

◎ 自测练习

（1）光学谐振腔中的光波模式是指_____。

（2）频率 ν 附近单位体积、单位频带内的模式数（又称单色模密度）为_____。

（3）波长为 $\lambda = 632.8nm$ 的 He-Ne 激光器，谱线线宽为 $\Delta\nu = 1.7 \times 10^9 Hz$。谐振腔长度为 50cm。假设该腔被半径为 $2a = 3mm$ 的圆柱面所封闭。则激光线宽内的模式数为_____个。

　　(A) 6　　　　(B) 100　　　　(C) 10000　　　　(D) 1.2×10^9

（4）在某个实验中，光功率计测得某光信号的功率为 -30dBm，等于_____W。

　　(A) 1×10^{-6}　　(B) 1×10^{-3}　　(C) 30　　(D) -30

（5）某介质的折射率为 $n(\lambda) = 1.45 - s(\lambda - 1.3\mu m)^3$，$s = 0.003\mu m^{-3}$。则在 $\lambda = 1.5\mu m$ 时，$\beta_2 = $_____。

　　(A) $-15 ps^2/km$　　(B) $-21.5 ps^2/km$　　(C) $20 ps^2/km$　　(D) $30 ps^2/km$

（6）某介质的折射率为 $n(\lambda) = 1.45 - s(\lambda - 1.3\mu m)^3$，$s = 0.003\mu m^{-3}$。则在 $\lambda = 1.5\mu m$ 时，$D = $_____ $ps/(km\cdot nm)$。

　　(A) 18.0　　(B) 10.0　　(C) -5.0　　(D) -15.0

（7）某多纵模 LD 发出两个分离的波长分量，其间隔为 0.8nm。标准单模光纤在 1550nm 处的色散参数为 $D = 17ps/nm/km$，长度为 20km 的光纤，色散引起的脉冲加宽为_____。

1.3 光的描述（Ⅱ）——早期的光量子理论

1.3.1 普朗克的黑体辐射规律

我们知道，物体在任何温度下都向外辐射电磁波，称为热辐射或温度辐射。可用绝对黑体（简称黑体）模型来描述热辐射现象，如图1-9所示。当黑体处于某一温度 T 的热平衡情况下，它所吸收的辐射能量应等于其发出的辐射能量，即黑体与辐射场之间应处于能量（热）平衡状态。显然，这种平衡必然导致空腔内存在完全确定的辐射场。黑体辐射是黑体温度 T 和辐射场频率 ν 的函数，并用单色能量密度 ρ_ν 描述。ρ_ν 定义为：在单位体积内,频率处于 ν 附近的单位频率间隔中的电磁辐射能量,其单位为 $J \cdot m^{-3} \cdot Hz^{-1}$。图 1-10 为黑体辐射规律。

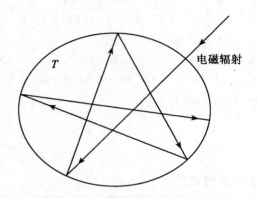

图 1-9 绝对黑体示意图

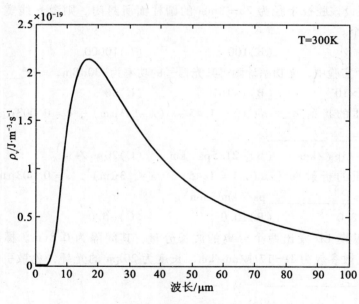

图 1-10 黑体辐射规律

1889 年维恩用空腔黑体测量辐射能量密度随频率 ν 变化的分布规律,得出了维恩公式,但在低频段,维恩公式和实验的偏差较大,必须用另一个公式,即瑞利-金斯公式。以上两个公式均不能对实验结果作出准确解释。

1900 年普朗克提出了解释黑体辐射规律的能量子化假设,即辐射物质中具有带电的线性谐振子,它和周围电磁场交换能量。这些谐振子只能处于某种特殊的状态,它的能量取值只能为某一最小能量(称为能量子)的整数倍,即:$\varepsilon, 2\varepsilon, 3\varepsilon, \cdots, n\varepsilon$($n$ 为正整数)。对于频率为 ν 的谐振子最小能量为 $\varepsilon = h\nu$,h 称为普朗克常数,$h = 6.63 \times 10^{-34} J \cdot s$,

正整数 n 称为量子数。振子在辐射或吸收能量时，从一个状态跃迁到另一个状态。在温度 T 的热平衡情况下，黑体辐射分配到腔内每个模式上的平均能量为

$$E = \frac{h\nu}{\exp(h\nu/kT) - 1} \tag{1-33}$$

式中，$k = 1.38 \times 10^{-23}$ J/K（K 是热力学温度）为玻耳兹曼常数；T 为黑体温度。

由式(1-6)和式(1-33)可得黑体辐射普朗克公式

$$\rho_\nu = \frac{8\pi\nu^2}{c^3} \frac{h\nu}{\exp(h\nu/kT) - 1} \tag{1-34}$$

例 1.4 某弹簧振子：质量 $m = 1.0$ kg，恢复系数 $k = 20$ N/m，振幅 $A = 1.0$ cm，求其量子数。

$$\nu = \frac{1}{2\pi}\sqrt{\frac{k}{m}} = 0.71 \text{ Hz}, \quad E = \frac{1}{2}kA^2 = 1.0 \times 10^{-3} \text{ J}, \quad E = nh\nu, \quad n = \frac{E}{h\nu} = 2.1 \times 10^{30}。$$

1.3.2 光量子的概念

1905 年爱因斯坦提出了光量子（即光子）的概念。爱因斯坦假设：光和原子、电子一样也具有粒子性，光就是以光速 c 运动着的粒子流，他把这种粒子叫光量子。光量子假说成功地解释了光电效应。爱因斯坦的光量子假说发展了普朗克所开创的能量子理论。

光子作为构成光的粒子，有许多不同于其他粒子的特殊性质。如它的静止质量为零，具有能量、动量、角动量和偏振等。同时具有波动属性。光子的基本性质有

a. 光子的能量 ε

在频率为 ν 的光波模式中，每个光子具有能量为

$$\varepsilon = h\nu = \hbar\omega \tag{1-35}$$

式中，$\hbar = 1.05 \times 10^{-34}$ J·s，这个模的能量只能以 $\hbar\omega$ 为单位增加或减少。

一个模内即使没有光子，但仍具有一定的能量 $\varepsilon_0 = \hbar\omega/2$，这称为零点能。当一个模内有 n 个光子时，该模具有的能量为

$$E_n = \left(n + \frac{1}{2}\right)\hbar\omega, \quad n = 0, 1, 2, \cdots \tag{1-36}$$

由于能量的测量都涉及两个能量的差，故零点能并不能直接观测到。但其存在，在原子的自发辐射过程中起着非常重要的作用。

波长与能量之间的换算关系为

$$\lambda(\mu m) = 1.24/E(eV) \tag{1-37}$$

波数也常用作能量的单位，波数（即波长的倒数）与能量之间的换算关系为

$$1 \text{ cm}^{-1} = 1.24 \times 10^{-4} \text{ eV} \tag{1-38}$$

b. 光子的运动质量 m

$$m = \frac{\varepsilon}{c^2} = \frac{h\nu}{c^2} \tag{1-39}$$

c. 光子的动量 P 与单色平面光波的波矢 k 对应

$$P = \frac{2\pi}{\lambda} n_0 = \hbar k \tag{1-40}$$

式中，$\hbar = \frac{h}{2\pi}$，$k = \frac{2\pi}{\lambda} n_0$，$n_0$ 为光子运动方向（平面光波传播方向）上的单位矢量。

e. 光子具有两种可能的独立偏振状态，对应于光波场的两个独立偏振方向。

f. 光子具有自旋，并且自旋量子数为整数。因此大量光子的集合，服从玻色-爱因斯坦统计规律。处于同一状态的光子数目是没有限制的。

例 1.5 求 He-Ne 激光器所发出光子的能量、动量、质量（光波波长 632.8nm）

解： $E = h\nu = \frac{hc}{\lambda} = 3.14 \times 10^{-19} \text{J}$，$p = h/\lambda = 1.05 \times 10^{-27} \text{kg} \cdot \text{m/s}$，

$m = \frac{h\nu}{c^2} = \frac{h}{\lambda c} = 3.5 \times 10^{-36} \text{kg}$。

1.3.3 波尔理论的基本假设

1913 年玻尔利用原子中电子运动状态量子化假设成功地解释了氢原子光谱的实验规律，玻尔理论的基本假设：

（1）定态假设——原子系统只存在一系列不连续的能量状态，其电子只能在一些特殊的圆轨道中运动，在这些轨道中运动时不辐射电磁波。这些状态称为定态，相应的能量取不连续的量值 E_1，E_2，E_3，…。如图 1-11 所示。

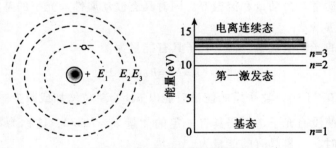

图 1-11 氢原子与简单能级图

（2）频率假设——原子从一个定态跃迁到另一定态时，将吸收或辐射电磁波，电磁波的频率由下式决定。

$$h\nu_{kn} = E_n - E_k \tag{1-41}$$

式中，n，$k = 1, 2, \cdots$

（3）角动量量子化假设——电子作圆轨道运动时，角动量只能取分立值。

$$L = n\hbar \tag{1-42}$$

式中，n 为正整数，称为量子数。

1.3.4 两种描述的统一——光波模式和光子状态相格

按照量子电动力学概念，光波的模式和光子的状态是等效的概念。

在经典力学中，质点的运动状态可用相空间来描述，即由坐标(x,y,z)和动量(P_x,P_y,P_z)确定。相空间内的一点表示质点的一个运动状态。光子的运动状态和经典宏观质点有着本质的区别，它受量子力学测不准关系的制约。对于一维运动情况，测不准关系表示为

$$\Delta x \Delta P_x \approx h \tag{1-43}$$

式(1-43)意味着处于二维相空间面积元$\Delta x \Delta P_x \approx h$之内的粒子运动状态在物理上是不可区分的，因而它们应属于同一种状态。

在三维运动情况下，测不准关系为

$$\Delta x \Delta y \Delta z \Delta P_x \Delta P_y \Delta P_z \approx h^3$$

故在六维相空间中，一个光子态对应(或占有)的相空间体积元为

$$\Delta x \Delta y \Delta z \Delta P_x \Delta P_y \Delta P_z \approx h^3 \tag{1-44}$$

上述相空间体积元称为相格。相格是相空间中用任何实验所能分辨的最小尺度。光子的某一运动状态只能定域在一个相格中，但不能确定它在相格内部的对应位置。于是我们看到，微观粒子和宏观质点不同，它的运动状态在相空间中不是对应一点而是对应一个相格。这表明微观粒子运动的不连续性。

从式(1-44)可得出，一个相格所占有的坐标空间体积(或称相格空间体积)为

$$\Delta x \Delta y \Delta z \approx h^3 / (\Delta P_x \Delta P_y \Delta P_z) \tag{1-45}$$

理论表明一个光波模在相空间也占有一个相格。因此，一个光波模等效于一个光子态。

◎ 自测练习

(1) 频率为ν的谐振子能量子的能量为_____。

(2) 以波数为单位，绘出电磁波谱图。

(3) 波数也常用作能量的单位，波数与能量之间的换算关系为$1\text{cm}^{-1} = $_____eV。

  (A) 1.24×10^{-7} (B) 1.24×10^{-6} (C) 1.24×10^{-5} (D) 1.24×10^{-4}

(4) 若掺Er光纤激光器的中心波长为$1.530\mu\text{m}$，则产生该波长的两能级之间的能量间隔约为_____ cm^{-1}。

  (A) 6000 (B) 6500 (C) 7000 (D) 10000

(5) 室温下，红宝石694.3nm谱线，其谱线宽度约为9cm^{-1}，如用波长表示其谱线宽度，则对应于_____nm。如用频率表示其谱线宽度，则对应于_____MHz。

(6) 一个模内即使没有光子，但仍具有一定的能量$\varepsilon_0 = \hbar\omega/2$，这称为零点能。当有$n$个光子时，该模具有的能量为_____。

(7) 光子具有自旋，并且其自旋量子数为整数，大量光子的集合，服从_____统计分布。

(8) 据辐射的量子理论，原子的自发辐射是由于场振子的_____的

微扰而引起的。

（9）一个光波模＿＿＿＿＿＿＿＿＿＿一个光子态。

（10）微观粒子和宏观质点不同，它的运动状态在相空间中不是对应＿＿＿＿而是对应一个＿＿＿＿。这表明微观粒子运动的不连续性。

1.4 光子的相干性

在一般情况下，光的相干性理解为：在不同的空间点上、在不同时刻光波场的某些特性(如光波场的相位)的相关性。在相干性的经典理论中引入光场的相干函数作为相干性的度量。但是，作为相干性的一种粗略描述，常使用相干体积的概念。如果在空间体积 V_c 内各点的光波场都具有明显的相干性，则 V_c 称为相干体积。V_c 又可表示为垂直于光传播方向的截面上的相干面积 A_c 和沿传播方向的相干长度 L_c 的乘积

$$V_c = A_c L_c \tag{1-46}$$

式(1-46)也可表示为另一形式：

$$V_c = A_c \tau_c c \tag{1-47}$$

式中，c 为光速；$\tau_c = L_c/c$ 是光沿传播方向通过相干长度 L 所需的时间，称为相干时间。

普通光源发光，是大量独立振子(如发光原子)的自发辐射。每个振子发出的光波是由持续一段时间 Δt 或在空间占有长度 $c\Delta t$ 的波列所组成。不同振子发出的光波的相位是随机变化的。对于原子谱线来说，Δt 即为原子的激发态寿命($\Delta t \approx 10^{-8} s$)。对波列进行频谱分析，就得到它的频带宽度为

$$\Delta\nu \approx 1/\Delta t \tag{1-48}$$

式中，$\Delta\nu$ 是光源的谱宽，是光源单色性的量度，也可用单色性参数 $\Delta\lambda/\lambda_0$ 来量度光源的单色性(λ_0 为光源中心波长)。

物理光学中已经阐明，光波的相干长度就是光波的波列长度，即

$$L_c = c\Delta t = c/\Delta\nu \tag{1-49}$$

于是，相干时间 τ_c 与光源谱宽 $\Delta\nu$ 的关系为

$$\tau_c = 1/\Delta\nu \tag{1-50}$$

式(1-50)说明，光源单色性越好，则相干时间越长。相干时间与光谱谱宽的乘积与光谱形状有关，相干时间具有与 $1/\Delta\nu$ 相同的数量级，常用(1-50)来估算相干时间。

物理光学中曾经证明：在图 1-12 中，由线度为 Δx 的光源 A 照明的 s_1 和 s_2 两点的光波场具有明显空间相干性的条件为

$$\Delta x L_x / R \leqslant \lambda \tag{1-51}$$

式中，λ 为光源波长。距离光源 R 处的相干面积 A_c 可表示为

$$A_c = L_x^2 = (R\lambda/\Delta x)^2 \tag{1-52}$$

如果用 $\Delta\theta$ 表示两缝间距对光源的张角，则式(1-51)可写为

$$(\Delta x)^2 \leqslant (\lambda/\Delta\theta)^2 \tag{1-53}$$

式(1-53)表明：如果要求传播方向限于张角 $\Delta\theta$ 之内的光波是相干的，则光源的面积必须小于 $(\lambda/\Delta\theta)^2$。因此，$(\lambda/\Delta\theta)^2$ 就是光源的相干面积。或者说，只有从面积小于

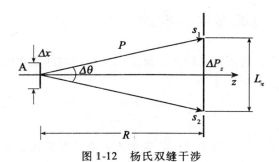

图 1-12 杨氏双缝干涉

$(\lambda/\Delta\theta)^2$ 的光源面上发出的光波才能保证张角在 $\Delta\theta$ 之内的双缝具有相干性（见图 1-12）。根据相干体积定义，可得光源的相干体积为

$$V_{cs} = \left(\frac{\lambda}{\Delta\theta}\right)^2 \frac{c}{\Delta\nu} \tag{1-54}$$

从光子观点来看。由面积为 $(\Delta x)^2$ 的光源发出动量为 $\boldsymbol{P}$ 的限于立体角 $\Delta\theta$ 内的光子，由于光子具有动量测不准量，在 $\Delta\theta$ 很小的情况下其各分量为

$$\Delta P_x = \Delta P_y \approx |\boldsymbol{P}|\Delta\theta \tag{1-55}$$

因为 $\Delta\theta$ 很小，故有

$$P_z \approx |\boldsymbol{P}|$$
$$\Delta P_z \approx \Delta|\boldsymbol{P}| = h\Delta\nu/c \tag{1-56}$$

如果具有上述动量测不准量的光子处于同一相格之内，即处于一个光子态，则光子所占有的相格空间体积（即光子的坐标测不准量）为

$$\Delta x \Delta y \Delta z = \frac{h^3}{\Delta P_x \Delta P_y \Delta P_z} = \left(\frac{\lambda}{\Delta\theta}\right)^2 \frac{c}{\Delta\nu} \tag{1-57}$$

比较 (1-54) 和 (1-57) 两式可知，相格的空间体积和相干体积相等。如果光子属于同一光子态，则它们应该包含在相干体积之内。换句话说，属于同一光子态的光子是相干的。

◎ **自测练习**

(1) 中心频率为 $5 \times 10^8 \mathrm{MHz}$ 的某光源，相干长度为 $1\mathrm{m}$，则此光源的单色性参数 $\Delta\lambda/\lambda_0 = \underline{\qquad}$，光源谱宽为 $\underline{\qquad}$。

(2) 某光源面积为 $10\mathrm{cm}^2$，波长为 $500\mathrm{nm}$，距光源 $0.5\mathrm{m}$ 处的相干面积为 $\underline{\qquad}$。

(3) 属于同一状态的光子或同一模式的光波是 $\underline{\qquad}$。
　　(A) 相干的　　(B) 部分相干的　　(C) 不相干的　　(D) 非简并的

(4) 波长为 $\lambda = 400\mathrm{nm}$ 的光子，其单色性参数为 $\Delta\lambda/\lambda_0 = 10^{-5}$，此光子的位置不确定量为 $\underline{\qquad}$。

1.5 光波在时域与频域中的描述

光波在时域中可用光场函数来描述，反应光振动随时间变化的函数关系。设光源中心频率为 ν_0，其光场函数可表示为

$$E(t) = \begin{cases} E_0 \exp(i2\pi\nu_0 t), & 0 < t < t_c \\ 0, & \text{其他} \end{cases} \quad (1\text{-}58)$$

光波在频域中可用光谱函数来描述，表示光强随光频变化的函数关系。可由光场函数的傅里叶变换得到

$$F[E(t)] = \int_0^\infty E(t)\exp(-i2\pi\nu t)\,\mathrm{d}t$$

$$F[E(t)] = E_0 \int_0^{t_c} \exp(j2\pi\nu_0 t) \cdot \exp(-j2\pi\nu t)\,\mathrm{d}t$$

$$= E_0 t_c \mathrm{sinc}[\pi(\nu-\nu_0)t_c]\exp[-j\pi(\nu-\nu_0)t_c]$$

$$= E_0 t_c \frac{\sin[\pi(\nu-\nu_0)t_c]}{\pi(\nu-\nu_0)t_c}\exp[-j\pi(\nu-\nu_0)t_c]$$

由此可得光强

$$I(\nu) \propto |F[E(t)]|^2 = I_0 \mathrm{sinc}^2[\pi(\nu-\nu_0)t_c] \quad (1\text{-}59)$$

光谱的谱宽 $\Delta\nu$ 常表示为光谱函数峰值一半对应的两个频率差，$\Delta\nu$ 又称为半极大全宽度 FWHM(Full width at half maximum)，如图 1-13 所示。

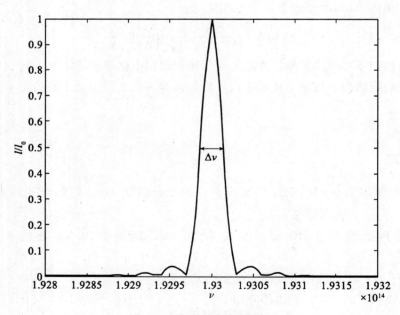

图 1-13 光强随频率的变化

◎ **自测练习**

（1）光波在时域中与频域表示互为_____。

（2）光波的时域特性常用_____来观察，光波的频域特性用_____来观察。

1.6 激光的基本概念

1.6.1 自发辐射、受激吸收与受激辐射

1917年爱因斯坦提出了受激辐射的概念，这个概念是激光产生的基础。物质吸收或发光实质上是辐射场和物质的原子相互作用的结果。为简化问题起见，我们只考虑原子的两个能级 E_2 和 E_1，并有

$$h\nu = E_2 - E_1 \tag{1-60}$$

单位体积内处于两能级上的原子数分别用 n_2 和 n_1 表示。

爱因斯坦从辐射场与物质的原子相互作用的量子论观点出发提出：上述相互作用应包含原子的自发辐射跃迁、受激吸收和受激辐射跃迁三种过程（见图1-14）。

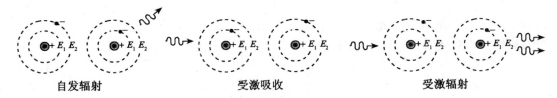

图1-14 原子的自发辐射、受激辐射和受激吸收示意图

1. 自发辐射

处于高能级 E_2 的一个原子自发地向 E_1 跃迁，并发射一个能量为 $h\nu$ 的光子，这种过程称为自发跃迁。由原子自发跃迁发出的光波称为自发辐射。自发跃迁过程用自发跃迁几率 A_{21} 描述。A_{21} 定义为，单位时间内 n_2 个高能级原子中发生自发跃迁的原子数与 n_2 的比值：

$$A_{21} = \left(\frac{dn_{21}}{dt}\right)_{sp} \frac{1}{n_2} \tag{1-61}$$

式中，$(dn_{21})_{sp}$ 表示由于自发辐射跃迁引起的由 E_2 向 E_1 跃迁的原子数，且 $A_{21} = 1/\tau_{21}$，τ_{21} 为原子在能级 E_2 上的平均寿命。自发辐射光子的频率、偏振方向以及传播方向都是随机的，只要 $n_2 \neq 0$，自发辐射就必然存在，受激原子的自发辐射说明原子不能无限长地处于激发态。

2. 受激吸收

处于低能级 E_1 的一个原子，在频率为 ν 的辐射场作用（或称激励）下，吸收一个能量为 $h\nu$ 的光子并向 E_2 能级跃迁，这种过程称为受激吸收跃迁，用受激吸收跃迁几率 W_{12} 描述这一过程，W_{12} 定义为，单位时间内 n_1 个低能级原子中发生受激跃迁的原子数与 n_1 的比值：

$$W_{12} = \left(\frac{dn_{12}}{dt}\right)_{st} \frac{1}{n_1} \tag{1-62}$$

式中，$(dn_{12})_{st}$ 表示由于受激吸收跃迁引起的由 E_1 向 E_2 跃迁的原子数。W_{12} 不仅与原子性质有关，还与辐射场的能量密度 ρ_ν 成正比，这种关系可唯象地表示为

$$W_{12} = B_{12}\rho_\nu \tag{1-63}$$

式中，比例系数 B_{12} 称为受激吸收的爱因斯坦系数，它只与原子性质有关。

3. 受激辐射

受激吸收跃迁的反过程就是受激辐射跃迁。处于高能级 E_2 的原子在频率为 ν 的辐射场作用下，跃迁到低能级 E_1 并辐射一个能量为 $h\nu$ 的光子，这种过程称为受激辐射跃迁。用受激辐射跃迁几率 W_{21} 描述这一过程，W_{21} 定义为，单位时间内 n_2 个高能级原子中发生受激辐射的原子数与 n_2 的比值：

$$W_{21} = \left(\frac{dn_{21}}{dt}\right)_{st} \frac{1}{n_2} \tag{1-64}$$

式中，$(dn_{21})_{st}$ 表示由于受激辐射跃迁引起的由 E_2 向 E_1 跃迁的原子数。

$$W_{21} = B_{21}\rho_\nu \tag{1-65}$$

式中，比例系数 B_{21} 称为受激辐射跃迁爱因斯坦系数。

爱因斯坦三系数 A_{21}，B_{12}，B_{21} 之间的关系：

$$B_{12} f_1 = B_{21} f_2 \tag{1-66}$$

$$A_{21} = n_\nu h\nu B_{21} \tag{1-67}$$

$$A_{21} = \frac{1}{\tau_{21}} \tag{1-68}$$

式中，f_1 和 f_2 分别为能级 E_1 和 E_2 的统计权重。

例 1.6 掺铒光纤激光器中的发光粒子 Er^{3+} 的上能级寿命为 6.8×10^{-3} s，求 A_{21}，B_{21}（$\lambda = 1550$ nm）。

解：

$$A_{21} = \frac{1}{\tau_{21}} = \frac{1}{6.8 \times 10^{-3} \text{s}} = 147 \text{s}^{-1}$$

由 (1-67) 式有

$$B_{21} = \frac{A_{21}\lambda^3}{8\pi h} = 3.3 \times 10^{16} \text{m}^3/\text{Js}^2$$

例 1.7 CO_2 激光器的工作温度为 227℃，求谐振腔内辐射场的单色能量密度 ρ_ν 和受激辐射跃迁几率 W_{21}。（已知 $B_{21} = 6 \times 10^{20} \text{m}^3/\text{Js}^2$，$\lambda = 10.6 \mu\text{m}$）

解： $\nu = c/\lambda = 2.83 \times 10^{13}$ Hz

$$\rho_\nu = \frac{8\pi\nu^2}{c^3} \frac{h\nu}{\exp(h\nu/kT) - 1} = 9.28 \times 10^{-20} \text{J}/(\text{m}^3 \cdot \text{Hz}), \quad W_{21} = B_{21}\rho_\nu = 55.7 \text{s}^{-1}$$

1.6.2 激光器的基本思想

1. 受激辐射放大（即光放大）与粒子数反转

假设如图 1-15 中的一组原子：开始时它们处于相同的激发态，大部分位于通过光子的激发范围，τ_{21} 很长，受激辐射的概率为 100%，入射（激发）光子与第一个原子相互作用产生一个受激辐射的相干光子，然后，这两个光子与线路上的下两个原子相互作用产生四个相干光子，依次类推，这一过程结束时，我们将得到 11 个相干光子，这些光子同相位、同传播方向。换句话说，初始光子被"放大"了 11 倍。输入给这些激发态原子的能量由外部能源提供，称为"泵浦"源。

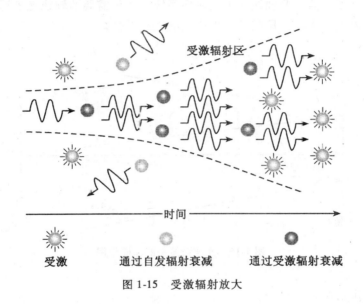

图 1-15 受激辐射放大

当然，对于实际原子来说，受激辐射的概率是非常小的。而且，不是所有的原子都位于激发态，事实上位于激发态的原子是非常少的。在物质处于热平衡状态时，各能级上的粒子数（或称集居数）服从玻耳兹曼统计分布：

$$\frac{n_2}{n_1} = \exp\left(-\frac{E_2 - E_1}{kT}\right) \tag{1-69}$$

为简化起见，式中已令 $f_2 = f_1$。因 $E_2 > E_1$；所以 $n_2 < n_1$，即在热平衡状态下，高能级粒子数恒小于低能级粒子数。当频率 $\nu = (E_2 - E_1)/h$ 的光通过物质时，受激吸收光子数 $n_1 W_{12}$ 恒大于受激辐射光子数 $n_2 W_{21}$。因此，处于热平衡状态下的物质只能吸收光子。

当满足条件 $n_2 > n_1$（称为粒子数反转）时，物质的光吸收可以转化为自己的对立面——光放大。一般来说，当物质处于热平衡状态时，粒子数反转是不可能的，只有当外界向物质供给能量，从而使物质处于非热平衡状态时，粒子数反转才可能实现。泵浦过程是光放大的必要条件。换句话说，粒子数反转是光放大的必要条件。

例 1.8 分别求氢原子在 300K、30000K 温度下，处于基态和第一激发态的粒子数之比。

解：$E_n = \dfrac{E_1}{n^2}$ $E_1 = -13.6\text{eV}$，令 $g_2 = g_1$，$\dfrac{n_2}{n_1} = \exp\left(-\dfrac{E_2 - E_1}{kT}\right)$，

$T = 300\text{K}$ 时，$\dfrac{n_1}{n_2} = 1.59 \times 10^{172}$，$T = 30000\text{K}$，$\dfrac{n_1}{n_2} = 51.5$。

2. 光学谐振腔

虽然利用粒子数反转，通过受激辐射能获得光放大，但单程增益是非常低的，大多数处于激发态的粒子尚未参与光放大。为了获得激光，需要一个正反馈机制来让大多数处于激发态的粒子参与光放大，它就是谐振腔-开腔（如图 1-16 所示），一个由镜子组成的系统，它能将不需要的非轴线光子反射出系统，而将需要的轴线光子返回到激发态粒子并不断地被放大。光学谐振腔是产生激光的充分条件。

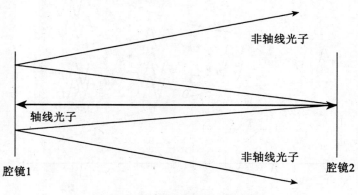

图 1-16 光学谐振腔的选模作用

谐振腔的作用主要有：
（1）进行模式选择，提高输出激光的相干性。
（2）提供轴向光波模式的反馈。

激光器的基本思想是使相干的受激辐射光子集中在某一特定（或几个）模式内，而不是均匀分配在所有模式内，从而使腔内某一特定（或少数几个）模式内形成很高的光子简并度。

1.6.3 增益系数

受激辐射光放大特性可用增益系数来描述。激光介质一旦形成了粒子数反转，便可实现光的放大。放大作用的大小通常用放大（或增益）系数 G 来描述。如图 1-17 所示，设在光传播方向上 z 处的光强为 $I(z)$，则增益系数定义为

$$G = \frac{\mathrm{d}I(z)}{\mathrm{d}z}\frac{1}{I(z)} \tag{1-70}$$

设入射光的能量密度为 ρ_ν，光强为 $I = \rho_\nu c$，$h\nu = E_2 - E_1$。E_2 与和 E_1 间形成了粒子数反转，上、下能级粒子数分别为 N_2 和 N_1，单位时间、单位体积内产生的光子数增加为

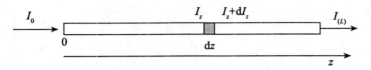

图 1-17 增益物质的光放大

$$\frac{dn}{dt} = (N_2 - N_1) B_{21} \rho_\nu \quad (1\text{-}71)$$

由于 $\rho_\nu = nh\nu$（n 代表受激辐射光子数密度），$dz = cdt$，c 为真空中的光速，则有

$$\frac{dI}{dz} = \frac{1}{c} I (N_2 - N_1) B_{21} h\nu \quad (1\text{-}72)$$

由此可得光强放大的增益系数为

$$G = \frac{1}{I} \frac{dI}{dz} = \frac{1}{c} (N_2 - N_1) B_{21} h\nu \quad (1\text{-}73)$$

若粒子数不随 z 变化，则增益系数 $G(z)$ 为常数 G^0，G^0 称为线性或小信号增益系数。光强为

$$I(z) = I_0 \exp(g_0 z) I(z) = I_0 \exp(G^0 z) \quad (1\text{-}74)$$

式中，I_0 为初始输入光强。

光强的增大是上能级粒子向下能级受激跃迁的结果，亦即以粒子数差 $[N_2 - N_1]$ 的减小来实现，光强越强，$[N_2 - N_1]$ 越小。因此增益系数 $G(z)$ 将随 z 的增加而减小，称为增益饱和。考虑光强的影响，增益系数可表示为

$$G(I) = \frac{G^0}{1 + I/I_s} \quad (1\text{-}75)$$

式中，I_s 为饱和光强，$G(I)$ 称为大信号或饱和增益系数。增益常用单位为 dB，任何比例系数 R 与单位 dB 之间的变换式为：$R = 10 \lg R(\text{dB})$。增益系数单位为 dB/cm（或 dB/m）。

实际上，增益系数是光波频率 ν 的函数，表示为 $G(\nu, I)$。这是因为能级 E_2 和 E_1 由于各种原因总有一定的宽度，所以在中心频率 $\nu_0 = (E_2 - E_1)/h$ 附近一个小范围（$\nu_0 \pm \Delta\nu/2$）内都有受激跃迁发生。$G(\nu, I)$ 随频率 ν 的变化曲线称为增益曲线，$\Delta\nu$ 称为增益曲线宽度，如图 1-18 所示。

1.6.4 光的自激振荡

通常所说的激光器都是指激光自激振荡器。

1. 自激振荡概念

在光放大的同时，通常还存在着光的损耗，用损耗系数 α 来描述。α 定义为光通过单位距离后光强衰减的百分数，它表示为

$$\alpha = -\frac{dI(z)}{dz} \frac{1}{I(z)} \quad (1\text{-}76)$$

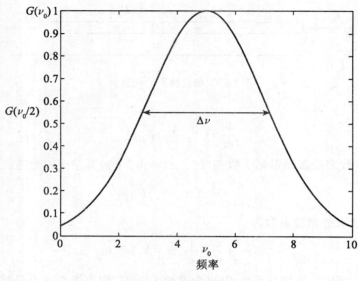

图 1-18 增益曲线

同时考虑增益和损耗，则有

$$dI(z) = [G(I) - \alpha] I(z) dz \quad (1\text{-}77)$$

假设有微弱光（光强为 I_0）进入一无限长放大器。起初光强 $I(z)$ 将按小信号放大规律 $I(z) = I_0 e^{(G^0 - \alpha)z}$ 增长，但随着 $I(z)$ 的增加，$G(I)$ 将由于饱和效应而按式（1-78）减小，因而 $I(z)$ 的增长将逐渐变缓。最后，当 $G(I) = \alpha$ 时，$I(z)$ 不再增加并达到一个稳定的极限值 I_m。根据条件 $G(I) = \alpha$，可求得 α，由关系式

$$\frac{G^0}{1 + I_m/I_s} = \alpha \quad (1\text{-}78)$$

可得

$$I_m = \frac{G^0 - \alpha}{\alpha} I_s \quad (1\text{-}79)$$

可见，I_m 只与放大器本身的参数有关，而与初始光强 I_0 无关。特别是，不管初始 I_0 多么微弱，只要放大器足够长，就总是形成确定大小的光强 I_m，这就是自激振荡的概念。这表明，当激光放大器的长度足够大时，它可能成为一个自激振荡器。

实际上，并不需要真正把激活物质的长度无限增加，而只要在具有一定长度的光放大器两端放置如图 1-16 所示的光谐振腔。这样，轴向光波模就能在反射镜间往返传播，就等效于增加放大器长度。光谐振腔的这种作用也称为光的反馈。由于在腔内总是存在频率在 ν_0 附近的微弱的自发辐射光（相当于初始光强 I_0），它经过多次受激辐射放大就有可能在轴向光波模上产生光的自激振荡，这就是激光器。

2. 振荡条件

一个激光器能够产生自激振荡的条件，即任意小的初始光强 I_0 都能形成确定大小的

腔内光强 I_m 的条件，可从式(1-77)求得

$$G^0 \geq \alpha \tag{1-80}$$

这就是激光器的振荡条件。α 为包括放大器损耗和谐振腔损耗在内的平均损耗系数。

当 $G^0 = \alpha$ 时，称为阈值振荡情况，这时腔内光强维持在初始光强 I_0 的极其微弱的水平上；当 $G^0 > \alpha$ 时，腔内光强 I_m 就增加，并且 I_m 正比于 $(G^0 - \alpha)$。可见，增益和损耗这对矛盾就成为激光器是否振荡的决定因素。特别应该指出，激光器的几乎一切特性（如输出功率、单色性、方向性等）以及对激光器采取的技术措施（如稳频、选模、锁模等）都与增益和损耗特性有关。因此，工作物质的增益特性和光腔的损耗特性是掌握激光基本原理的线索。

振荡条件式(1-80)有时也表示为另一种形式。设工作物质长度为 L，光腔长度为 L，令 $\alpha L = \delta$，δ 称为光腔的单程损耗因子，振荡条件可写为

$$G^0 L \geq \delta \tag{1-81}$$

$G^0 L$ 称为单程小信号增益因子。

3. 激光器的工作原理

当泵浦能量加在激光器上时，工作物质下能级上的粒子就向高能级跃迁，通过非辐射过程停留在寿命较长的激光上能级上，在没达到粒子数反转之前，激光上能级的粒子以自发辐射的形式向下跃迁，此时，腔内出现自发辐射光，一旦粒子数达到反转，激光上能级的粒子就在腔内自发辐射光的激励下，以受激辐射形式向下跃迁，在谐振腔的选模作用下，选出特定激光波长，当此特定波长光波的增益大于其损耗时，就可产生稳定的激光输出。

◎ 自测练习

(1) 激光器一般工作在＿＿＿＿状态。
　　(A)阈值附近　　　(B)小信号　　　(C)大信号　　　(D)任何状态
(2) 在粒子数反转分布状态下，微观粒子满足＿＿＿＿＿＿＿＿＿。
　　(A)费米分布　　　(B)高斯分布　　　(C)玻耳兹曼分布　　　(D)负温度分布
(3) 自发辐射爱因斯坦系数 A_{21} 与激发态 E_2 能级的平均寿命之间的关系是＿＿＿＿。
(4) 如果激光器工作在 $\lambda = 10\mu m$ 波长，输出 1W 连续功率，则每秒从激光上能级向下能级跃迁的粒子数是＿＿＿＿。
(5) 一束光通过长度为 1m 的均匀激励的工作物质。如果出射光强是入射光强的两倍，则该物质的增益系数为＿＿＿＿。

1.7　激光的特性

激光器具有和普通光源很不相同的特性。一般通称为激光的四性：单色性、相干性、方向性和高亮度。实际上，这四性本质上可归结为一性，即激光具有很高的光子简

并度。也就是说,激光可以在很大的相干体积内有很高的相干光强。激光的这一特性正是由于受激辐射的本性和光腔的选模作用才得以实现的。

1. 激光的空间相干性和方向性

光束的空间相干性和它的方向性(用光束发散角描述)是紧密联系的。对于普通光源,只有当光束发散角小于某一限度,即 $\Delta\theta \leq \lambda/\Delta x$ 时,光束才具有明显的空间相干性。例如,一个理想的平面光波是完全空间相干光,同时它的发散角为零。

激光所能达到的最小光束发散角还要受衍射效应的限制,它不能小于激光通过输出孔径时的衍射角 θ_m。θ_m 称为衍射极限。设光腔输出孔径为 $2a$,则衍射极限 θ_m 为

$$\theta_m = \frac{\lambda}{2a} \tag{1-82}$$

例如,对氦氖气体激光器,$\lambda = 0.63 \mu m$,取 $2a = 3mm$,则 $\theta_m \approx 2 \times 10^{-4} rad$。

不同类型激光器的方向性差别很大,它与工作物质的类型和均匀性、光腔类型和腔长、激励方式以及激光器的工作状态有关。气体激光器由于工作物质有良好的均匀性,并且腔长一般较大,所以有最好的方向性,可达到 $\theta \approx 10^{-3} rad$,He-Ne 激光器甚至可达 $3 \times 10^{-4} rad$,这已十分接近其衍射极限 θ_m。固体激光器方向性较差,一般在 $10^{-2} rad$ 量级。其主要原因是,有许多因素造成固体材料的光学非均匀性,以及一般固体激光器使用的腔长较短和激励的非均匀性等。半导体激光器的方向性最差。

通过会聚激光束可以获得高能量密度激光。一束发散角为 θ 的单色光被焦距为 F 的透镜聚焦时,焦面光斑直径 D 为

$$D = F\theta \tag{1-83}$$

在 θ 等于衍射极限 θ_m 的情况下,则有极限光斑直径 D_m 为

$$D_m \approx F\lambda/2a \tag{1-84}$$

这表示,在理想情况下有可能将激光的巨大能量聚焦到直径为光波波长量级的光斑上,形成极高的能量密度。

2. 时间相干性和单色性

光源单色性越好,相干时间就越长。对于单横模(TEM_{00})激光器,其单色性取决于它的纵模结构和模式的频带宽度。如果激光在多个纵模上振荡,激光由多个相隔 $\Delta\nu_q$(纵模间隔)的不同频率的光所组成,则单色性较差。

单模激光器的谱线宽度 $\Delta\nu_q$ 极窄。例如,对单模输出功率 $P_0 = 1mW$ 的 He-Ne 激光器,$\Delta\nu_q \approx 5 \times 10^{-4} Hz$,这显然是极高的单色性。但实际上很难达到这一理论极限。在实际的激光器中,有一系列不稳定因素(如温度、振动、气流、激励等)导致光腔谐振频率的不稳定,因此单纵模激光器的单色性主要由其频率稳定性决定。

单模稳频气体激光器的单色性最好,一般可达 $10^6 \sim 10^3 Hz$,在采用最严格稳频措施的条件下,曾在 He-Ne 激光器中观察到约 2Hz 的带宽。固体激光器的单色性较差,主要是因为工作物质的增益曲线很宽,故很难保证单纵模工作。半导体激光器的单色性最差。

综上所述,激光器的单模工作(选模技术)和稳频对于提高相干性十分重要。一个

稳频的 TEM_{00} 单纵模激光器发出的激光接近于理想的单色平面光波,即完全相干光。

3. 激光的高亮度(强相干光)

提高输出功率和效率是研究激光器的重要课题。目前,气体激光器(如 CO_2)能产生最大的连续功率,固体激光器能产生最高的脉冲功率,尤其是采用光腔 Q 调制技术和激光放大器后,可使激光振荡时间压缩到极小的数值(例如 10^{-9}s 量级),并将输出能量放大,从而获得极高的脉冲功率。采用锁模技术和脉宽压缩技术,还可进一步将激光脉宽压缩到 10^{15}s。尤其重要的是激光功率(能量)可以集中在单一(或少数)模式中,因而具有极高的光子简并度。这是激光区别于普通光的重要特点。

光源的单色亮度正比于光子简并度。由于激光具有极好的方向性和单色性,因而具有极高的光子简并度和单色亮度。例如一台波长为 6328nm 的 He-Ne 激光器,若 $P = 1mW$,$\Delta\lambda/\lambda_0 \approx 10^{-11}$,则光子简并度为 4×10^{10}。和普通光源的光子简并度相比,激光的单色亮度或光子简并度实现了重大的突破。一台高功率调 Q 固体激光器的亮度比太阳表面的高出几百万倍。例如,将一个吉瓦级(10^9W)的调 Q 激光聚焦到直径为 $5\mu m$ 的光斑上,则所获得的功率密度可达 10^{15}W/cm^2。

◎ 自测练习

(1)当一束发散角为 10^{-2} 弧度的单色光被焦距为 10cm 的透镜聚焦时,焦面光斑直径为_____。

(2)为使氦氖激光器的相干长度达到 1 公里,它的单色性 $\Delta\lambda/\lambda_0$ 应是_____。

(3)激光器单色性能 $\Delta\lambda/\lambda_0 = 10^{-8}$,波长 600nm,则它的相干时间为_____。相干长度为_____。

◎ 本章思考题

1. 以激光笔为例,说明激光器的基本组成。泵浦的作用是什么?
2. 绘出光泵浦激光器的结构示意图。
3. 用 Matlab 语言绘出介质的色散与吸收曲线。
4. 以波数为单位绘出电磁波谱。
5. 试从爱因斯坦系数之间的关系说明下述概念:分配在一个模式中的自发辐射跃迁几率等于在此模式中的一个光子引起的受激辐射几率。
6. 简述谐振腔的物理思想。
7. 简要说明激光的产生过程。
8. 什么是"增益饱和现象"?其产生机理是什么?
9. 简述激光自激振荡过程。
10. 激光特性有哪些?分别与激光器的哪些参数有关?

◎ 练习一

1. 证明每个模式上的平均光子数为 $\dfrac{1}{\exp(h\nu/kT)-1}$。

2. 在外场作用下 $e(t)$，一维电子振荡器的运动方程可表示为

$$\frac{d^2 x}{dt^2} + \sigma \frac{dx}{dt} + \frac{k}{m} x = -\frac{ee(t)}{m}$$

式中，x 表示电子偏离平衡位置的位移；σ、m 与 e 分别为辐射阻尼常数、电子的质量与电荷。如果 $e(t) = \mathrm{Re}[E\exp(i2\pi\nu t)]$、$x(t) = \mathrm{Re}[x(\nu)\exp(i2\pi\nu t)]$。计算：

(1) 复极化强度 $P(\nu) = -Nex(\nu)$，式中 N 为电子数密度。

(2) 证明极化率为 $\chi = \dfrac{Ne^2}{m\varepsilon_0} \dfrac{1}{4\pi^2(\nu_0^2-\nu^2)+i2\pi\nu\sigma}$，式中 $\nu_0 = 1/2\pi\sqrt{k/m}$。

3. 在温度为 T 的平衡热辐射情况下，从爱因斯坦关系式导出辐射场的能量密度公式。说明其意义。

4. 分别求氢原子在 300K、30000K 温度下，处于基态和第一激发态的粒子数之比。

5. 如果激光器和微波激射器分别在 $\lambda=10\mu m$、$\lambda=500nm$ 和 $\nu=3000MHz$ 输出 1W 连续功率，试问每秒从激光上能级向下能级跃迁的粒子数是多少？

6. 设一对激光能级为 E_2 和 $E_1(g_1=g_2)$，相应的频率为 ν（波长为 λ），能级上的粒子数密度分别为 n_2 和 n_1，试求：

(1) 当 $\nu=3000MHz$，$T=300K$ 时，$n_2/n_1=?$

(2) 当 $\lambda=1\mu m$，$T=300K$ 时，$n_2/n_1=?$

(3) 当 $\lambda=1\mu m$，$n_2/n_1=0$ 时，温度 $T=?$

7. 证明当每个模式内的平均光子数（光子简并度）大于 1 时，辐射光中受激辐射占优势。

8. (1) 一质地均匀的材料对光的吸收系数为 $0.01mm^{-1}$，光通过 10cm 长的该材料后，出射光强为入射光强的百分之几？(2) 一束光通过长度为 1m 的均匀激励的工作物质。如果出射光强是入射光强的两倍，试求该物质的增益系数。

9. 假设激光腔内存在电磁场模式的电场为：

$$E(r,t) = E_0 \exp\left(-\frac{t}{2t_c} + j\omega_0 t\right)$$

式中，t_c 为腔内光子寿命。试求：(1) 电场的傅里叶变换；(2) 发射光的功率谱；(3) 谱线宽度。

10. 某光子的波长为 500nm，单色性 $\Delta\lambda/\lambda_0=10^{-7}$，试求光子的位置不确定量 Δx。若光子的波长变为 0.5nm（X 射线）和 5×10^{-5}nm（Y 射线），则相应的 Δx 又是多少？

11. 在 $2cm^3$ 空腔内有一带宽为 $1\times10^{-4}\mu m$，波长为 $5\times10^{-1}\mu m$ 的跃迁，试问：

(1) 此跃迁的频率范围是多少？

(2) 在此频带宽度范围内，腔内存在的模式数是多少？

(3) 一个自发辐射光子出现在某一个模式的几率是多少？

第二章 光学谐振腔

本章介绍描述激光谐振腔的几何光学理论、腔的稳定性、高斯光束、衍射理论、自再现概念、FP腔等。学习本章之后，读者应知道：
(1) 光束传播的矩阵分析方法。
(2) 腔的稳定性，腔损耗与 Q 值，谐振腔的稳区图。
(3) 基模高斯光束及其变换规律。
(4) 谐振腔本征模式的概念、谐振腔设计、谐振腔的谐振频率。
(5) 谐振腔的衍射积分理论。
(6) Fabry-Perot腔的理论模型、连续与脉冲波入射时单模光纤FP腔的输出特性。

2.1 引言

研究光学谐振腔的理论方法有几何光学理论和波动光学理论。几何光学理论不考虑与光的波动性有关的衍射现象，而研究傍轴光线在腔内往返传播行为；波动光学理论则从惠更斯-菲涅尔原理出发，研究腔内光场的分布、谐振频率、损耗等。本章研究开式光腔，一面反射镜的反射率尽量接近1，以减小能量的损失；而另一面反射镜要具有适当的透过率，以便能够输出一定的能量。

光学谐振腔是激光器的重要组成部分，其基本结构如图2-1所示，大多数广泛使用的激光器谐振腔通常由线度有限的两面光学反射镜(反射率分别为 R_1 和 R_2)相距一段距离 L 共轴放置而形成。两面反射镜之间的轴向距离，称为腔长。激光器谐振腔不同于微波腔，主要在两个方面：①谐振腔线度远大于激光波长；②开放腔，即横向表面不起作用。腔长远大于波长，也远大于反射镜的线度。与波长可比拟的激光腔因增益较低而不能引起激光器振荡。开腔结构可大大减少腔内模式数。激光谐振腔的作用是提供激光振荡所必需的反馈，选择振荡模式，并且为激光输出腔外提供一定的耦合。

光学谐振腔分为无源腔和有源腔两种，两者的区别是无源光谐振腔的腔内没有激光介质(或者有，但没有激活)，而有源光谐振腔的腔内有激活的激光介质。图2-1给出的仅仅是光学谐振腔的基本结构，实际上，上述结构可以产生许多变化，而构成各种各样的腔结构，如环形腔、折叠腔等。图2-1所示的激光腔结构又称为线性腔结构。

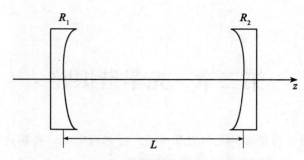

图 2-1 光学谐振腔基本结构示意图

2.2 光线传播的矩阵表示

光线在光学谐振腔内的传输姿态可用图 2-2 来描述。从图上可以看出,只有离轴很近的光线(称为傍轴光线)才能在腔内存在(即经过多次腔镜反射而不溢出腔外),腔内光线在两腔镜之间来回传输。本节讨论光线通过不同媒质的传输问题,包括均匀各向同性材料、薄透镜、介质界面以及曲面镜。根据定义,由于光线垂直于光波前,因此,对射线的了解使得我们能够追踪光波的轨迹。光线的传输可用一个简单的 2×2 矩阵描述,而且该矩阵还能描述球面波及激光高斯光束的传输。

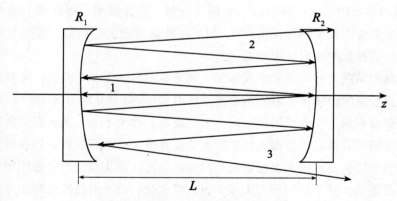

图 2-2 光学谐振腔内光线传输示意图

2.2.1 几何光学的矩阵分析

我们用几何光学方法研究光线在腔内往返传播的行为。在轴对称光学系统中,任何一条傍轴光线的位置和方向只需由两个坐标参量来表征。一个是光线与给定横截面交点至光轴的距离 r;另一个是光线与轴线的夹角 θ(通常取锐角),并规定光线出射方向在光轴的上方时，角度为正，反之为负。如图 2-3 所示。

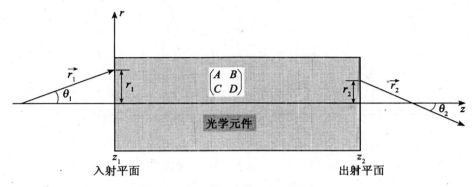

图 2-3 光线通过光学媒质的矩阵描述

此时，入射光线与出射光线之间可用一个线性矩阵来联系，在傍轴条件下有

$$\theta \approx \tan\theta = \frac{\mathrm{d}r}{\mathrm{d}z}\bigg|_{z=z_0} \tag{2-1}$$

$$\theta_1 = \frac{\mathrm{d}r_1}{\mathrm{d}z}\bigg|_{z=z_1}, \quad \theta_2 = \frac{\mathrm{d}r_2}{\mathrm{d}z}\bigg|_{z=z_2} \tag{2-2}$$

有关系：

$$r_2 = Ar_1 + B\theta_1 \tag{2-3a}$$

$$\theta_2 = Cr_1 + D\theta_1 \tag{2-3b}$$

式中，A、B、C、D 是描述光学元件特性的常数。(2-3)式写成矩阵形式为

$$\begin{pmatrix} r_2 \\ \theta_2 \end{pmatrix} = \begin{pmatrix} A & B \\ C & D \end{pmatrix} \begin{pmatrix} r_1 \\ \theta_1 \end{pmatrix} \tag{2-4}$$

$ABCD$ 矩阵描述了傍轴近似下光学系统的固有性质，称为传输矩阵，或变换矩阵。

2.2.2 常见光学元件的变换矩阵

1. 光线在自由空间传输时的变换矩阵

如图 2-4 所示，光线依次通过 Ⅰ，Ⅱ，Ⅲ 三个区域，这三个区域的折射率分别为 1，n，1。入射面与出射面分别位于 Ⅱ 区的前后界面上。初始坐标为 (r_1, θ_1)，终点坐标参量为 (r_2, θ_2)，由折射定律及几何关系有

$$r_2 = r_1 + \frac{L}{n}\theta_1 \tag{2-5a}$$

$$\theta_2 = \theta_1 \tag{2-5b}$$

相应的 $ABCD$ 变换矩阵为

$$T = \begin{pmatrix} A & B \\ C & D \end{pmatrix} = \begin{pmatrix} 1 & \dfrac{L}{n} \\ 0 & 1 \end{pmatrix} \tag{2-6}$$

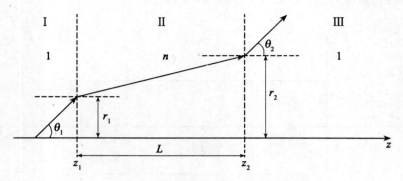

图 2-4 光线通过光学媒质的矩阵描述

2. 透镜的变换矩阵

下面推导薄透镜的变换矩阵。如图 2-5 所示，透镜的焦距为 f，有

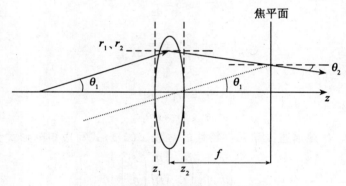

图 2-5 光线通过光学媒质的矩阵描述

$$r_2 = r_1 \tag{2-7}$$

$$\theta_2 = \theta_1 - \frac{1}{f}r_1 = -\frac{1}{f}r_1 + \theta_1 \tag{2-8}$$

相应的 $ABCD$ 变换矩阵为

$$T = \begin{pmatrix} A & B \\ C & D \end{pmatrix} = \begin{pmatrix} 1 & 0 \\ -\dfrac{1}{f} & 1 \end{pmatrix} \tag{2-9}$$

对于会聚透镜，$f>0$；对于发散透镜，$f<0$。

下面分析光线在球面镜上反射情况。规定凹面镜的曲率半径为正，凸面镜曲率半径为负。凹面镜 $R>0$，凸面镜 $R<0$。由于焦距为 f 的薄透镜等价于曲率半径(R)为 $2f$ 的球面镜，得到傍轴光线经球面镜的变换矩阵：

$$T = \begin{pmatrix} 1 & 0 \\ -\dfrac{2}{R} & 1 \end{pmatrix} \tag{2-10}$$

如果将(2-10)式中的 $R \to \infty$，就得到平面反射矩阵：

$$T = \begin{pmatrix} 1 & 0 \\ 0 & 1 \end{pmatrix} \tag{2-11}$$

从上述各式可以得出：如果入射与出射平面位于相同媒质，则传输矩阵为单位矩阵，即

$$AD - BC = 1 \tag{2-12}$$

当光线顺序通过变换矩阵分别为 $T_1, T_2, \cdots, T_m$ 的 m 个光学元件组成的光学系统时，前一元件的出射光线作为后一元件的入射光线，分别以第一个元件的入射面和最后一个面的出射面为参考平面，此光学系统的传输矩阵为

$$T = \begin{pmatrix} A & B \\ C & D \end{pmatrix} = T_m \cdot T_{m-1} \cdots T_2 \cdot T_1 \tag{2-13}$$

当光线沿 $-z$ 方向通过这 m 个元件时，可得反向传输矩阵为

$$T = T_1 \cdot T_2 \cdots T_{m-1} \cdot T_m = \frac{1}{AD-BC}\begin{pmatrix} D & B \\ C & A \end{pmatrix} \tag{2-14}$$

对于与使用方向无关的光学系统，称为反演对称光学系统，有

$$\begin{cases} A = D \\ AD - BC = 1 \end{cases} \tag{2-15}$$

反演对称光学系统变换矩阵的对角元素相等，其对应的行列式为1。

2.2.3 变换矩阵与成像问题

几何光学中的一个重要问题是研究成像问题。成像问题与系统变换矩阵紧密联系，变换矩阵元素的不同取值，代表着光学系统的不同成像性质。

(1) 对 $D = 0$ 的光学系统，有

$$\theta_2 = C r_1 \tag{2-16}$$

说明，此光学系统的参考平面 z_1 是其焦平面。

(2) 对 $A = 0$ 的光学系统，有

$$r_2 = B \theta_1 \tag{2-17}$$

说明，参考平面 z_2 是此光学系统的另一个焦平面。

小结：当光学系统的两个对角元素都等于零时，其两个参考面刚好就是其两个焦平面。

$$T = \begin{pmatrix} 0 & B \\ C & 0 \end{pmatrix} \tag{2-18}$$

(3) 对 $B = 0$ 的光学系统，有

$$r_2 = A r_1 \tag{2-19}$$

此时，系统的两个参考平面组成了一对物-像共轭平面，即某一参考平面上的物体，

经过 $B=0$ 的光学系统后,必然在另一参考平面上成像的垂轴放大率 m_2 为

$$m_2 = \frac{r_2}{r_1} = A = \frac{1}{D} \tag{2-20}$$

当 $m_2>0$ 时,在像平面上获得物体的正像;$m_2<0$ 时,在像平面上获得物体的倒像。

(4)对 $C=0$ 的光学系统,有

$$\theta_2 = D\theta_1 \tag{2-21}$$

显然,该光学系统是望远镜系统,凡在 z_1 处平行的入射光线束(θ_1 相等),在 z_2 处仍然保持平行(θ_2 相等),定义角放大率 m_1 为

$$m_1 = \frac{\theta_2}{\theta_1} = D = \frac{1}{A} \tag{2-22}$$

例 2.1 从薄透镜的 $ABCD$ 输出矩阵导出其成像规律的 u,v,f 关系式:

$$\frac{1}{u} + \frac{1}{v} = \frac{1}{f}$$

解:选取物像平面分别为入射-出射参考平面,如图 2-6 所示。

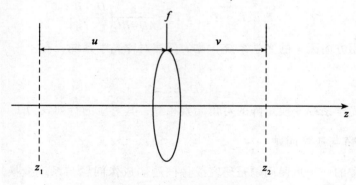

图 2-6 入射-出射参考平面

此光学系统的传输矩阵为

$$T = \begin{pmatrix} A & B \\ C & D \end{pmatrix} = \begin{pmatrix} 1 & v \\ 0 & 1 \end{pmatrix} \cdot \begin{pmatrix} 1 & 0 \\ -\frac{1}{f} & 1 \end{pmatrix} \cdot \begin{pmatrix} 1 & u \\ 0 & 1 \end{pmatrix} = \begin{pmatrix} 1-\frac{v}{f} & u\left(1-\frac{v}{f}\right)+v \\ -\frac{1}{f} & 1-\frac{u}{f} \end{pmatrix}$$

由 $B=0$,有

$$u\left(1-\frac{v}{f}\right) + v = 0$$

经整理有

$$\frac{1}{u} + \frac{1}{v} = \frac{1}{f}$$

此时,该系统的传输矩阵为

$$T = \begin{pmatrix} -\dfrac{v}{u} & 0 \\ -\dfrac{1}{f} & -\dfrac{u}{v} \end{pmatrix}$$

◎ 自测练习

(1) 如选取透镜的两个焦平面作为入射面和出射面，透镜焦距为 f，该光学系统的传输矩阵为_____。

(A) $\begin{pmatrix} 1 & 0 \\ -\dfrac{1}{f} & 1 \end{pmatrix}$ (B) $\begin{pmatrix} 0 & f \\ -\dfrac{1}{f} & 0 \end{pmatrix}$ (C) $\begin{pmatrix} 0 & -\dfrac{1}{f} \\ f & 0 \end{pmatrix}$ (D) $\begin{pmatrix} 1 & 1 \\ 0 & 1 \end{pmatrix}$

(2) 如某光学系统的两个参考平面为一对物-像共轭平面，则该光学系统 $ABCD$ 变换矩阵的四个元素中，必有_____。

(A) $A = 0$ (B) $B = 0$ (C) $C = 0$ (D) $D = 0$

(3) 当光线顺序通过变换矩阵分别为 $T_1, T_2, \cdots, T_m$ 的 m 个光学元件组成的光学系统时，前一元件的出射光线作为后一元件的入射光线，分别以第一个元件的入射面和最后一个面的出射面为参考平面，此光学系统的传输矩阵为_____。

(4) 反演对称光学系统对光线的变换作用与光学系统的使用方向无关，这样，反演对称光学系统的正向变换矩阵与反向变换矩阵_____。

(5) 反演对称光学系统变换矩阵的对角元素相等，且对应的行列式的值为_____。

(6) 入射光线坐标为 $r_1 = 4\text{cm}$，$\theta_1 = 0.1\text{rad}$，则通过焦距大小为 $F = 0.2\text{m}$ 的凹面反射镜后的光线坐标为_____。

(A) $\begin{pmatrix} 4\text{cm} \\ 0.1\text{rad} \end{pmatrix}$ (B) $\begin{pmatrix} 0.04\text{m} \\ -0.1\text{rad} \end{pmatrix}$ (C) $\begin{pmatrix} 4\text{cm} \\ 0.3\text{rad} \end{pmatrix}$ (D) $\begin{pmatrix} 4\text{cm} \\ 0.5\text{rad} \end{pmatrix}$

2.3 光学谐振腔及其稳定条件

2.3.1 光学谐振腔的分类

1. 平行平面腔——Fabry-Perot 腔（简称 FP 腔）

FP 腔如图 2-7(a) 所示。

当 $R_1 = R_2 = \infty$ 时，有传输矩阵：

$$T = \begin{pmatrix} 1 & 2L \\ 0 & 1 \end{pmatrix} \tag{2-23}$$

为平行平面腔光线的往返矩阵。若光线在腔内往返 m 次，则有

$$T^m = \begin{pmatrix} 1 & 2mL \\ 0 & 1 \end{pmatrix} \tag{2-24}$$

(2-24)式为光线在平行平面腔中往返 m 次的变换矩阵。

2. 共焦腔

该腔由半径为 R 的两面球面镜相距 L 组成，两球面的焦点位置相同，$L=R$。如图 2-7(b)所示。

当 $R_1 = R_2 = L$ 时，共往返矩阵为

$$T = \begin{pmatrix} -1 & 0 \\ 0 & -1 \end{pmatrix} \tag{2-25}$$

m 次往返的变换矩阵为

$$T^m = (-1)^m \begin{pmatrix} 1 & 0 \\ 0 & 1 \end{pmatrix} \tag{2-26}$$

它与谐振腔的参数无关。近轴光线永远不会逸出腔外，是稳定腔。

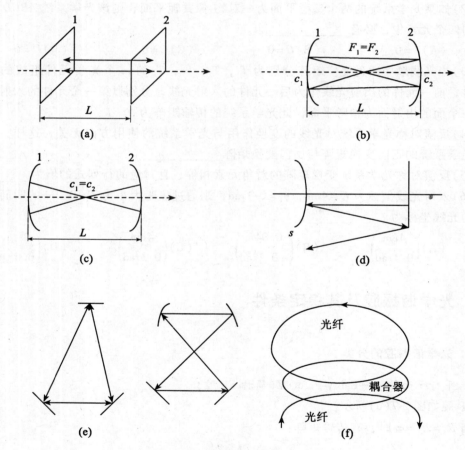

图 2-7 常见光学谐振腔结构

3. 对称共心腔

其两个反射镜的曲率中心重合，即 $R_1 + R_2 = L$，且 $R_1 = R_2 = R$，如图 2-7(c)所示。其

变换矩阵为

$$T = \begin{pmatrix} -3 & -2L \\ 8/L & 5 \end{pmatrix} \qquad (2-27)$$

可见,光线在腔内往返一周后其角度有很大变化。例如当 $\theta_0 = 0$,则有 $\theta = 8r_0/L$,这样的光线将很快逸出腔外。特殊情况下,当 $\theta_0 = -r_0/R = -2r_0/L$ 时,有 $r = r_0$,$\theta = \theta_0$,这时光线在腔内往返多次而不逸出。

4. 广义球面腔

该腔由半径为 R 的两面球面镜相距 L 组成,如图 2-7(d)所示。$R < L < 2R$。此类腔的传输矩阵留作思考题。这类腔分为稳定腔和非稳定腔 $R > 0$ 或 < 0。

5. 环形腔

环形腔如图 2-7(e)所示。

6. 全光纤谐振腔

全光纤谐振腔如图 2-7(f)所示。

2.3.2 波导透镜

光线在一组透镜(包括反射镜)中传输时,一定会出现可以区分的两种情况:
(1) 在传播中,光线始终被限制在光轴附近(称为导波)。
(2) 在传播中,光线逐步离开光轴,并最终逸散掉(不稳定透镜波导)。

本节主要讨论透镜波导情况。对于图 2-8 所示的双周期(f_1 f_2)透镜波导情形。

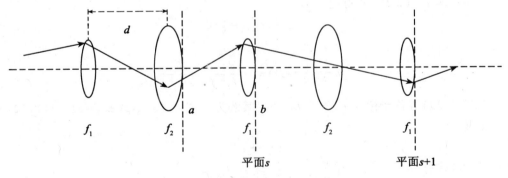

图 2-8 双周期波导透镜结构示意图

a,b 平面之间的变换矩阵为

$$T_1 = \begin{pmatrix} 1 & 0 \\ -\dfrac{1}{f_1} & 1 \end{pmatrix} \cdot \begin{pmatrix} 1 & d \\ 0 & 1 \end{pmatrix} = \begin{pmatrix} 1 & d \\ -\dfrac{1}{f_1} & \left(1-\dfrac{d}{f_1}\right) \end{pmatrix} \qquad (2-28)$$

平面 s 与 $s+1$ 之间的变换矩阵为

$$T = T_1 \cdot T_2 = \begin{pmatrix} A & B \\ C & D \end{pmatrix} = \begin{pmatrix} 1 & d \\ -\dfrac{1}{f_1} & \left(1-\dfrac{d}{f_1}\right) \end{pmatrix} \cdot \begin{pmatrix} 1 & d \\ -\dfrac{1}{f_2} & \left(1-\dfrac{d}{f_2}\right) \end{pmatrix} \qquad (2-29)$$

式中：

$$A = 1 - \frac{d}{f_2} \tag{2-30}$$

$$B = d\left(2 - \frac{d}{f_2}\right) \tag{2-31}$$

$$C = -\left[\frac{1}{f_1} + \frac{1}{f_2}\left(1 - \frac{d}{f_1}\right)\right] \tag{2-32}$$

$$D = -\left[\frac{d}{f_1} - \left(1 - \frac{d}{f_1}\right) \cdot \left(1 - \frac{d}{f_2}\right)\right] \tag{2-33}$$

写成方程形式为

$$r_{s+1} = Ar_s + B\theta_s \tag{2-34}$$

$$\theta_{s+1} = Cr_s + D\theta_s \tag{2-35}$$

由(2-34)式有

$$\theta_s = \frac{1}{B}(r_{s+1} - Ar_s) \tag{2-36}$$

因此

$$\theta_{s+1} = \frac{1}{B}(r_{s+2} - Ar_{s+1}) \tag{2-37}$$

将(2-37)式代入(2-36)式有差分方程：

$$r_{s+2} - (A+D)r_{s+1} + (AD - BC)r_s = 0 \tag{2-38}$$

由于 $AD - BC = 1$，(2-38)式可化简为

$$r_{s+2} - 2br_{s+1} + r_s = 0 \tag{2-39}$$

式中：

$$b = \frac{1}{2}(A+D) = 1 - \frac{d}{f_2} - \frac{d}{f_1} + \frac{d^2}{2f_1 f_2}$$

方程(2-39)等价于微分方程 $r'' + Gr = 0$，其解为 $r(z) = r(0)\exp(\pm i\sqrt{G}z)$，可得(2-39)的试探解：

$$r_s = r_0 e^{isq}$$

代入(2-39)式有

$$e^{2iq} - 2be^{iq} + 1 = 0 \tag{2-40}$$

可得

$$e^{iq} = b \pm i\sqrt{1-b^2} = e^{\pm i\theta} \tag{2-41}$$

式中，$b = \cos\theta$。

光线限制在透镜中的稳定条件为

$$|b| \leq 1 \tag{2-42}$$

即

$$-1 \leq 1 - \frac{d}{f_2} - \frac{d}{f_1} + \frac{d^2}{2f_1 f_2} \leq 1 \tag{2-43}$$

或

$$0 \leq \left(1-\frac{d}{2f_1}\right) \cdot \left(1-\frac{d}{2f_2}\right) \leq 1 \tag{2-44}$$

特殊情况,如果 $f_1 = f_2 = f$,稳定条件变为

$$0 \leq d \leq 4f \tag{2-45}$$

或

$$0 \leq d \leq 2R \tag{2-46}$$

光学谐振腔等价于周期性透镜波导,如图 2-9 所示。

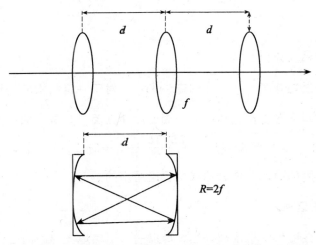

图 2-9 光学谐振腔与周期波导透镜的等价结构示意图

2.3.3 谐振腔的稳定条件

所谓腔的稳定条件,即为傍轴光线在腔内往返任意多次而不致逸出腔外的条件。我们知道,谐振腔等价于周期性透镜波导。周期性透镜波导的稳定条件同样适用于光学谐振腔,即

$$0 \leq \left(1-\frac{L}{R_1}\right) \cdot \left(1-\frac{L}{R_2}\right) \leq 1 \tag{2-47}$$

式中,L 为两镜面之间的距离(即腔长);R_1 与 R_2 分别为两腔镜的曲率半径;等号为临界条件。令

$$g_1 = 1 - \frac{L}{R_1} \tag{2-48}$$

$$g_2 = 1 - \frac{L}{R_2} \tag{2-49}$$

腔的稳定条件为

$$0 < g_1 g_2 < 1 \tag{2-50}$$

(2-47)式和(2-50)式即为共轴球面腔的稳定条件。另外,对于共焦腔($R_1 = R_2 = L$),有 $g_1 = 0$,$g_2 = 0$,已经证明是稳定腔,所以稳定腔条件可总结为

$$0 < g_1 g_2 < 1; \quad g_1 = 0, \quad g_2 = 0 \tag{2-51}$$

反之，当

$$g_1 g_2 > 1, \text{ 或者 } g_1 g_2 < 0 \tag{2-52}$$

为不稳定腔。当满足条件：

$$\frac{A+D}{2} = \pm 1$$

则

$$g_1 g_2 = 0 \text{（但二者不同时为 0）}$$

或者

$$g_1 g_2 = 1$$

此时的共轴球面腔称为介稳腔。

容易证明，往返矩阵 $T = \begin{pmatrix} A & B \\ C & D \end{pmatrix}$ 的迹 $(A+D)$，对于一定结构的共轴球面腔是一个不变量，与初始坐标及参考点位置和往返一周的顺序无关。且对共轴球面腔，有

$$\frac{1}{2}(A+D) = 1 - \frac{2L}{R_1} - \frac{2L}{R_2} + \frac{2L^2}{R_1 R_2} = 2g_1 g_2 - 1 \tag{2-53}$$

这是一个不变量。腔的稳定条件表达式是普遍适用的。

2.3.4 谐振腔的稳区图

谐振腔的稳定性可以用稳区来描述，可以一目了然地看出腔的工作区域。如图 2-10 所示，以 g_1 为横轴，以 g_2 为纵轴，以 $g_1 g_2 = 1$ 和 g_1，g_2 轴所限定的区域是稳定区，其余的区域是非稳腔。稳定区的边界是介稳区。在稳区图中任何一个球面腔 (R_1, R_2, L)

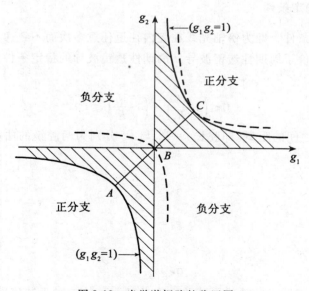

图 2-10 光学谐振腔的稳区图

唯一的对应 g_1g_2 平面上的一个点，但 g_1g_2 平面上的任一点并不单值地代表某具体尺寸的球面腔，另外除$(0,0)$外，$(1,1)$和$(-1,-1)$也是图中的两个特殊点，分别对应于平行平面腔、对称共心腔。

例 2.2 现有一平凹腔 $R_1 \to \infty$，$R_2 = 5\text{m}$，$L = 1\text{m}$。证明此腔稳定，指出它在稳定图中位置。

解：$g_1 = 1 - \frac{L}{R_1} = 1$，$g_2 = 1 - \frac{L}{R_2} = 0.8$，$0 < g_1g_2 = 0.8 < 1$，稳定。位置$(1, 0.8)$。

◎ 自测练习

(1) 如 FP 腔的腔长为 10cm，则其往返传输矩阵为_____。
(2) 光学谐振腔等价于_____透镜波导。
(3) 今有一球面腔 $R_1 = 2\text{m}$，$R_2 = -1\text{m}$，$L = 0.8\text{m}$，该腔为_____。
 (A) 稳定腔　　(B) 非稳定腔　　(C) 临界腔　　(D) 不能确定
(4) 共焦腔在稳区图上的坐标为_____。
 (A) $(-1, -1)$　　(B) $(0, 0)$　　(C) $(1, 1)$　　(D) $(0, 1)$
(5) 具有下列参数的谐振腔中，_____为非稳定腔。（各数据的单位均为 mm）
 (A) $R_1 = 80$，$R_2 = 160$，$L = 150$　　(B) $R_1 = 50$，$R_2 = 50$，$L = 50$
 (C) $R_1 = -40$，$R_2 = 80$，$L = 60$　　(D) $R_1 = \infty$，$R_2 = 80$，$L = 60$

2.4 谐振腔的损耗与 Q 值

2.4.1 光学谐振腔的损耗

光学谐振腔一方面具有光学正反馈作用，另一方面也存在各种损耗。光学谐振腔的损耗是指光在腔内传播时，由于各种物理原因造成的光强的衰减。损耗的大小是评价谐振腔质量的一个重要指标，决定了激光振荡的阈值和激光的输出能量。

1. 几何损耗

腔内光线传输过程中的衰减，其大小取决于腔的类型、镜面几何尺寸和横模阶数等。

例 2.3 求谐振腔失调时的几何损耗。该损耗是由于两镜面很难完全平行造成，设两镜面之间的夹角为 β，如图 2-11 所示。

设光在腔内往返 m 次后逸出腔外，有

解：
$$m = \sqrt{\frac{a}{\beta L}} \tag{2-54}$$

往返一次的损耗为 $1/m$，则单程损耗为

$$\delta_\beta = \frac{1}{2m} = \frac{1}{2}\sqrt{\frac{\beta L}{a}} \tag{2-55}$$

2. 衍射损耗

因腔反射镜镜面几何尺寸有限而造成的，可由求解腔的衍射积分方程得出，其大小

图 2-11 谐振腔失调时的几何损耗

与腔的菲涅耳数、腔的几何参数以及横模阶数等有关。

例 2.4 波长为 λ 的光波，在长度为 L，横向尺寸为 $2a$ 的平面谐振腔内传播，如图 2-12 所示。求其单程衍射损耗。

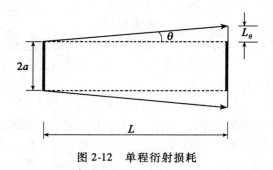

图 2-12 单程衍射损耗

解：$\delta_d = \dfrac{\pi(a+L_\theta)^2 - \pi a^2}{\pi(a+L_\theta)^2}$，$\theta$ 为衍射角，$\theta \approx \dfrac{\lambda}{2a}$，由于 $\lambda \ll a$，经近似处理有

$\delta_d = \dfrac{1}{N}$，N 为谐振腔的菲涅耳数

$$N = \frac{a^2}{\lambda L} \tag{2-56}$$

谐振腔的菲涅耳数意义：
（1）平均单程衍射损耗的倒数；
（2）从一个镜面中心看到另一个镜面上所分割的菲涅耳半波带数
（3）衍射光在腔内的最大往返次数。

3. 输出镜的透射损耗

由于激光输出产生的损耗。与输出镜的反射率有关。设两反射镜的反射率分别为 r_1 和 r_2，则由于透射引起的单程损耗为；

$$\delta_T = -\frac{1}{2}\ln(r_1 r_2) \tag{2-57}$$

或，当 $T<0.05$（即 5%），为半反镜的透射率时

$$\delta_T = \frac{T}{2} \tag{2-58}$$

4. 非激活吸收、散射等其他损耗

谐振腔的实际损耗为上述各种损耗的和，常用平均单程损耗 δ 来描述。设 I_0 为初始光强，I_1 为往返一周后的光强，根据定义可得

$$I_1 = I_0 e^{-2\delta} \tag{2-59}$$

往返 m 周后的光强 I_m 为

$$I_m = I_0 e^{-2m\delta} \tag{2-60}$$

此外，按照是否与激光横模模式有关，可将损耗分为：①选择性损耗，如几何损耗和衍射损耗；②非选择性损耗，如透射损耗、非激活吸收、散射等损耗。

2.4.2 腔内光子寿命

在开腔模式中，只有腔轴附近的少数传播模式具有较低损耗而起振。如前所述，开腔存在衍射损耗。因此，严格上讲，前面所定义的模式不能应用于开腔，即驻波形态在这类腔中不存在。然而，我们将看到低损耗的驻波电磁场确实能在开腔内存在。定义电磁场模式的电场为

$$E(r, t) = E_0 u(r) \exp\left(-\frac{t}{2t_c} + j\omega t\right) \tag{2-61}$$

式中，t_c 为腔内光子寿命。

设腔镜的功率反射率分别为 R_1 和 R_2，腔内其他损耗为 T_i，

$$t_c = -\frac{2L}{c \ln[R_1 R_2 (1-T_i)^2]} \tag{2-62}$$

对(2-61)式作傅里叶变换，可得发射光的功率谱为洛伦兹线型，其谱宽为

$$\Delta \nu_c = \frac{1}{2\pi t_c} \tag{2-63}$$

例 2.5 计算腔内光子寿命。

解：设 $R_1 = R_2 = R = 0.98$，$T_i = 0$，可得 $t_c = T/(-\ln R) = 49.5T$，T 为腔内光子的单程传输时间。如腔长 $L = 90 \text{cm}$，有 $T = 3\text{ns}$，$t_c \approx 150\text{ns}$。

2.4.3 腔的 Q 值

谐振腔损耗也可用谐振腔的品质因数-Q 值来描述，其定义为

$$Q = 2\pi \nu \frac{\varepsilon}{P} \tag{2-64}$$

式中，ε 为存储在腔内的总能量；P 为单位时间内腔内损耗的能量。假设腔内振荡激光束的体积为 V，腔内光子数为密度 n，光子在腔内均匀分布，则腔内存储的总能量为

$$\varepsilon = nh\nu V \tag{2-65}$$

式中，$n(t) = n_0 \exp\left(-\frac{t}{t_c}\right)$，$n_0$ 表示 $t=0$ 时，腔内的光子数密度。

单位时间内损耗的能量为

$$P = -\frac{d\varepsilon}{dt} \tag{2-66}$$

将(2-65)、(2-66)式代入(2-64)式,有

$$Q = 2\pi\nu t_c \tag{2-67}$$

$$Q = \frac{\nu}{\Delta\nu_c} \tag{2-68}$$

式中,ν 为腔内模式的谐振频率。

例 2.6 计算激光腔 Q 值。

解:接例 2.5,设 $\nu = 5\times10^{14}\text{Hz}$(即 630nm)。可得 $Q = 4.7\times10^8$。

◎ **自测练习**

(1)腔的品质因数 Q 值衡量腔的_____。
　　(A)质量优劣　　(B)稳定性　　(C)存储信号的能力　　(D)抗干扰性

(2)设某激光器谐振腔长 50cm,反射镜面半径为 2cm,光波波长为 400nm,则此腔的菲涅耳数为_____。

(3)设激光器谐振腔两反射镜的反射率为 $R_1 = R_2 = R = 0.98$,腔长 $L = 90$cm,不计其他损耗,则腔内光子的平均寿命为_____。设 $\nu = 5\times10^{14}\text{Hz}$(即 630nm),则激光腔的 Q 值为_____。

(4)谐振腔腔长 50cm,二圆形反射镜半径为 1cm,设光波长为 500nm,则从任一镜面中心看另一镜面,可划分的菲涅耳半波带个数为_____。
　　(A)200　　　(B)400　　　(C)500　　　(D)800

(5)激光谐振腔长为 $L = 18$cm,小信号增益系数为 $G^0 = 10^{-3}$ 1/mm,单程损耗率为 $\delta = 0.02$,则光往返 1 周以后,光强变为初始光强_____倍。
　　(A)$e^{0.64}$　　(B)$e^{0.32}$　　(C)$e^{0.16}$　　(D)1

(6)激光器腔长 45cm,激光介质长度为 30cm,折射率 1.5,二反射镜的反射率分别为 $r_1 = 1$,$r_2 = 0.98$,其他往返损耗率为 0.02,则此腔的平均单程损耗率为_____,无源腔寿命为_____。

(7)谐振腔腔长 0.5m,两圆形反射镜半径为 2cm,设光波长为 500nm,则从任一镜面中心看另一镜面,可划分的菲涅耳半波带个数为_____。
　　(A)250　　　(B)320　　　(C)1600　　　(D)80

(8)腔长等于 $L = 0.5$m 的谐振腔,平均单程损耗率为 $\delta = 3.14\times10^{-2}$,则该腔的本征纵模线宽为____。
　　(A)3MHz　　(B)1.5MHz　　(C)1MHz　　(D)6MHz

(9)激光器腔长 $L = 70$cm,激光工作介质长为 $l = 50$cm,介质折射率 1.4,两反射镜的反射率分别为 $r_1 = 1$,$r_2 = 0.96$,其他单程损耗率为 0.01,则此腔的总平均单程损耗率为_____,无源腔寿命为_____ s。

2.5　高斯光束及其变换

由两球面镜组成的球面腔,其横向场分布具有高斯分布,常称为高斯光束。研究高

斯光束的传输、透镜变换是激光理论中的一项重要内容。本书只研究基模高斯光束的传输与变换规律。

2.5.1 基模高斯光束

对于沿 z 轴方向传播的基模高斯光束，不管它是由何种结构的稳定腔（如方形镜共焦腔、圆形共焦腔）产生的，横向场分布为高斯函数：

$$E(x, y, z) = E_0 \frac{\omega_0}{\omega(z)} \exp\left[-\frac{x^2+y^2}{\omega^2(z)}\right] \exp\left\{-i\left[k\left(z+\frac{r^2}{2R}\right) - \arctan\frac{z}{z_R}\right]\right\} \quad (2\text{-}69)$$

式中，E_0 为常数。各符号的意义为

$$\begin{aligned} k &= 2\pi/\lambda \\ \omega &= \omega(z) = \omega_0\sqrt{1+(z/z_R)^2} \\ R &= R(z) = z[1+(z_R/z)^2] \\ z_R &= \frac{\pi\omega_0^2}{\lambda} \end{aligned} \quad (2\text{-}70)$$

式中，ω_0 为基模高斯光束的腰斑半径；z_R 为高斯光束的共焦参数；$R(z)$ 为与传播线相交于 z 点的高斯光束等相位面的曲率半径，$\omega(z)$ 是与传播线相交于 z 点的高斯光束等相位面上的光斑半径。其传播如图 2-13 所示。(2-69)式含振幅和相位两部分，它反映了基模高斯光束的场分布及其在传播过程中的变化规律。图 2-14 为二维基模高斯光束的横向场分布示意图。

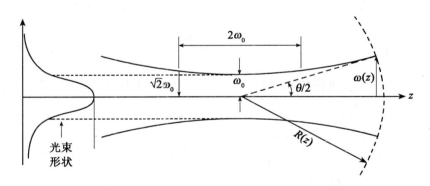

图 2-13 高斯光束传播

基模高斯光束的特性：

（1）基模高斯光束在横截面内的光电场振幅分布按高斯函数的规律从中心（即传播轴线）向外平滑的下降，由中心振幅值下降到其 $\frac{1}{e}$ 值时，所对应的宽度 $\omega(z)$ 定义为光斑半径，可见光斑半径随着 z 坐标按双曲线的规律宽展，即

$$\frac{\omega^2(z)}{\omega_0^2} - \frac{z^2}{(z_R)^2} = 1 \quad (2\text{-}71)$$

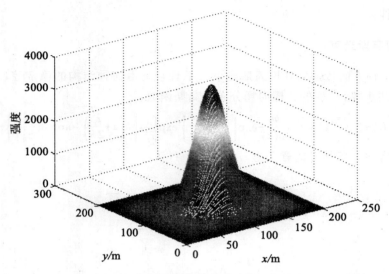

图 2-14 二维基模高斯光束的横向场分布

可以看出这是一个以 ω、z 为变量的双曲线，双曲线的对称轴为 z 轴。基模高斯光束就是以双曲线绕 z 轴旋转的回旋双曲面为界。

(2) 基模高斯光束的相位因子

$$\exp\left\{-i\left[k\left(z+\frac{r^2}{2R}\right)-\arctan\frac{z}{z_R}\right]\right\}$$

决定了该光束的空间相位特性。其中，kz 项描述了高斯光束的几何相移；$\arctan\left(\dfrac{z}{z_R}\right)$ 项描述了高斯光束在空间进行距离 z 时相对几何相移产生的附加相移；$\dfrac{kr^2}{2R(z)}$ 项描述了横向坐标 (r,y) 有关的相移，它表明高斯光束的等相位面是以 $R(z)$ 为半径的球面。

一旦确定了基模高斯光束的束腰半径 ω_0 和它的位置（即 $z=0$ 的平面），就可以唯一的确定它的形式。

(3) 基模高斯光束的远场发散角。

基模高斯光束既非平面波也非球面波，它的能量沿传播方向的双曲线，具有一定的发散性，其发散度通常采用远场发散角表征。

基模高斯光束在 $\dfrac{1}{e^2}$ 点的远场发散角为

$$\theta_{\frac{1}{e^2}}=\lim_{z\to\infty}\frac{2\omega(z)}{z}=2\frac{\lambda}{\pi\omega_0}=0.6367\frac{\lambda}{\omega_0} \tag{2-72}$$

基模高斯光束在半功率点的远场发散角为

$$\theta_{1/2}=\sqrt{\frac{\ln 2}{2}}\theta_{\frac{1}{e^2}}=0.3757\frac{\lambda}{\omega_0} \tag{2-73}$$

2.5.2 基模高斯光束的描述

1. 用参数 ω_0(或 z_R)及光腰位置

一旦确定了基模高斯光束的束腰半径 ω_0 和它的位置(即 $z=0$ 的平面),就可以唯一的确定它的形式。即可以确定与光腰相距为 z 处的光斑大小 $\omega(z)$、等相位面的曲率半径 $R(z)$、该点相对于光腰处的相位滞后以及光束的发散角。

2. 用 $\omega(z)$、$R(z)$

由(2-70)式可求出 ω_0 和 z。

3. q 参数

将 $\omega(z)$、$R(z)$ 统一在一个表达式 $q(z)$ 中,一旦知道了 $q(z)$,就可求出 $\omega(z)$、$R(z)$。定义:

$$\frac{1}{q(z)} = \frac{1}{R(z)} - i\frac{\lambda}{\pi\omega^2(z)} \tag{2-74}$$

当 $z=0$ 时,有 $q_0 = q(0)$,$R(0) \to \infty$,$\omega(0) = \omega_0$,有

$$q_0 = i\frac{\pi\omega_0^2}{\lambda} = iz_R \tag{2-75}$$

2.5.3 薄透镜对基模高斯光束的变换

1. 薄透镜对球面波的变换

由几何光学可知,在近轴条件下,物像双方满足:

$$\frac{1}{u} + \frac{1}{v} = \frac{1}{F} \tag{2-76}$$

式中,u 为物距;v 为像距;F 为焦距,如图 2-15 所示。

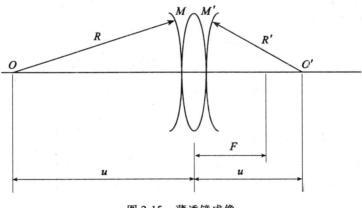

图 2-15 薄透镜成像

由物点 O 发出的球面波通过透镜后变成会聚于像点 O' 的球面波。透镜的成像过程可看做是对球面波的变换过程,这种变换满足曲率中心互为共扼的关系。

假设 M 表示由物点 O 发出的球面波到达透镜表面时的波面，则其曲率半径 $R=u$，以 M' 表示在透镜表面上出射时的波面，则曲率半径 $R'=-v$。（取沿传播方向发散的球面波的曲率半径为正，会聚球面波的曲率半径为负），(2-76)式可写成：

$$\frac{1}{R} - \frac{1}{R'} = \frac{1}{F} \tag{2-77}$$

或写成矩阵形式：

$$R' = \frac{AR+B}{CR+D} \tag{2-78}$$

式中，A、B、C、D 为透镜传输矩阵的元素，即

$$T = \begin{pmatrix} A & B \\ C & D \end{pmatrix} = \begin{pmatrix} 1 & 0 \\ -\frac{1}{F} & 1 \end{pmatrix} \tag{2-79}$$

2. 基模高斯光束的变换——ABCD 定律

与(2-78)式类似，高斯光束的变换的 q 变换可表示成：

$$q_2 = \frac{Aq_1+B}{Cq_1+D} \tag{2-80}$$

对于焦距为 F 的薄透镜有变换

$$\frac{1}{q_2} = \frac{1}{q_1} - \frac{1}{F} \tag{2-81}$$

利用(2-74)式有

$$\omega_2 = \omega_1 \tag{2-82}$$

$$\frac{1}{R_2} = \frac{1}{R_1} - \frac{1}{F} \tag{2-83}$$

说明：

(1) 可以能够利用 ABCD 定律追踪高斯光束的 q 参数，再利用(2-74)式就可得出光束半径 $R(z)$ 与光斑大小 $\omega(z)$。

(2) 对传播距离 L，有 $q_2 = q_1 + L$。

例 2.7 某基模高斯光束波长为 $\lambda = 3.14\,\mu m$，腰斑半径为 $\omega_0 = 1mm$，求腰右方距腰 50cm 处的(1) q 参数；(2) 光斑半径 ω 与等相位面曲率半径 R。

解：(1) $z_R = \dfrac{\pi \omega_0^2}{\lambda} = 1m$，$z = 0.5m$，$q = 0.5 + i(m)$

(2) $\omega(z) = \omega_0 \sqrt{1 + \left(\dfrac{z}{z_R}\right)^2} = 1.112mm$，$R(z) = z + \dfrac{z_R^2}{z} = 2.5m$

例 2.8 某基模高斯光束焦参数为 $z_R = 1m$，将焦距为 $F = 1m$ 的凸透镜置于其腰右方 $l = 2m$ 处，求经透镜变换后的像光束的焦参数 z_R' 及其腰距透镜的距离 l'。

解：$q = 2+i$，$q' = \dfrac{Fq}{F-q} = -1.5 + 0.5i$，$l' = 1.5m$，$z_R' = 0.5m$

2.5.4 均匀介质中的高阶高斯光束

对于方形球面镜稳定腔来说，其腔内存在电磁波的本征解为厄米-高斯函数，其横

向场分布为高斯函数与厄米多项式的乘积,即

$$E(x,y,z) = E_0 \frac{\omega_0}{\omega} H_l\left[\frac{\sqrt{2}x}{\omega}\right] H_m\left[\frac{\sqrt{2}y}{\omega}\right] \exp\left(-\frac{x^2+y^2}{\omega^2}\right) \exp\left\{-i\left[kz-(m+l+1)\eta(z)\right]-\frac{ikr^2}{2R(z)}\right\}$$
(2-84)

$$\eta(z) = \arctan\left(\frac{\lambda z}{\pi \omega_0^2}\right) \tag{2-85}$$

式中,H_l, H_m 是 l、m 阶厄米多项式;$\omega(z)$、$R(z)$、q 参数满足(2-70)与(2-74)两式。当 $l=m=0$ 时,$H_0(X)=1$,式(2-84)简化为(2-69)式。图 2-16 为几种低阶高斯光束的强度分布图。此外,对于圆形稳定腔来说,其横向场分布为拉盖尔函数与高斯函数的乘积,称为拉盖尔-高斯光束。

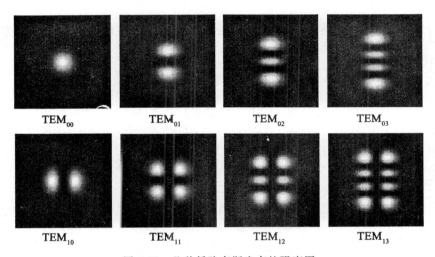

图 2-16 几种低阶高斯光束的强度图

◎ 自测练习

(1)TEM_{00} 高斯光束的强度图为_____。

(A) ●   (B) ●●   (C) ●/●   (D) ∷

(2)高斯光束的横向场分布具有_____分布。

(3)若已知某高斯光束的 $\omega_0 = 0.3$ mm,$\lambda = 632.8$ nm。其束腰处的 q 参数为_____。

(4)用焦距为 2cm,0.4m 的两个透镜组成倒望远镜系统,对焦参数 $z_R = 1$ m 的高斯光束进行扩束准直。现将入射高斯光束的腰置于离透镜 $\sqrt{3}$ m 处,则扩束倍数为_____。

(A)20   (B)40   (C)60   (D)10

(5)光波长 $\lambda = 3.14$ μm 的高斯光束在某点处 q 参数为 $q = 1+2i$(m),则此处的等相

位面曲率半径 R 及光斑半径 ω 分别为____。

(A) $R=5\mathrm{m}$，$\omega=\sqrt{2}\mathrm{mm}$　　　　(B) $R=1\mathrm{m}$，$\omega=\sqrt{10}/2\mathrm{mm}$

(C) $R=1\mathrm{m}$，$\omega=\sqrt{2}\mathrm{mm}$　　　　(D) $R=5\mathrm{m}$，$\omega=\sqrt{10}/2\mathrm{mm}$

(6) 用两个焦距都是 1m 的凹面反射镜组成对称共焦腔，产生基模高斯光束，则位于 z 轴正方向上的镜面处该光束的 q 参数为____。

(A) $-1+i(\mathrm{m})$　　(B) $1+i(\mathrm{m})$　　(C) $1-i(\mathrm{m})$　　(D) $2+2i(\mathrm{m})$

(7) 基模高斯光束的腰半径为 0.8mm，则此光束的焦参数为____ m，远场发散角为____ rad（光波长为 $\lambda=628.0\mathrm{nm}$）。

2.6　谐振腔设计

假设谐振腔的两个反射镜位于 z_1、z_2 处，腔内光束的波前与镜子的曲率半径相同。有

$$R_1 = z_1 + \frac{z_R^2}{z_1} \tag{2-86}$$

$$R_2 = z_2 + \frac{z_R^2}{z_2} \tag{2-87}$$

可得

$$z_1 = \frac{R_1}{2} \pm \frac{1}{2}\sqrt{R_1^2 - 4z_R^2} \tag{2-88a}$$

$$z_2 = \frac{R_2}{2} \pm \frac{1}{2}\sqrt{R_2^2 - 4z_R^2} \tag{2-88b}$$

对于给定光腰，由(2-88)式可得 z_1、z_2 处，以放腔镜。在实际操作中，常常根据镜的曲率半径 R_1、R_2 及它们之间的距离 L 来求光腰的位置及光斑大小。另 $L=z_2-z_1$，由(2-88)式可得

$$z_R^2 = \frac{L(-R_1-L)(R_2-L)(R_2-R_1-L)}{(R_2-R_1-2L)^2} \tag{2-89}$$

这里 z_2 在 z_1 的右边，$L>0$，当曲率中心位于镜子的左边时，曲率取正值。从(2-89)式求得 z_R 及光腰半径，然后利用(2-88)式求光腰位置。由(2-70)式求镜子上光斑的大小。

现考虑两面镜子关于 $z=0$ 对称放置的情形。令 $R_2=-R_1=R$。代入(2-89)有

$$z_R^2 = \frac{L(2R-L)}{4} \tag{2-90}$$

及

$$\omega_0 = \left(\frac{\lambda}{\pi}\right)^{1/2}\left(\frac{L}{2}\right)^{1/4}\left(R-\frac{L}{2}\right)^{1/4} \tag{2-91}$$

将 $z=L/2$ 代入(2-70)式，可求镜子光斑大小：

$$\omega_{1,2} = \left(\frac{\lambda L}{2\pi}\right)^{1/2}\left[\frac{2R^2}{L(R-L/2)}\right]^{1/4} \tag{2-92}$$

比较(2-92)与(2-91)两式，可知，当 $R \gg L$ 时，$\omega_{1,2} \approx \omega_0$，说明腔内光束扩展较小。由(2-92)式有，当 $R = L$ 时，镜子上光斑最小。此时的谐振腔称为对称共焦腔，有

$$(\omega_0)_{\text{confocal}} = \left(\frac{\lambda L}{2\pi}\right)^{1/2} \tag{2-93}$$

$$(\omega_{1,2})_{\text{confocal}} = (\omega_0)_{\text{confocal}} \sqrt{2} \tag{2-94}$$

稳定球面腔与共焦腔具有等价性，即任何一个共焦腔与无穷多个稳定球面腔等价，而任何一个球面腔唯一地等价于一个共焦腔。

例 2.9 设计一个对称腔。

解： 现有一对称腔，腔长 2m，波长 $\lambda = 10^{-4}$ cm。如果我们选择共焦腔结构，$R = 2$m，由(2-93)式有 $(\omega_0)_{\text{confocal}} = 0.0564$cm，腔镜处光斑大小为 0.0798cm。如果腔镜处光斑大小为 0.3cm，假设 $R \gg L$，由(2-86)式有 $R = 800$m，此时，由(2-70)式和(2-92)式有 $\omega_0 = 0.994$，$\omega_{1,2} \approx 0.3$cm。说明要增大镜处光斑大小，必须用平面镜，同时也说明，小曲率镜子可以压缩光束。

例 2.10 现有一平凹腔 $R_1 \to \infty$，$R_2 = 5$m，$L = 1$m。(1) 求等价对称共焦腔参数(R_1'，R_2'，L')；(2) 作平凹腔与等价对称共焦腔相对位置图。

解： (1) 由(2-89)式有 $z_R = 2$m，代入(2-88)式可得

$$|z_1| = \frac{L(R_2 - L)}{R_1 + R_2 - 2L}, \qquad |z_2| = \frac{L(R_1 - L)}{R_1 + R_2 - 2L}, \tag{2-95}$$

有 $z_1 = 0$，$z_2 = 1$m，

故 $\qquad\qquad\qquad R_1' = R_2' = L' = 2z_R = 4$m。

(2) 由 $z_1 = 0$ 可知，平凹腔平面镜 R_1 位于等价共焦腔中心。如图 2-17 所示。

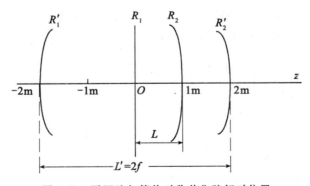

图 2-17 平凹腔与等价对称共焦腔相对位置

例 2.11 有一凹凸腔，腔长 $L = 30$cm，两个反射镜的曲率半径大小分别为 $R_1 = 50$cm，$R_2 = 30$cm，见图 2-18。使用 He-Ne 做激光工作物质。求：

(1) 利用稳定性条件证明此腔为稳定腔；

(2) 此腔产生的高斯光束焦参数；

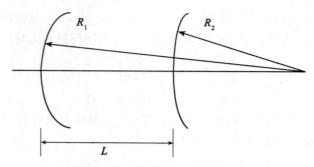

图 2-18 凹凸腔长及曲率半径

（3）此腔产生的高斯光束的腰斑半径及腰位置；
（4）此腔产生的高斯光束的远场发散角。

解：（1）由已知条件有
$$R_1 = 50 \text{cm}, \quad R_2 = -30 \text{cm}, \quad g_1 = 0.4, \quad g_2 = 2$$
故 $0 < g_1 \cdot g_2 = 0.8 < 1$，此凹凸腔为稳定腔

（2）由(2-89)式可得其等价共焦腔的焦参数为
$$z_R = 15 \text{cm}$$

（3）由(2-70)式可得高斯光束的腰斑半径为
$$\omega_0 = \sqrt{\frac{z_R \lambda}{\pi}} = 1.74 \times 10^{-2} \text{cm}$$

以其等价共焦腔的中点为原点，腰位置即 $z=0$ 处，设凹镜 z 坐标为 z_1，凸镜 z 坐标为 z_2，有
$$z_1 = -45 \text{cm}, \quad z_2 = -15 \text{cm}$$

故腰斑在凹凸腔的右边，距凹腔 45cm，距凸腔 15cm 处。

（4）由(2-72)式得远场发散角
$$\theta = 2\sqrt{\frac{\lambda}{z_R \pi}} = 2.32 \times 10^{-3} \text{rad}$$

◎ 自测练习

（1）共焦腔基模光腰为_____。

(A) $\omega_0 = \sqrt{\frac{\lambda R}{2\pi}}$ (B) $\omega_0 = \sqrt{\frac{2\pi}{\pi R}}$ (C) $\omega_0 = \sqrt{\frac{\lambda}{2\pi R}}$ (D) $\omega_0 = \sqrt{\frac{2\pi R}{\lambda}}$

（2）如要增大镜处光斑大小，必须用_____，同时也说明，小曲率镜子可以_____光束。

（3）已知对称双凹腔二镜面曲率半径 $R_1 = R_2 = 3L/4$，L 为腔长，则镜面光斑半径是腰斑半径的_____倍。

(A) $\sqrt{3}$ (B) 1   (C) $\sqrt{2}$ (D) $\sqrt{3/2}$

(4) 平凹腔中，凹面镜曲率半径 $R = 5L$，L 为腔长，光波长为 λ，则基模腰半径为_____，该腔所激发的高斯光束远场发散角为_____。

(5) 对称双凹腔中，两个凹面镜的曲率半径为腔长的 2 倍，则它激发的高斯光束的焦参数将为腔长的_____倍，镜面上的光斑半径将为腰半径的_____倍。

2.7 谐振腔本征模式的概念

谐振腔的几何光学理论是建立在高斯光束或者几何光学球面波的 $ABCD$ 定律的基础上的。稳定谐振开腔输出的模式一般是高斯光束，而非稳定谐振开腔输出的模式是球面波。这两类模式在相应谐振腔内的往返，实际上是谐振腔相应光学系统对模式反复多次地变换，这种变换服从 $ABCD$ 定律。当形成稳定振荡时，对于是稳定谐振开腔，变换前与变换后的高斯光束复曲率半径 q 相等；对于非稳定谐振开腔，变换前与变换后的球面曲率半径 K 相等。因此，按照几何光学理论，谐振腔的本征模式，就是谐振腔的自再现模式。

谐振腔的衍射理论是建立在衍射理论的基础上。当光场在两面有限线度反射镜组成的开式谐振腔内多次重复地传输及反射时，①在腔内自由空间内的传播，场受到衍射的作用，其分布发生变化；②对于在腔镜面上的反射，经镜面反射的那部分场继续在腔内往返，而处在镜面有限半径以外的场逐出腔外而损失掉。场在腔内的每一次往返，都重复同样的过程，其场分布及振幅大小都受到上述两个因素的作用，经过若干次的往返后，初始场会在衍射的作用下形成不再随时间变化的特有场分布。其后的每一次往返都能够重现该特有的场分布。

无论采用哪种理论，谐振腔本征模式都是建立在自再现的概念上的。当然，在衍射理论下，只要考虑到所有的因素，就可以获得相应的本征模式，即它不一定是高斯模式或者球面波模式。换句话说，衍射理论可以获得精细的本征模式场分布。而几何光学理论只适用于高斯光束或者球面波本征模式的谐振腔。由于几何光学理论的简洁性，它在大多数工程实际问题中获得了广泛的应用。

2.7.1 谐振腔的本征模式

在 1.2 节，我们学习了电磁波模式的概念。谐振腔的本征模式是指谐振腔中能够存在(振荡)的、不随时间改变的、具有特定场振幅分布的电磁场，它由谐振腔的结构决定。当谐振腔的几何参数(如腔长、反射球面的曲率半径等)改变时，其本征模式场振幅分布也会发生改变。

腔内电磁场的空间分布可分解为沿腔轴线方向(光束传播方向)的分布与垂直于传播方向的横截面内的分布。其中，沿腔轴线方向的稳定场分布称为谐振腔的纵模(存在于腔内的每一种驻波光场，用模序数 q——沿腔轴线的光场节点数来表征)，横截面内的场分布称为谐振腔的横模(用模序数 m、n——沿横向坐标方向的光场节线数来表征)。

本征模式能够在腔内自再现其本身所特有的场分布。

1. 激光腔与模式

只有具有一定振荡频率和空间分布的特定光束才能在谐振腔内形成"自再现"振荡。

腔的模式：光学谐振腔内可能存在的特定光束。不同的谐振腔具有不同的振荡模式，选择不同的谐振腔就可以获得不同的输出光束形式。

横模：腔内电磁场在垂直于其传播方向的横向平面内存在的稳定的场分布。不同的横模对应于不同的横向稳定场分布与频率。

激光的模式一般用符号 TEM_{mn} 来标记，其中 TEM 表示横向电磁场，m、n 为横模的序数，为正整数，它表示镜面上的节线数。TEM_{00} 模称为基模，模场集中在反射镜中心。其他的横模称为高阶模。不同横模光场强度分布如图 2-16 所示。

横模阶数越高，光强分布越复杂且分布范围越大。基模光强分布为圆形且分布范围小，其光束发散角最小，功率密度最大，亮度最高，该模的径向强度分布是均匀的。

纵模：沿谐振腔轴线方向上的激光光场分布，决定激光的单色性与相干性。纵模个数取决于激光工作物质的增益谱线宽度及相邻两个纵模的频率间隔。在精密干涉测量、全息照相、高分辨率光谱学的方面要求单色性与相干性及好的光源，即需要单频激光。

2. 横模的形成——"自再现"

谐振腔内的激光束经过足够多次的往返传播之后，在腔内形成一种稳定的场分布，其相对分布不再受衍射影响，它在腔内往返一次后能够"自再现"出发时的场分布。这种稳定的场分布称为"自再现"模或横模。

初始入射波的形状在一定意义上是无关紧要的。由不同的初始入射波所得到的最终稳态场分布可能是各不相同的，腔模式具有多样性。

2.7.2 谐振腔的谐振频率

上面讨论的是空间模式特性，其依赖于腔镜（曲率半径与相隔距离）。下面讨论另一个问题：确定给定空间模式的谐振频率。

谐振频率由一个振荡模式在腔内完成一个来回所产生的相移决定，其为 2π 的倍数。等价于微波腔中腔长必须等于导波半波长的整数倍这一条件。

1. 纵模间隔

下面讨论球形谐振腔情形，其两个反射镜位于 z_1、z_2 处，l，m 模的谐振条件满足：

$$\theta_{l,m}(z_2)-\theta_{l,m}(z_1) = q\pi \tag{2-96}$$

式中，q 为任意整数；相移 $\theta_{l,m}(z)$ 由（2-84）给出，即

$$\theta_{l,m}(z) = kz-(m+l+1)\arctan\frac{z}{z_R} \tag{2-97}$$

谐振条件（2-96）式可写成

$$k_q d-(m+l+1)\left[\arctan\frac{z_2}{z_R}-\arctan\frac{z_1}{z_R}\right] = q\pi \tag{2-98}$$

式中，$d = Z_2 - Z_1$，为腔长。（2-98）式可写成

$$k_{q+1}-k_q = \frac{\pi}{d} \tag{2-99}$$

模式频率间隔为

$$\nu_{q+1}-\nu_q=\frac{c}{2nd} \tag{2-100}$$

式中，n 为腔内介质的折射率。

2. 横模的影响

对于给定纵模 q，由(2-98)式可知，谐振频率依赖于 $l+m$，而不是独立的 l 或 m，即，对于给定纵模 q，所有相同 $l+m$ 模式是简并的(有相同的谐振频率)。对于两个不同的 $l+m$，由(2-98)式有

$$k_1 d-(m+l+1)_1\left[\arctan\frac{z_2}{z_R}-\arctan\frac{z_1}{z_R}\right]=q\pi \tag{2-101}$$

$$k_2 d-(m+l+1)_2\left[\arctan\frac{z_2}{z_R}-\arctan\frac{z_1}{z_R}\right]=q\pi \tag{2-102}$$

两式相减，得

$$\Delta\nu=\frac{c}{2\pi nd}\Delta(m+l)\left[\arctan\frac{z_2}{z_R}-\arctan\frac{z_1}{z_R}\right] \tag{2-103}$$

式(2-103)说明，谐振频率的变化由 $l+m$ 的变化产生。例如，对于共焦腔($R=d$)，由式(2-88)有 $z_2=-z_1=z_R$，从而，$\arctan(z_2/z_R)=-\arctan(z_1/z_R)=\pi/4$，式(2-103)变为

$$\Delta\nu_{\text{conf}}=\frac{c}{4nd}\Delta(m+l) \tag{2-104}$$

比较(2-104)与(2-100)两式，可知，共焦腔中，由 $l+m$ 的变化引起的横模谐振频率的变化为 q 纵模间隔的一半，如图 2-19 所示。

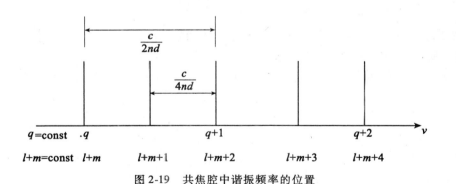

图 2-19 共焦腔中谐振频率的位置

◎ **自测练习**

(1) 激光腔镜的衍射效应起着"筛子"的作用，它将腔内的_____筛选出来。

(2) 设某固体激光器谐振腔长 50cm，固体激光介质棒长 30cm，其折射率为 1.6，其本征纵模的频率间隔为_____。

(3) 下列说法中_____正确。

(A) 圆形镜共焦腔激光器相同纵模、不同横模的谐振频率必然不同

(B)圆形镜共焦腔激光器不同纵模、相同横模的谐振频率必然不同

(C)圆形镜共焦腔激光器不同纵模、不同横模的谐振频率必然不同

(D)圆形镜共焦腔激光器相同纵模、相同横模的谐振频率必然不同

(4)某高斯光束焦参数为 $f=1$m,要使用焦距为 $F=1.25$m 的透镜对此光束实现自再现变换,则放置透镜的方法为_____。

(A)只能离腰 2m　　　　　　　　(B)只能离腰 1m

(C)离腰 2m 或 0.5m　　　　　　(D)离腰 1m 或 0.5m

2.8 谐振腔的衍射积分理论简介

谐振腔的衍射积分理论是由贝尔实验室的福克斯-厉于 1961 年提出来的。其理论基础是惠更斯-菲涅耳原理,基尔霍夫得到了该原理的数学表达式,即菲涅耳-基尔霍夫衍射积分公式。由标量衍射理论可知,光源 $S(P_1)$ 在 P_2 点产生的光振动 $U(P_2)$,应等于其波面 Σ 上各点发出次波在 P_2 点的光振动的叠加,如图 2-20 所示,即

$$U(P_2) = \frac{i}{\lambda} \iint_\Sigma U(P_1) \frac{e^{-ikr_{21}}}{r_{21}} \cos(\boldsymbol{n}, \boldsymbol{r}_{21}) dx_1 dy_1 \tag{2-105}$$

式中,$k = 2\pi/\lambda$;$\boldsymbol{n}$ 为平面 Σ 的法线方向矢量。

当角度 $\boldsymbol{n}$,$\boldsymbol{r}_{21}$ 较小时,即观察面距孔平面 Σ 的距离远远超过了横向尺寸 (x_1, y_1),(x, y_2),有 $\cos(\boldsymbol{n}, \boldsymbol{r}_{21}) \approx 1$,将 r_{21} 用 z 代替,(2-105)式可表示成

$$U(P_2) = \frac{i}{\lambda z} \iint_\Sigma U(P_1) e^{-ikr_{21}} dx_1 dy_1 \tag{2-106}$$

图 2-21 是曲率半径分别为 R_1、R_2 的两球面镜,相距 d,所组成的谐振腔结构图。

当 r_{21} 与 z 轴的角度较小时有

$$r_{21} \approx \sqrt{d^2 + (x_2 - x_1)^2 + (y_2 - y_1)^2} - \frac{x_2^2 + y_2^2}{2R_2} - \frac{x_1^2 + y_1^2}{2R_1}$$

$$\approx d \left(1 + \frac{(x_2 - x_1)^2}{2d} + \frac{(y_2 - y_1)^2}{2d} \right) - \frac{x_2^2 + y_2^2}{2R_2} - \frac{x_1^2 + y_1^2}{2R_1}$$

将上式代入(2-106)式,有

$$U(x_2, y_2) = \iint_{\Sigma_1} h(x_2, y_2, x_1, y_1) U(x_1, y_1) dx_1 dy_1 \tag{2-107}$$

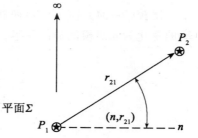

图 2-20 光波衍射图

式中,h 为

$$h(x_2, y_2, x_1, y_1) = \frac{i e^{-ikd}}{\lambda d} \exp\left[-ik \left(\frac{(x_2 - x_1)^2 + (y_2 - y_1)^2}{2d} - \frac{x_1^2 + y_1^2}{2R_1} - \frac{x_2^2 + y_2^2}{2R_2} \right) \right]$$

(2-108)

图 2-21 各个面上的光场分布为

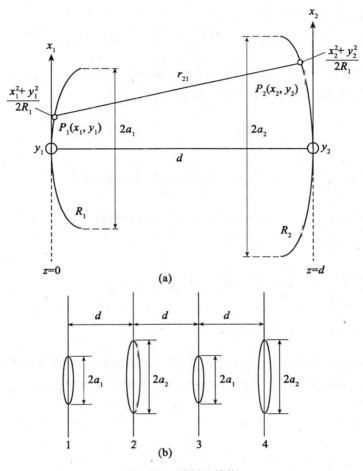

图 2-21 谐振腔结构

$$U(x_3, y_3) = \iint_{\Sigma_2} h(x_3, y_3, x_2, y_2) U(x_2, y_2) \mathrm{d}x_2 \mathrm{d}y_2$$
$$= \iint_{\Sigma_2}\iint_{\Sigma_1} h(x_3, y_3, x_2, y_2) h(x_2, y_2, x_1, y_1) U(x_1, y_1) \mathrm{d}x_1 \mathrm{d}y_1 \mathrm{d}x_2 \mathrm{d}y_2$$

(2-109)

光波在谐振腔内来往返一次的传输核 K 为

$$U(x_3, y_3) = \iint_{\Sigma_1} K(x_3, y_3, x_1, y_1) U(x_1, y_1) \mathrm{d}x_1 \mathrm{d}y_1 \tag{2-110}$$

$$K(x_3, y_3, x_1, y_1) = \iint_{\Sigma_2} h(x_3, y_3, x_2, y_2) h(x_2, y_2, x_1, y_1) \mathrm{d}x_2 \mathrm{d}y_2 \tag{2-111}$$

根据"自再现"理论,有

$$U(x_3, y_3) = \gamma U(x_1, y_1) \tag{2-112}$$

式中，γ 为任意常数。

将(2-110)式代入(2-112)式，有

$$\iint_{\Sigma_1} K(x, y, x_1, y_1) U(x_1, y_1) dx_1 dy_1 = \gamma U(x, y) \tag{2-113}$$

积分方程(2-113)有一系列离散的解（本征函数），用函数 U_{mn} 描述。该函数即为前面介绍的厄米-高斯解。可用迭代法求解方程(2-113)。

◎ **自测练习**

（1）谐振腔的衍射积分理论是由贝尔实验室的福克斯-厉于1961年提出来的。其理论基础是_____。

（2）利用菲涅耳-基尔霍夫衍射积分公式可以得到谐振腔的模式分布，在数学描述上可用_____求解。

2.9　Fabry-Perot 腔（标准具）

2.9.1　Fabry-Perot(FP)腔的理论模型

设腔内介质的折射率为 n，反射镜介质的折射率为 n_1，如图 2-22 所示。可用薄膜干涉模型来处理。根据物理光学中的相关知识，每相邻两反射光或透射光之间的光程差为

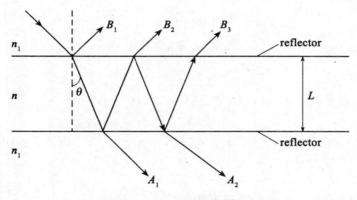

图 2-22　FP 腔的理论模型

$$\Delta = 2nL\cos\theta \tag{2-114}$$

由光程差引起的相位差为

$$\phi = \frac{4\pi nL\cos\theta}{\lambda} \tag{2-115}$$

当光束正入射时，有

$$\phi = \frac{4\pi nL}{\lambda} \tag{2-116}$$

假设入射光的振幅为 a，光束从周围介质射入腔内时，振幅反射系数为 r，透射系数为 t。忽略腔内损耗，FP 腔的输出光强与入射光强之比为

$$\frac{I^t}{I_0} = \frac{(1-R)^2}{1+R^2-2R\cos\phi} = \frac{(1-R)^2}{(1-R)^2+4R\sin^2\left(\frac{\phi}{2}\right)} \tag{2-117}$$

式中，$R = r^2$，$I_0 = a \cdot a^*$。FP 腔的传输特性如图 2-23 所示。

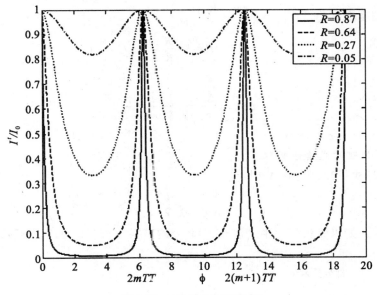

图 2-23 FP 腔的输出特性

说明：

1. FP 腔的谐振频率

FP 腔透射最大时所对应的光波频率。由（2-117）式有

$$\phi = 2m\pi (m \text{ 取任意整数}), \tag{2-118}$$

即

$$\nu_m = m\frac{c}{2nL\cos\theta} \tag{2-119}$$

式中，c 是光在真空中的速度；ν_m 是谐振频率。

2. 自由谱宽（FSR）

相邻谐振频率之差，即

$$\text{FSR} = \Delta\nu = \nu_{m+1} - \nu_m = \frac{c}{2nL\cos\theta} \tag{2-120}$$

3. 考虑腔内损耗

假设腔内单程强度损耗为 $1-A$，可得透射的峰值为

$$\left(\frac{I^t}{I_0}\right)_{max}=\frac{(1-R)^2 A}{(1-RA)^2} \tag{2-121}$$

4. FP 腔的精细度

FP 腔光谱分析仪的分辨率由其传输峰值的有限带宽所限制。由(2-117)式有

$$\sin^2\left(\frac{\phi_{1/2}-2m\pi}{2}\right)=\frac{(1-R)^2}{4R} \tag{2-122}$$

假设 $\phi_{1/2}-2m\pi \ll \pi$，有

$$\Delta\nu_{1/2}=\frac{c}{2\pi n L}(\phi_{1/2}-2m\pi)=\frac{c}{2\pi n L}\cdot\frac{1-R}{\sqrt{R}} \tag{2-123}$$

标准具的精细度定义为

$$F\equiv\frac{\pi\sqrt{R}}{1-R} \tag{2-124}$$

有

$$\Delta\nu_{1/2}=\frac{\Delta\nu}{F}=\frac{c}{2nL\cos\theta\cdot F} \tag{2-125}$$

5. 基于 FP 腔的光谱分析仪

由(2-119)式可知，当 $\theta=0$ 时有

$$\frac{\mathrm{d}\nu}{\Delta\nu}=-\frac{\mathrm{d}L}{\lambda/2n} \tag{2-126}$$

上式表示，如果腔长变化半个波长，FP 腔的谐振波长变化 $\Delta\nu$。如图 2-24 所示。

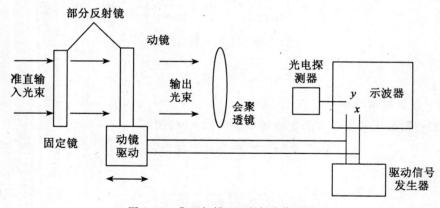

图 2-24 典型扫描 FP 腔实验装置图

例 2.12 设计一个用于研究 He-Ne 激光器模结构的扫描 FP 标准具。He-Ne 激光器参数为：腔长 100cm，振荡带宽 1.5×10^9Hz。

解：标准具的自由谱宽必须大于所研究问题的谱宽，即

$$\frac{c}{2nL}\geqslant 1.5\times10^9\text{Hz，或 } 2nL\leqslant 20\text{cm} \tag{2-127}$$

He-Ne 激光器纵模间隔为(设工作物质的折射率为 1)

$$\frac{c}{2nL_{Laser}} = 1.5 \times 10^8 Hz,$$

我们选择标准具的分辨率为其 1/10

$$\Delta \nu_{1/2} = \frac{c}{2nLF} \leq 1.5 \times 10^7 Hz, \text{ 或 } 2nLF \geq 2 \times 10^3 cm \quad (2\text{-}128)$$

为满足条件(2-127)式,我们选择 $2nL = 20cm$,代入(2-128)式,有

$$F \geq 100$$

可得腔镜的反射率近似为 97%。

2.9.2 连续波入射时单模光纤 FP 腔的输出特性

图 2-25 为单模光纤 FP(SMF FP)腔结构图。连续波入射时 SMF FP 腔的输出特性测试的实验装置如图 2-26 所示。测试图含 SMF FP 腔一个,该腔由将高反射膜(Evaporated Coatings Inc, $R > 0.999$, @ 1550 ~1560nm)直接镀在光纤连接器端面上,通过标准 FC/PC 连接器和标准单模光纤相连,带有 20cm 长的尾纤。掺铒光纤放大器(Highwave Optical Technologies, EDFA)以及光谱分析仪(Agilent 86142B optical spectrum analyzer),利用 EDFA 的自发辐射作为宽带光源,也可利用 Agilent 86142B 光谱分析仪自带的光输出作为宽带光源。利用波长为 976nm 的激光二极管泵浦 EDFA,在泵浦电流为 50mA,温度控制在 23°C 时,EDFA 的自发辐射谱如图 2-27 所示。

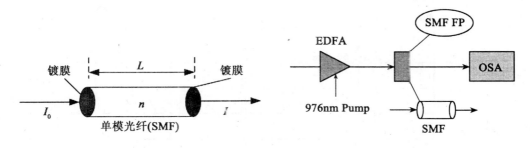

图 2-25 典型单模光纤 FP 腔   图 2-26 FP 腔特性测试

实验测得的该 SMF FP 腔的输出谱如图 2-28 所示。从图上可得出该腔的 FSR 为 0.4nm,利用变换式 $\Delta \nu = \Delta \lambda \times c/\lambda^2$, $\lambda = 1.55\mu m$,可得 FSR 为 50GHz,与理论研究一致。

2.9.3 脉冲激光入射时单模光纤 FP 腔的衰荡输出特性

实验装置如图 2-29 所示,由激光器(PRO 8000 WDM 源,调谐范围 1549.266 ~ 1550.966nm)、偏振控制器、调制器(JDS Uniphase OC-192)、RF 发生器(hp 8341B synthesized sweeper, range: 10MHz ~20GHz)、单模光纤 FP 腔、光纤放大器、带通滤波器(Newport)、偏振片及数字通信分析仪(hp 83480A digital communication analyzer)组成。

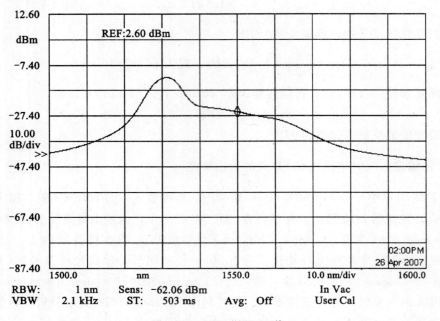

图 2-27 EDFA 的 ASE 谱

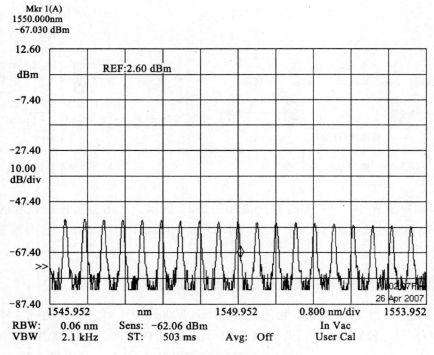

图 2-28 FP 腔输出特性

光纤放大器用于补偿系统损耗。调节可调谐激光器的波长使其与 SMF FP 腔的传输波长相匹配。调节偏振控制器使得入射光能激发 SMF FP 中的两个偏振模,然后旋转偏振片,可以观察到下列两种情况:①看到 SMF FP 中的两个本征模 TE 模或 TM 模;②SMF FP 中的两个偏振模的合成一拍现象。

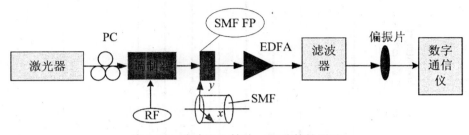

图 2-29　脉冲光入射时,FP 腔特性测试

波长为 1550.337nm 的连续波激光,光谱如图 2-30 所示。经过调制器,其上施加经编码的 100MHz 的 RF 信号,经调制后的激光波形由数字通信分析仪监测。适当调节调制器的直流偏压,就能得到很好的 100MHz 调制激光的波形。当直流偏压为 4.74V 时,所得调制波形如图 2-31 所示。

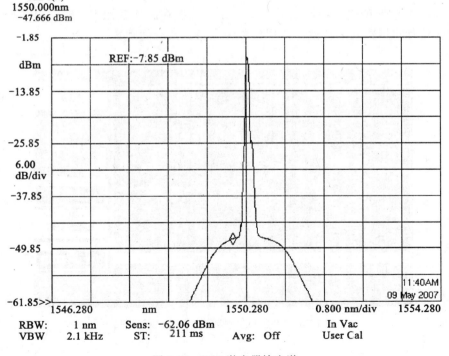

图 2-30　DFB 激光器输出谱

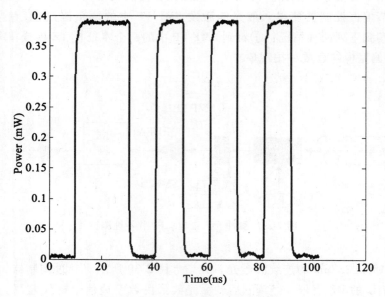

图 2-31 100MHz 调制信号波形

1. 不考虑双折射

调节偏振控制器使得入射光只能激发 SMF FP 中的两个偏振模中的一个（TE 或 TM 模）。此时 SMF FP 的输出特性如图 2-32 所示。表明在脉冲激光入射时，SMF FP 的输出呈现强度随时间指数衰减特性，该现象称为衰荡。其时间常数 τ, 为

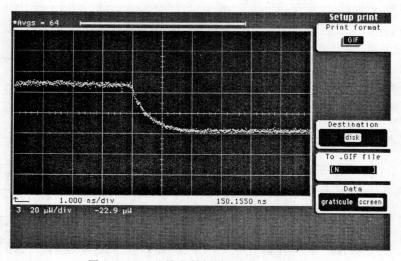

图 2-32 FP 腔输出射频谱（不考虑双折射）

$$\tau = \frac{nL}{cA} \tag{2-129}$$

式中，A 为腔内损耗；c 为真空中的光速。当作用在 SMF FP 上外部因素（如压力）发生变化时，腔内损耗随之变化，相应的时间常数也发生变化，利用这一现象可制作成压力传感器。

2. 考虑双折射

在实验时调节偏振控制器使得入射光能激发 SMF FP 中的两个偏振模，然后旋转偏振片以合成两个偏振模。普通标准单模光纤中的两个偏振模产生双折射为 $\Delta n_0/n \sim 2\times 10^{-6}$，当外部压力施加在 SMF FP 时，SMF FP 的输出谱如图 2-33 所示。此时的输出谱呈现出三个过程：建立、稳定和衰荡。建立过程表明有光注入情况；稳定过程表明腔内光强达到最大值；衰荡过程则表示入射光停止。在脉冲的上升沿和下降沿均可观察到拍现象。拍频是由于单模光纤中的两本征模的相位失配造成的。拍频与单模光纤双折射之间有关系

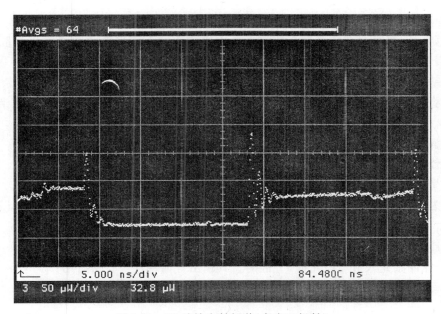

图 2-33　FP 腔输出射频谱（考虑双折射）

$$f_B = \frac{c\Delta n}{\lambda n} \qquad (2\text{-}130)$$

式中，n 为光纤的平均折射率。

例 2.13　在单模光纤的两端，镀上高反膜，即可构成单模光纤 FP 腔，令 $L=2\text{mm}$，$n=1.5$，$R=0.997$，则该单模光纤 FP 腔的自由光谱范围 FSR 为

$$\text{FSR} = \frac{c}{2nL} = 50\text{GHz}$$

假设如射光的中心频率为 $1.55\mu\text{m}$，自由谱宽用波长表示为

$$\lambda = \frac{c}{\nu}, \qquad \Delta\lambda = \frac{c}{\nu^2}\Delta\nu = 0.4\text{nm}$$

◎ **自测练习**

（1）某单模光纤 FP 腔的输出特性如图 2-28 所示，该腔的自由谱宽为_____ GHz。
　　（A）10　　　（B）20　　　（C）40　　　（D）50

（2）如不考虑单模光纤的双折射，脉冲激光入射时，单模光纤 FP 腔具有_____输出特性。

（3）如单模光纤的本征双折射为 $\Delta n_0/n \sim 2\times 10^{-6}$，则在脉冲激光入射时，其产生的衰荡拍频为_____ GHz。

◎ **本章思考题**

1. 光线的传输是由什么来表征的？为何通常可用射线表示光的传输方向？
2. 如何理解线性系统概念在几何光学中的应用？几何光学方法研究谐振腔的基本方法是什么？
3. 基模高斯光束的传输与变换有何特性？
4. 稳定球面腔激光器工作物质横向尺寸增大是否会增加输出光束的光斑半径？为什么？
5. 解释"自再现"概念。
6. 什么是谐振腔的本征模式与谐振频率？
7. 简述利用衍射积分理论求谐振腔本征模式的迭代法求解过程。
8. 为了测试某光纤 FP 腔的 $1.55\mu m$ 波段透射特性，需要一台 $1.55\mu m$ 波段的宽激光光源，可是实验室没有专用的相关波段光源，请提出两种可行的解决方案。
9. 连续宽光源光波入射光纤 FP 腔时，其输出光谱有何特性？
10. 脉冲激光入射单模光纤 FP 腔时，其输出有何特性？有何应用？

◎ **练习二**

1. 试利用往返矩阵证明共焦腔为稳定腔，即任意傍轴光线在其中可以往返无限多次，而且两次往返即自行闭合。
2. 设激光器谐振腔长 1m，两反射镜的反射率分别为 80% 和 90%，其他损耗不计，分别试求光在腔内往返 2 周，以及 $t=10^{-8}$ 秒时的光强是初始光强的倍数。
3. 某高斯光束入射到焦距为 f 的薄透镜，该薄透镜位于入射高斯光束的光腰处，如图 2-34 所示。试求输出光束光腰位置及其光斑的大小。
4. 焦距为 15.0cm 的正透镜与焦距为 10.0cm 的负透镜构成复合放大镜，两透镜相距 12.0cm。现将高度为 10.0cm 的物体置于距第一个透镜 60.0cm（见图 2-35）。试求（1）此复合透镜的变换矩阵、物像矩阵和焦距；（2）像的位置及大小。
5. 激光器的谐振腔由一面曲率半径为 1m 的凸面镜和曲率半径为 2m 的凹面镜组

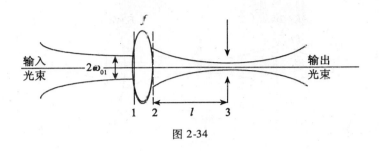

图 2-34

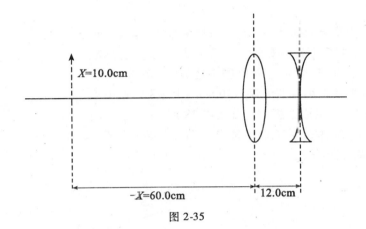

图 2-35

成,工作物质长 0.5m,其折射率为 1.52,试求腔长 L 在什么范围内是稳定腔。

6. 今有一球面腔,$R_1=1.5$m,$R_2=-1$m,$L=0.8$m。试证明该腔为稳定腔;求出它的等价共焦腔的参数;在图上画出等价共焦腔的具体位置。

7. 某高斯光束腰斑大小为 $\omega_0=1.14$mm,$\lambda=10.6\mu$m。试求与束腰相距 30cm、10m、1000m 远处的光斑半径 ω 及波前曲率半径 R。

8. 若已知某高斯光束之 $\omega_0=0.3$mm,$\lambda=632.8\mu$m。试求束腰处的 q 参数值,与束腰相距 30cm 处的 q 参数值,以及在与束腰相距无限远处的 q 值。

9. 某高斯光束 $\omega_0=1.2$mm,$\lambda=10.6\mu$m。今用 $F=2$cm 的锗透镜来聚焦,当束腰与透镜的距离为 10m、1m、10cm、0 时,试求焦斑的大小和位置,并分析所得的结果。

10. CO_2 激光器输出光 $\lambda=10.6\mu$m,$\omega_0=3$mm,用一 $F=2$cm 的凸透镜距焦,试求欲得到 $\omega_0'=20\mu$m 及 2.5μm 时透镜应放在什么位置。

11. 如图 2-36 所示的光学系统,如射光 $\lambda=10.6\mu$m,试求 ω_0'' 及 l_3。

12. 入射高斯光束的焦参数为 $f=1$m,腰距凸透镜 $l=1$m。试求出射高斯光束的焦参数 f' 及腰距凸透镜的距离 l'。凸透镜的焦距 $F=2/3$m。

13. 如图 2-37 所示,由曲率半径大小分别为 $R_1=100$cm、$R_2=-82$cm 的凹、凸面镜,彼此相距 $L=30$cm 组成谐振腔,试求它激发的光波长为 $\lambda=0.314\mu$m 的高斯光束腰斑半径和腰位置(距离 R_2 镜多远)。

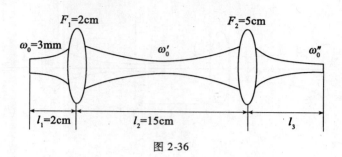

图 2-36

14. 某高斯光束波长为 $1.57\mu m$，束腰半径为 $w_0=1mm$，将焦距 $F=1m$ 的凸透镜置于其腰右方 $l=2m$ 处，试求经透镜变换后的像高斯光束的束腰半径 w_0' 及其腰到透镜的距离 l'。

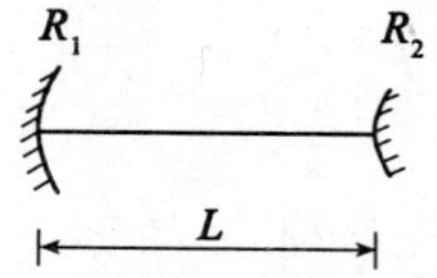

15. 由曲率半径大小分别为 $R_1=100cm$、$R_2=82cm$ 的凹、凸面镜，相距 $L=30cm$ 组成谐振腔，如图 2-38 所示。试求它激发波长为 $\lambda=0.314\mu m$ 的高斯光束腰斑半径和腰位置（在 R_2 镜的哪一侧，距离 R_2 镜多远）。

图 2-37

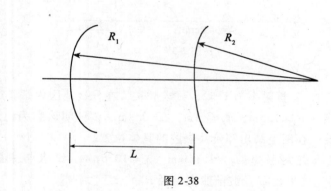

图 2-38

第三章 电磁场与物质相互作用

科学理论的重要作用之一是用来解释实验现象及预测新现象,其建立和发展是实际工作的需要。激光现象也不例外。激光器的研究理论是建立在量子电动力学基础上的量子理论。常见的一些理论分析方法有:半经典理论、量子理论、速率方程理论(常称为唯象理论)。本章介绍激光器的经典理论与速率方程理论。学习本章之后,读者应知道:

(1)掺铒光纤的自发辐射谱、原子自发辐射的经典电偶极子模型、激光光谱测量;
(2)受激吸收和色散的经典理论基础、谱线加宽、谱线加宽对辐射的影响;
(3)均匀加宽(自然加宽、碰撞加宽)、非均匀加宽(多普勒加宽);
(4)泵浦过程;
(5)激光器的速率方程理论;
(6)三能级与四能级系统能级速率方程;

3.1 掺铒光纤的自发辐射谱

本节以掺铒(Er^{3+})光纤放大器(EDFA)为例,介绍光与物质相互作用的基本概念。

3.1.1 激光产生的物理基础

激光产生的物理基础是电磁辐射(即电磁波-光波)与物质(激光介质)的相互作用,常称为物质与双光子的作用,如图3-1所示。物质指增益介质(或称激光工作物质)、双光子指泵浦光光子与信号光光子。泵浦光(波长为λ_1)光子为激光器提供能量,信号光为自发辐射光子,其中波长为λ_2的光子流即为激光器输出的激光。

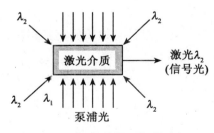

图3-1 光与物质相互作用示意图

光与物质的相互作用可分为三类：①光与组成物质的原子（或离子、分子）内的电子之间的共振相互作用；②光与自由电子的相互作用；③光与物质的非共振相互作用。本课程只介绍光与组成物质的原子（或离子、分子）内的电子之间的共振相互作用。下面以掺铒光纤（EDF）为例，介绍光与物质相互作用的理论基础。

3.1.2 掺铒光纤的自发辐射谱

图 3-2 为 EDFA 的自发辐射（ASE）光谱图。将掺铒光纤放大器（EDFA）的输入端空置，即没有信号光输入，将泵浦光（波长为 976nm）加上，这样处于低能级的铒离子吸收泵浦光而跃迁至较高能级，由于离子在高能级上的寿命有限，自行跃迁至低能级，同时，向外辐射一个光子，光谱仪上观察到的是大量辐射光子的集合。

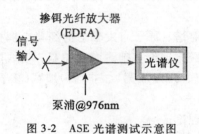

图 3-2 ASE 光谱测试示意图

例 3.1 自发辐射具有下列性质（A B C D E）
A 各向同性   B 单色性不好   C 非相干的   D 频率范围宽
E 无确定偏振

◎ **自测练习**

（1）激光物理学的 3 个层次的理论为_____、_____和_____。

（2）EDFA 自发辐射光谱很宽，且不均匀。除了在 1532nm 附近有很强的发射峰外，还有一个波长在_____附近的次发射峰。

（3）自发辐射光谱是光与物质相互作用的_____，光与物质相互作用是其_____。

（4）激光产生的物理基础是电磁辐射与物质的相互作用，常称物质与_____的作用。物质指_____、双光子指_____与_____。

3.2 谱线加宽的概念

3.2.1 原子自发辐射的经典电偶极子模型

在 1.2.3 节中，学习了光与物质相互作用的经典电偶极子模型。处于激发态（如激

光上能级)的电子具有一定的寿命,其对应的电偶极矩发射的电磁波是衰减的。在(1-12)式中,令 $E=0$ 有

$$\frac{d^2 x}{dt^2} + \gamma \frac{dx}{dt} + \omega_0^2 x = 0 \tag{3-1}$$

因为 γ 很小,上述方程的解为

$$x(t) = x_0 e^{-\frac{\gamma}{2}t} e^{j\omega_0 t} \tag{3-2}$$

振子的电偶极矩为

$$\boldsymbol{P} = e \cdot x(t)\boldsymbol{i} = p_0 e^{-\frac{\gamma}{2}t} e^{j\omega_0 t} \boldsymbol{i} \tag{3-3}$$

振子发出的电磁辐射为

$$\boldsymbol{E} = E_0 e^{-\frac{\gamma}{2}t} e^{j\omega_0 t} \boldsymbol{i} \tag{3-4}$$

(3-4)式就是原子自发辐射的经典描述,其辐射中心频率为 ω_0。$1/\gamma$ 为谐振子的辐射衰减时间,在可见光范围内,其量级为 10^{-8} s,与实验结果一致。

将(3-4)式进行傅里叶变换,可得到其频谱:

$$E(\omega) = F[E(t)] = \int_0^\infty E_0 e^{-\frac{\gamma}{2}t} e^{j\omega_0 t} e^{-j\omega t} dt = \frac{E_0}{\frac{\gamma}{2} + j(\omega - \omega_0)} \tag{3-5}$$

光强

$$I(\omega) \propto (E(\omega))^2 = E(\omega) \cdot E^*(\omega) = \frac{1}{\left(\frac{\gamma}{2}\right)^2 + (\omega - \omega_0)^2} I_0 \tag{3-6}$$

式中,$I_0 = E_0^2$。(3-6)表明具有洛伦兹分布。该式表明谱线加宽(或称展宽)了。

令 $1/\gamma = T_2$,(3-6)式可写成

$$I(\omega) \propto \frac{4T_2^2}{1 + 4(\omega - \omega_0)^2 T_2^2} I_0 \tag{3-7}$$

式中,T_2 称为横向弛豫时间,是由于激光介质中粒子相互交换能量引起的非辐射跃迁,会使激发态粒子的感应偶极矩有一定的弛豫时间。对均匀加宽工作物质,T_2 具有谱线宽度倒数的量级,在固体工作物质中,T_2 约为 10^{-10} s 量级。

3.2.2 受激吸收和色散的经典理论基础

受激吸收和色散现象是电磁场与物质原子相互作用的结果。物质在频率为 ω 的电磁场的作用下,发生极化,感应电极化强度使物质的介电常数发生变化,导致物质对电磁波的吸收与色散。

物质中沿 z 方向传播的单色平面波,其 x 方向的电场强度为

$$E(z, t) = E(z) e^{j\omega t} = E_0 e^{-j\frac{\omega}{c}\sqrt{\varepsilon_r \mu_r} z} e^{j\omega t} \tag{3-8}$$

式中,ε_r 与 μ_r 分别为相对介电常数与相对磁导率。对于非铁磁质 $\mu_r = 1$,ε_r 由极化率求得。将式(1-21)代入式(3-8)有

$$E(z, t) = E_0 e^{\frac{\omega}{c} \cdot \frac{\chi''}{2} z} e^{j\left[\omega t - \frac{\omega}{c}\left(1 + \frac{\chi'}{2}\right) z\right]} \tag{3-9}$$

光强为

$$I(z) \propto (E(z, t))^2 = E(z, t) \cdot E^*(z, t) = e^{\frac{\omega}{c} \chi'' z} I_0 \tag{3-10}$$

(1-73)式是根据增益系数定义的,将(3-10)式代入(1-73)式,可得增益系数:

$$g = \frac{dI(z)}{dz} \frac{1}{I(z)} = \frac{\omega}{c} \chi'' \tag{3-11}$$

(3-11)式表明,由于自发辐射的存在,物质的吸收谱线具有洛伦兹线型。$\gamma/2\pi$ 为均匀加宽谱线宽度。物质在 ω_0 附近呈现强烈色散。由(3-11)与(1-22)式,可得物质折射率与增益系数之间的关系式:

$$n = 1 - \frac{\omega - \omega_0}{\gamma} \cdot \frac{c}{\omega} g \tag{3-12}$$

(3-12)式说明,从物质的增益系数可以求出其折射率。

例 3.2 光谱线加宽是由下列因素引起的(A B C D E)
A 原子碰撞　　B 激发态有一定寿命　　C 热运动　　D 多普勒效应
E 温度变化

◎ **自测练习**

(1)处于激光上能级的电子具有一定的_____,其对应的电偶极矩发射的电磁波是_____的。

(2)横向弛豫时间是由于_____中粒子相互交换能量过程引起的非辐射跃迁,导致激发态粒子的_____有一定的弛豫时间。

(3)对均匀加宽工作物质,T_2 具有谱线宽度倒数的量级,在固体工作物质中,T_2 约为 10^{-10} s 量级,相应的谱线宽度的量级为_____GHz。

(4)在 980nm 光波的泵浦下,掺 Er^{3+} 磷酸盐光纤对波长为 1532nm 光波的增益系数可达 2dB/cm,相应介质极化率虚部为_____。

3.3　谱线加宽对辐射的影响

激光器速率方程理论的出发点是原子的自发辐射、受激辐射和受激吸收几率间的基本关系。爱因斯坦采用唯象方法得到三者之间的关系为(1-66)~(1-68)式。单位体积物质内原子发出的自发辐射功率为

$$P = \frac{dn_{21}}{dt} h\nu \tag{3-13}$$

在理想状况,我们没有考虑原子能级的宽度,假设能级是无限窄的 δ 函数。认为上述自发辐射是单色的,即它的全部功率都集中在一个单一的频率 ν_0 上。如图 3-3 所示。

实际上,由于各种因素的影响,自发辐射并不是单色的,而是分布在中心频率附近一个很小的频率范围,这种现象称为谱线加宽。

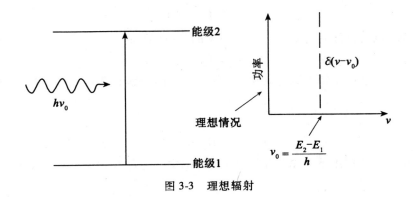

图 3-3 理想辐射

考虑谱线加宽之后，自发辐射功率不再集中在中心频率上，应表示为频率 ν 的函数 $P(\nu)$，如图 3-4 所示。$P(\nu)$ 描述自发辐射功率按频率的分布：

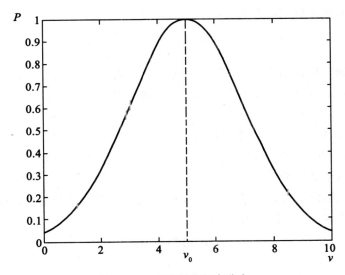

图 3-4 自发辐射的频率分布

$$P = \int_{-\infty}^{\infty} P(\nu) \, d\nu \tag{3-14}$$

谱线的线型函数 $g(\nu, \nu_0)$ 的定义：

$$g(\nu, \nu_0) = \frac{P(\nu)}{P} \tag{3-15}$$

由 (3-14) ~ (3-15) 式有

$$\int_{-\infty}^{\infty} g(\nu, \nu_0) \, d\nu = 1 \tag{3-16}$$

式 (3-16) 为线型函数的归一化条件。

谱线宽度 $\Delta \nu$ 满足：

$$g\left(\nu_0 \pm \frac{\Delta\nu}{2}, \nu_0\right) = \frac{1}{2}g(\nu_0, \nu_0) \tag{3-17}$$

$g(\nu, \nu_0)$ 也可以理解为跃迁几率按频率的分布函数:

$$A_{21}(\nu) = A_{21}g(\nu, \nu_0) \tag{3-18}$$

含义是:在总自发辐射跃迁几率 A_{21} 中,分配在频率 ν 处单位频带内的自发跃迁几率。

同理有

$$B_{21}(\nu) = B_{21}g(\nu, \nu_0) \tag{3-19}$$

在辐射场 ρ_ν 的作用下,总受激跃迁几率 W_{21} 中,分配在频率 ν 处单位频带内的受激跃迁几率为

$$W_{21}(\nu) = B_{21}g(\nu, \nu_0)\rho_\nu \tag{3-20}$$

考虑谱线加宽后,爱因斯坦关系式为

$$\left(\frac{dn_{21}}{dt}\right)_{sp} = \int_{-\infty}^{\infty} n_2 A_{21}(\nu) d\nu = n_2 A_{21} \tag{3-21}$$

表明谱线加宽对自发辐射无影响。

$$\left(\frac{dn_{21}}{dt}\right)_{st} = n_2 B_{21} \int_{-\infty}^{\infty} g(\nu, \nu_0)\rho_\nu d\nu \tag{3-22}$$

式中,积分与辐射场 ρ_ν 的带宽 $\Delta\nu$ 有关,反映了激光产生的本质——激光介质与双光子的相互作用。$g(\nu, \nu_0)$ 代表增益介质,ρ_ν 则分别代表泵浦光(受激吸收)与信号光(受激辐射)。下面分两种情况讨论。

a. 原子和准单色光辐射场相互作用

设辐射场 ρ_ν 的中心频率为 ν,带宽为 $\Delta\nu'$,并满足 $\Delta\nu' \ll \Delta\nu$。激光器内的光波场与原子相互作用属于这种情况。如图 3-5 所示。(3-11)式的被积函数只在中心频率 ν 附近的一个极小范围内才有非零值。在此频率范围内,线型函数 $g(\nu, \nu_0)$ 可以近似看作常数,单色能量密度 ρ_ν 可表示为 δ 函数:

$$\rho_\nu = \rho\delta(\nu' - \nu) \tag{3-23}$$

且有

$$\left(\frac{dn_{21}}{dt}\right)_{st} = n_2 B_{21} \int_{-\infty}^{\infty} g(\nu', \nu_0)\rho\delta(\nu' - \nu) d\nu' = n_2 B_{21}g(\nu, \nu_0)\rho \tag{3-24}$$

同理有

$$\left(\frac{dn_{12}}{dt}\right)_{st} = n_1 B_{12}g(\nu, \nu_0)\rho \tag{3-25}$$

式(3-25)表明由于谱线加宽,和原子相互作用的单色光的频率并不一定要精确等于原子的中心频率才能产生受激辐射,而是在中心频率附近的一个频率范围内都能产生受激辐射。中心频率处的跃迁几率最大;偏离中心频率越远,跃迁几率越小。

b. 原子和连续谱光辐射场的相互作用

辐射场 ρ_ν 分布在 $\Delta\nu' \gg \Delta\nu$ 的频带内。此时被积函数只在原子中心频率 ν_0 附近的一个极小范围内才有非零值。在此频率范围内,单色能量密度 ρ_ν 可以近似看做常数 $\rho_{\nu 0}$,

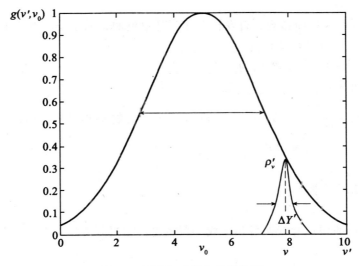

图 3-5　原子与准单色场的作用

有

$$\left(\frac{dn_{21}}{dt}\right)_{st} = n_2 B_{21} \rho_{\nu 0} \tag{3-26}$$

$$\left(\frac{dn_{12}}{dt}\right)_{st} = n_1 B_{12} \rho_{\nu 0} \tag{3-27}$$

式中，$\rho_{\nu 0}$ 是连续谱光辐射场在原子中心频率处的单色能量密度。闪灯泵属于这种情况。

$g(\nu,\nu_0)$ 的具体表达式的形式取决于引起谱线加宽的具体物理因素。可分为：

(1) 均匀加宽（自然加宽和碰撞加宽）；
(2) 非均匀加宽（多普勒加宽）；
(3) 综合加宽。

例 3.3　考虑谱线加宽之后，原子（或粒子）的跃迁可用下式描述

$$\left(\frac{dn_{12}}{dt}\right)_{st} = n_1 B_{12} \int_{-\infty}^{\infty} g(\nu,\nu_0) \rho_\nu d\nu$$

请解释闪灯泵浦激光器效率不高的原因，指出提高光泵浦效率的途径，试举例说明。

解： 闪灯泵浦激光器效率不高的原因是：闪灯属于宽光源，其谱宽远大于增益介质吸收带宽，故闪灯的能量利用率不高，导致闪灯泵浦激光器效率不高。提高光泵浦效率的途径是利用窄带泵浦光源，且其中心波长恰好位于增益介质的最佳吸收带内。如掺铒光纤激光器常采用 980nm 和 1480nm 两种泵浦。

◎ **自测练习**

(1) 激光器速率方程理论的出发点是_____、_____和_____几率间的基本

关系。

(2) 由于各种因素的影响，自发辐射并不是单色的，而是分布在中心频率附近一个很小的频率范围，这种现象称为_____。

(3) 线型函数的归一化条件为_____。

(4) 谱线加宽对_____无影响。

(5) 关系式 $\left(\dfrac{\mathrm{d}n_{12}}{\mathrm{d}t}\right)_{\mathrm{st}} = n_1 B_{12} g(\nu,\nu_0)\rho$ 表示了光与物质的相互作用，其中_____代表光辐射，_____代表物质。

3.4 谱线加宽类型

原子辐射场的傅里叶变换可知谱线加宽概念。加宽分为均匀加宽、非均匀加宽及综合加宽。

3.4.1 均匀加宽

引起加宽的物理因素对每个原子都是等同的。如在大量原子中每个原子的平均寿命都是相等的。每个原子都以整个线型发射，不能把线型函数上的某一特定频率和某些特定原子联系起来，每个发光原子对光谱线内任一频率都有贡献。原子在能级上的有限寿命所引起的谱线均匀加宽是量子力学测不准原理的直接结果。均匀加宽分为自然加宽与碰撞加宽两种。

1. 自然加宽

自然加宽是由于每个原子所固有的自发辐射跃迁引起原子在能级上的寿命有限造成的，所有原子对于自然加宽的贡献相同，不可区分。处在激发态（上能级）的电子具有一定的寿命，其对应的电偶极矩发射的电磁波是衰减的。

利用辐射的经典理论求自然加宽线型函数。据经典模型，原子中作谐振动的电子（偶极子）由于自发辐射而不断损耗能量，电子振动的振幅服从阻尼振动规律：

$$x(t) = x_0 \exp\left(-\dfrac{\gamma}{2}t\right)\exp(i2\pi\nu_0 t) \tag{3-28}$$

式中，ν_0 是原子作无阻尼谐振动的频率，即原子发光的中心频率；γ 为阻尼系数。上述阻尼振动不再是频率为 ν_0 的谐振动，这是形成自然加宽的原因。

对 $x(t)$ 作傅里叶变换，有频谱：

$$x(\nu) = \int_0^\infty x(t)\exp(-i2\pi\nu t)\mathrm{d}t = \dfrac{x_0}{\dfrac{\gamma}{2} - i(\nu_0-\nu)2\pi} \tag{3-29}$$

自发辐射功率正比于电子振幅的平方，总的自发辐射功率为

$$I = \int_{-\infty}^{+\infty} I(\nu)\mathrm{d}\nu \tag{3-30}$$

代入 (3-15) 式有

$$g(\nu, \nu_0) = \frac{|x(\nu)|^2}{\int_{-\infty}^{+\infty} |x(\nu)|^2 d\nu}$$

$$= \frac{1}{\left[\left(\frac{\gamma}{2}\right)^2 + 4\tau^2(\nu-\nu_0)^2\right] \int_{-\infty}^{\infty} \frac{1}{\left(\frac{\gamma}{2}\right)^2 + 4\pi^2(\nu-\nu_0)^2} d\nu} \tag{3-31}$$

式中，积分为一常数，记为 A。由 $g(\nu, \nu_0)$ 的归一化条件，经化简，利用积分公式：

$$\int \frac{1}{a^2 + x^2} dx = \frac{1}{a} \arctan\left(\frac{x}{a}\right) + c$$

得

$$A = \int_{-\infty}^{\infty} \frac{d\nu}{\left(\frac{\gamma}{2}\right)^2 + 4\pi^2(\nu-\nu_0)^2} = \frac{1}{\gamma} \tag{3-32}$$

代入(3-31)式有

$$g(\nu, \nu_0) = \frac{\gamma}{\left(\frac{\gamma}{2}\right)^2 + 4\pi^2(\nu-\nu_0)^2} \tag{3-33}$$

γ 为与偶极子（横向）弛豫时间 T_2 之间有关系：

$$\gamma = \frac{1}{T_2} \tag{3-34}$$

小结：

(1) 自然加宽谱线具有洛伦兹线型。如图 3-6 所示。

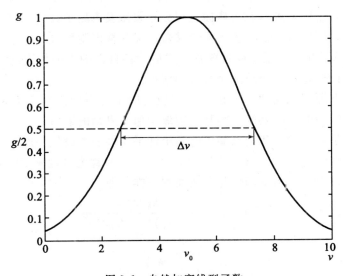

图 3-6 自然加宽线型函数

(2) $g_{max} = 4T_2$, $\Delta\nu = \dfrac{1}{2\pi T_2}$,唯一地由偶极子弛豫时间 T_2 决定。

(3) $g(\nu, \nu_0)$ 可写 $g(\nu, \nu_0) = \dfrac{\Delta\nu/2\pi}{(\nu-\nu_0)^2 + (\Delta\nu/2)^2}$

几种常见气体激光器的自然加宽谱宽如表 3-1 所示。

表 3-1　　　　　　　几种气体激光谱线的自然加宽线宽

激光种类	He-Ne	Ar$^+$	He-Cd	Copper
λ/nm	632.8	488.0	441.6	510.5
$\Delta\nu/10^5$ Hz	5.4	1.2×10^2	2.2	3.2

例 3.4　设掺 Er 光纤放大器中,T_2 的典型值约为 0.1ps,试问其谱线宽度为多少?(假设为洛仑兹线型)掺 Er 光纤激光器工作在 1550nm 波段,中心波长为 1550nm,用波长表示其谱线宽度,其谱线宽度为多少 nm?

解: 由 $\Delta\nu = \dfrac{1}{2\pi T_2}$ 可得,$\Delta\nu \approx 1.6$THz。可见放大器带宽相当大,这对光通信系统十分有利。

由 $\lambda = \dfrac{c}{\nu}$ 得,$\Delta\lambda = \left|-\dfrac{c}{\nu^2}\Delta\nu\right|$,$\Delta\lambda = 12.8$nm。掺 Er 光纤放大器适合于超短脉冲放大。

2. 碰撞加宽

大量原子(分子)之间的无规"碰撞"是引起谱线加宽的另一重要原因。碰撞过程:

(1) 激发态原子和同类基态原子发生碰撞,将自己的内能传递给基态原子,并使其跃迁到激发态,自己则回到基态。碰撞过程会导致激发态原子具有一定的寿命,它和自发辐射寿命共同作用的结果使原子的寿命缩短,又称横向弛豫过程。

(2) 激发态原子和其他原子或器壁发生碰撞,将自己的内能传递给其他原子,或给予器壁,自己则回到基态。导致原子寿命的缩短。

此外,激发态原子和其他原子碰撞还可能使原子发出的波列发生无规则的相位突变,这也将引起波列时间的缩短,实际上等效于原子寿命的缩短。

碰撞的发生是随机的,我们只能了解其统计平均性质。设任一原子与其他原子发生碰撞的平均时间间隔为 τ_L,它描述碰撞的频繁程度,又称为平均碰撞时间。τ_L 就是由碰撞引起的原子的寿命。其线型函数与自然加宽一样,即

$$g_L(\nu, \nu_0) = \dfrac{\Delta\nu_L/2\pi}{(\nu-\nu_0)^2 + (\Delta\nu_L/2)^2} \tag{3-35}$$

$$\Delta\nu_L = \dfrac{1}{2\pi\tau_L} \tag{3-36}$$

平均碰撞时间 τ_L 就与气体的压强、原子(分子)间的碰撞截面、温度等有关。碰撞线宽的经验公式为

$$\Delta\nu_L = \alpha p \tag{3-37}$$

式中，α 为碰撞系数；p 为气体压强。对 CO_2 有 $\alpha = 0.049\text{MHz/Pa}$；He-Ne 有 $\alpha = 0.75\text{MHz/Pa}$。当 He-Ne 混合气体的总气压为 400Pa 时，其 $\Delta\nu_L = 300\text{MHz}$，远大于 He-Ne 的自然加宽线宽。

小结：均匀加宽的线型函数 $g_H(\nu,\nu_0)$ 为

$$g_H(\nu,\nu_0) = \frac{\Delta\nu_H/2\pi}{(\nu-\nu_0)^2 + (\Delta\nu_H/2)^2} \tag{3-38}$$

$$\Delta\nu_H = \frac{1}{2\pi}\left(\frac{1}{\tau_N} + \frac{1}{\tau_L}\right) = \Delta\nu_N + \Delta\nu_L \tag{3-39}$$

对一般气体激光器工作物质，$\Delta\nu_L \gg \Delta\nu_N$，均匀加宽主要由碰撞加宽决定。只有当气压极低时，自然加宽才显示出来。而对固体激光器工作物质，引起均匀加宽的因素很复杂。

3.4.2 非均匀加宽（多普勒加宽）

非均匀加宽的特点是：原子体系中每个原子只对谱线内与它的表现中心频率相应的部分有贡献，因而可以区分谱线的某一频率范围是由哪一部分原子发射的。气体工作物质中的多普勒加宽和固体工作物质个的晶格缺陷加宽均属非均匀加宽类型。

多普勒加宽是由于有限原子（分子）运动速度引起的多普勒频移产生的。原子（分子）的跃迁频率 ν 为

$$\nu = \nu_0 + \frac{v_x}{c}\nu_0 \tag{3-40}$$

式中，v_x 为连接观察者与运动原子的速度分量；c 为真空中的光速；ν_0 为静止原子的辐射中心频率。

根据气体分子运动论，大量做热运动的气体分子的速度服从麦克斯韦统计分布规律，在温度为 T 的热平衡状态下，不同原子向谱线的不同频率发射，即不同原子只对谱线内与它的中心频率相应的部分有贡献，原子数按中心频率分布。可以辨别谱线上的某一频率范围是由哪一部分原子发射的。即原子是可区分的。原子质量为 M 的气体分子速率的麦克斯韦统计分布为

$$f(v_x,v_y,v_z) = \left(\frac{M}{2\pi kT}\right)^{3/2}\exp\left[-\frac{M}{2kT}(v_x^2+v_y^2+v_z^2)\right] \tag{3-41}$$

式中，$k = 1.38 \times 10^{-23}\text{J/K}$ 为玻耳兹曼常数。且有

$$\iiint_{-\infty}^{\infty} f(v_x,v_y,v_z)\,dv_x v_y v_z = 1 \tag{3-42}$$

由 (3-40) 可知，跃迁频率在 ν 到 $\nu+d\nu$ 间的概率 $g_D(\nu,\nu_0)d\nu$ 等于 v_x 在 $v_x = (\nu-\nu_0)(c/\nu_0)$ 到 $v_x = (\nu+d\nu-\nu_0)(c/\nu_0)$ 之间的概率，与 v_y，v_z 无关。将 $v_x = (\nu-\nu_0)(c/\nu_0)$ 代入 (3-41) 式，并对 v_y，v_z 积分有

$$g_D(\nu,\nu_0)d\nu = \left(\frac{M}{2\pi kT}\right)^{3/2}\int_{-\infty}^{+\infty}\int_{-\infty}^{+\infty}\exp\left[-\frac{M}{2kT}(v_y^2+v_z^2)\right]dv_y dv_z \\ \times \exp\left[-\frac{M}{2kT}\frac{c^2}{\nu_0^2}(\nu-\nu_0)^2\right]\left(\frac{c}{\nu_0}\right)d\nu \tag{3-43}$$

利用定积分

$$\int_{-\infty}^{+\infty} \exp\left[-\frac{M}{2kT}v_y^2\right]dv_y = \left(\frac{2\pi kT}{M}\right)^{1/2} \tag{3-44}$$

从(3-43)式可得

$$g_D(\nu,\nu_0) = \frac{c}{\nu_0}\left(\frac{m}{2\pi kT}\right)^{1/2}\exp\left[-\frac{Mc^2}{2kT\nu_0^2}(\nu-\nu_0)^2\right] \tag{3-45}$$

$g_D(\nu,\nu_0)$ 具有高斯函数形式。其半宽度 $\Delta\nu_D$（又称多普勒线宽）为

$$\Delta\nu_D = 2\nu_0\left(\frac{2kT}{Mc^2}\ln2\right)^{1/2} = \frac{215}{\lambda_0}\sqrt{\frac{T}{M}} = 7.16\times10^{-7}\nu_0\sqrt{\frac{T}{M}} \tag{3-46}$$

$g_D(\nu,\nu_0)$ 可表示成:

$$g_D(\nu,\nu_0) = \frac{2}{\Delta\nu_D}\left(\frac{\ln2}{\pi}\right)^{1/2}\exp\left[-\frac{4\ln2}{\Delta\nu_D^2}(\nu-\nu_0)^2\right] \tag{3-47}$$

几种常见气体激光器的非均匀加宽谱宽如表 3-2 所示。

表 3-2　　　　　　　　几种气体激光谱线的非均匀加宽线宽

激光种类	He-Ne	Ar⁺	He-Cd	Copper
λ/nm	632.8	488.0	441.6	510.5
$\Delta\nu_D/10^9$Hz	1.5	2.7	1.1	2.3

例 3.5　在 He-Ne 激光器中，考虑 Ne 的跃迁谱线 632.8nm，Ne 的原子质量为 20，当温度为 3000K 时，计算其非均匀加宽线宽。

解：据(3-46)有 $\Delta\nu_D = 1.5\times10^9$Hz。

对 CO_2 激光器的 10.6μm 跃迁，其非均匀加宽线宽 $\Delta\nu_D = 6\times10^7$Hz。

在固体工作物质中，不存在多普勒加宽，但有一些引起非均匀加宽的其他因素，如晶格缺陷的影响。其 $g_D(\nu,\nu_0)$ 很难从理论上求得，只能由实验测定它的谱线宽度。

此外，谱线加宽线型函数，就是该增益介质增益的频谱分布函数。

3.4.3　综合加宽**

同时考虑均匀加宽与非均匀加宽后，工作物质的线型函数可表示为

$$g(\nu,\nu_0) = \int_{-\infty}^{\infty}g_D(\nu_0',\nu_0)g_H(\nu,\nu_0')d\nu_0' \tag{3-48}$$

固体工作物质的谱线宽度较气体激光器大很多。

例 3.6　光谱线均匀加宽对应下列说法(A　B　C　E)

A 大量原子集体具有一定的寿命　　　　　　B 大量原子集体中的原子相互碰撞
C 大量原子以同一线型发射　　　　　　　　D 发射线型为高斯线型
E 发射线型为洛伦兹线型

◎ **自测练习**

(1) 自然加宽谱线为_____。
   (A)高斯线型　　(B)抛物线型　　(C)洛伦兹线型　　(D)双曲线型
(2) 某谱线的均匀加宽为 10MHz，中心频率所对应的谱线函数的极大值为_____。
   (A)$0.1\mu s$　　(B)$10^{-7}Hz$　　(C)$0.1s$　　(D)$10^{7}Hz$
(3) 多普勒加宽发生在_____介质中。
   (A)固体　　(B)液体　　(C)气体　　(D)等离子体
(4) 多普勒加宽谱线中心的光谱线取值为_____。
   (A)$g_{max}=\dfrac{0.939}{\Delta\nu_D}$　　(B)$g_{max}=\dfrac{0.637}{\Delta\nu_D}$　　(C)$g_{max}=\dfrac{0.5}{\Delta\nu_D}$　　(D)$g_{max}=1$
(5) 均匀加宽的特点是所有原子对于均匀加宽的贡献_____，原子不可区分。
(6) 静止中心频率为 ν_0 的发光粒子，以 $0.2c$ 的速度沿 Z 方向运动，为使同样沿 Z 方向传播的光波能与它发生共振作用，则此光波的频率应为_____。
   (A)$1.2\nu_0$　　(B)$0.8\nu_0$　　(C)$\nu_0/1.2$　　(D)$\nu_0/0.8$
(7) 静止中心波长为 λ_0 的发光粒子，以 $0.1c$ 的速度沿 Z 方向运动，为使沿 $-Z$ 方向传播的光波能与它发生共振作用，则此光波的频率应为_____。
   (A)$c/1.1\lambda_0$　　(B)$1.1\lambda_0/c$　　(C)$c/0.9\lambda_0$　　(D)$0.9c/\lambda_0$

3.5 泵浦

产生激光的必要条件是粒子数反转，即高能级上的粒子数大于低能级上的粒子数。那么如何达到这种状态呢？

通过前面的学习，我们知道靠单纯的热运动是很难达到粒子数反转。泵浦（又称激励）是一个很好的解决方案。泵浦是指在外界作用下，工作物质粒子由基态能级跃迁到高能级的过程。实现泵浦有两个过程：①外因，外部提供能量；②内因，外部能量通过与工作物质的相互作用将能量传递给工作物质。这里存在一个泵浦效率的问题。

3.5.1 泵浦过程

将原子由低能级提升到高能级的过程称为泵浦过程。激光器的种类很多，按工作物质的能级来分可分为两种：三能级系统与四能级系统，如图 3-7、图 3-8 所示。红宝石激光器是一个典型的三能级系统，而 Nd：YAG 激光器则为典型的四能级系统。

实现泵浦过程的方法有：

a. 光学方法（即光泵浦）

通过一个强的非相干灯发出的连续的或脉冲光来实现，也可以通过激光来实现。

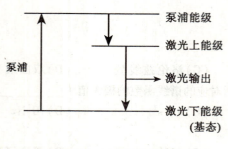 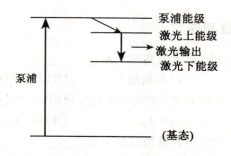

图 3-7　三能级激光器　　　　图 3-8　四能级激光器或准三能级激光器

(1) 非相干光源的光泵浦：适用于固体或液体激光器(如染料激光器)。

(2) 激光泵浦：激光二极管泵浦。高效率，产生各种波长的很强的连续或脉冲光。

注意：激光器发出的光的波长恰好落在激光介质的一个吸收带里，以便为激光介质吸收。

b. 电学方法(即电泵浦)

电泵浦通常是借助于足够强的放电来实现，特别适合于气体和半导体激光器。电泵浦的效率较高，电泵浦半导体激光器也很方便，只要有足够大的电流流过以 p-n 或 p-i-n 形式构成的半导体结就行了。

c. 化学泵浦

是一个很好的概念，即利用化学反应来完成。

d. 核泵浦

是一个很好的概念，即利用核反应来完成。

此外：气体激光器通常不适合于光泵浦，因为它们的吸收线宽比灯的发射带宽窄得多。一个特例是铯激光器，铯蒸汽的泵浦源是低压氦灯，它发出的约为 390nm 的谱线刚好和铯蒸汽的吸收带匹配。

3.5.2　泵浦过程的分类

根据泵浦能级与激光能级之间的关系可以分为直接泵浦和间接泵浦。直接泵浦是将粒子直接由基态能级激励到激光上能级。如图 3-9。适用于工作物质对泵浦光的吸收截面较大的情形，很少用。间接泵浦则是将基态粒子先激发到中间能级，然后经过其他方式转移到激光上能级，是常用的泵浦方式，有如下能量转换过程：

(1) 自上而下转换的激励过程。泵浦能级是具有一定宽度的能带，如图 3-7、图 3-8 所示。

(2) 自下而上转换。如 Ar^+ 激光器。Ar^+ 基态能级具有较长的寿命，两步过程通过电子碰撞实现。如图 3-10 所示。

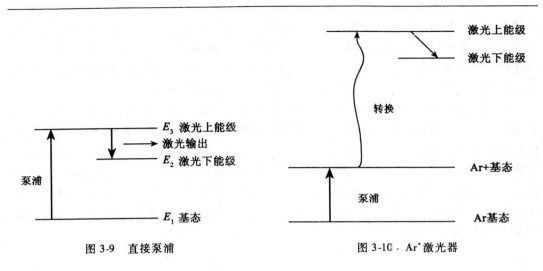

图 3-9 直接泵浦　　　　　　　图 3-10 Ar^+激光器

（3）横向转换。激光器由不同的工作物质组成。如 He-Ne 及 CO_2 激光器（见图 3-11）等。

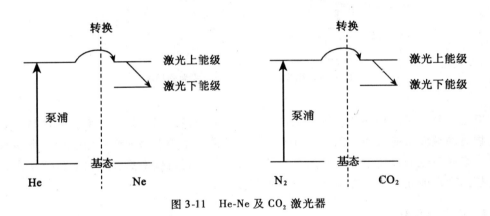

图 3-11 He-Ne 及 CO_2 激光器

3.5.3 光泵浦系统

光泵浦方式有侧面泵浦，端面泵浦和面泵浦等。常见的泵浦光源有：①惰性气体放电灯（脉冲氙灯，连续氪灯等）；②半导体二极管；③金属蒸气灯（汞灯，钠灯等）；④卤化物灯（碘钨灯，溴钨灯）等。惰性气体放电灯具有辐射强度高，能工作于连续与脉冲方式，工艺简单，使用方便，使用时需聚光腔。半导体激光二极管泵浦效率最高。

灯泵浦固态激光器常采用聚光腔结构，以会聚泵浦灯辐射在 4π 立体角空间内的能量。聚光腔的作用是将泵浦光有效地、均匀地传输到工作物质上。聚光腔的传输效率影响固体激光器的总体效率，激光腔传输的均匀性影响输出光束的均匀性、发散角等输出特性。聚光腔通常是个封闭的空心几何体，激光介质和泵浦灯置于其中。

闪光灯泵浦结构主要由激光介质、泵浦灯、聚光腔组成。常见的泵浦灯主要有惰性气体放电灯(脉冲氙灯、连续氪灯)、金属蒸气灯和卤化物灯,其中惰性气体放电灯辐射强度高、既能连续工作又能脉冲工作、工艺简单、使用方便等特点,应用最为广泛。闪光灯泵浦主要采用侧面泵浦结构,因此聚光腔的作用主要是使泵浦光有效地、均匀地传输到激光介质上,以提高泵浦效率。激光泵浦用的灯通常都是圆形的。

LD 泵浦固体激光器(DPSL)常采用横向(侧面)泵浦与端面泵浦两种方式。在纵向泵浦方式下,泵浦光沿腔轴向进入激光介质,如端面泵浦、光纤耦合端面泵浦等;在横向泵浦方式下,光束从垂直腔轴的一个或多个方向进入激光介质,如侧面泵浦和双包层泵浦等。DPSL 的特点是:①光谱匹配性好;②固体器件总体效率高(可达25%);③体积小,结构简单,装调方便,使用寿命长(10^5h)。注意:激光二极管发出的光线必须在激光介质中聚焦成一个直径 $100\mu m \sim 1mm$,几乎圆形的点。图 3-12 为纵向泵浦掺镱(Yb)光纤放大器结构示意图。

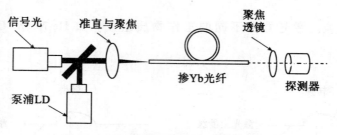

图 3-12　纵向泵浦掺 Yb 光纤放大器结构

但是,随着泵浦功率的提高,易产生热透镜效应使谐振腔发生改变,同时高功率对激光物质的端面造成损伤,因此这种泵浦方式适用于中小功率的激光器。在中高功率激光器,多采用侧面泵浦方式。侧面泵浦的缺点是多模运行效率高,基模运行效率低。这主要是因为泵浦光与基模振荡光的交叠程度低导致的。

3.5.4　电泵浦系统

电泵浦适用于气体和半导体激光器,本章不讨论,将放在第十一章讨论。

◎ 自测练习

(1) Nd:YAG 激光器是典型的_____系统。
　　(A)二能级　　(B)三能级　　(C)四能级　　(D)多能级
(2) 当光泵能量低于阈值时,_____作用占优,可观察到荧光谱。
　　(A)自发辐射　(B)受激辐射　(C)受激吸收　(D)不确定
(3) 当光泵能量高于阈值时,_____作用占优,可观察到激光。
　　(A)自发辐射　(B)受激辐射　(C)受激吸收　(D)不确定
(4) 聚光腔的作用是_____。

3.6 激光器的速率方程理论

激光器速率方程组：表征激光器腔内光子数和工作物质各有关能级上的原子数随时间变化的微分方程组。它与参与产生激光过程的能级结构和工作粒子（原子、分子等）在这些能级间的跃迁有关。不同激光工作物质的能级结构和跃迁特性不相同，为便于研究，一般分为三能级系统和四能级系统。本节从爱因斯坦唯象理论出发导出三能级激光系统速率方程组。

1. 三能级系统能级图

图 3-13 为三能级系统原子能级图。参与激光产生过程的有三个能级：E_1 为基态，激光下能级；E_2 为亚稳态，激光上能级；E_3 为泵浦能级（或泵浦能级）。粒子在这些能级间的跃迁过程：

a. 泵浦过程

在激励泵源的作用下，E_1 上的粒子被泵浦到 E_3 能级上，泵浦几率为 W_{13}。在光激励情况下，W_{13} 称为受激吸收跃迁几率；对其他激励方式，W_{13} 表示粒子在单位时间内被泵浦到 E_3 的几率。

b. 非辐射跃迁（热弛豫）

几率为 S_{32}，另外，n_3 也能以自发辐射（几率为 A_{31}）、非辐射跃迁（几率为 S_{31}）等方式返回基态 E_1，对一般激光工作物质来说，这种消激励过程的几率很小。即 $S_{31} \ll S_{32}$，$A_{31} \ll S_{32}$。

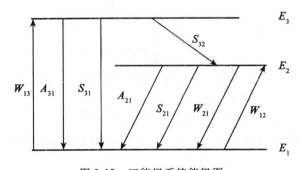

图 3-13 三能级系统能级图

c. 激光产生过程

在未形成粒子数反转之前，n_2 粒子将以自发跃迁（几率 A_{21}）形式返回基态，且 A_{21} 较小，即粒子在 E_2 上的寿命较长。此外，还有 S_{21}（$S_{21} \ll A_{21}$），由于 A_{21} 较小，如果粒子泵浦到 E_2 上的速率足够高，就有可能形成粒子数反转状态。一旦这种情况出现，在 E_2 和 E_1 间的受激辐射和吸收跃迁（W_{21} 和 W_{12}）将占绝对优势。

例如：对于红宝石晶体，在室温下的跃迁几率为

$$S_{32} \approx 0.5 \times 10^7 \text{s}^{-1},\ A_{31} \approx 3 \times 10^5 \text{s}^{-1},\ A_{21} \approx 0.3 \times 10^3 \text{s}^{-1},\ S_{21},\ S_{31} \approx 0。$$

2. 三能级系统各能级粒子数随时间变化

各能级粒子数随时间变化的速率方程为

$$\frac{dn_3}{dt} = n_1 W_{13} - n_3(S_{32} + A_{31} + S_{31}) \tag{3-49}$$

$$\frac{dn_2}{dt} = n_1 W_{12} - n_2 W_{21} - n_2(S_{21} + A_{21}) + n_3 S_{32} \tag{3-50}$$

$$n_1 + n_2 + n_3 = n \tag{3-51}$$

式中，n 为单位体积工作物质内的总粒子数。

3. 激光器光腔内的光子数密度随时间的变化规律

激光振荡可以在满足振荡条件的各种不同模式上产生，每一种模式的振荡是具有一定频率的准单色光，每一个模式还具有一定的腔内损耗，可由光腔的光子寿命 τ_R 描述。设腔内某一模式，例如第 l 个模式，它是频率为 ν 的准单色光。单色能量密度为 ρ_ν，腔内光子寿命为 τ_R，该模式光子密度的增加归源于受激发射和受激吸收的总效应。即

$$\frac{dN_l}{dt} = n_2 W_{21} - n_1 W_{12} \tag{3-52}$$

式中，N_l 为第 l 个模式的光子密度。单色能量密度 ρ_ν 与光子密度 N_l 的关系为

$$\rho_\nu = N_l h\nu \tag{3-53}$$

由于激光场和激活粒子的相互作用属窄带激发情况，有

$$W_{21} = B_{21} g(\nu, \nu_0) \rho_\nu \tag{3-54}$$

$$W_{12} = B_{12} g(\nu, \nu_0) \rho_\nu \tag{3-55}$$

由能级简并情况下的爱因斯坦关系式得

$$W_{21} = \frac{A_{21}}{n_\nu} g(\nu, \nu_0) N_l \tag{3-56}$$

$$W_{12} = \frac{f_2}{f_1} \frac{A_{21}}{n_\nu} g(\nu, \nu_0) N_l \tag{3-57}$$

式中，$n_\nu = 8\pi\nu^2/c^3$ 为单位体积在 ν 处单位频率间隔的模式数，于是(3-52)式可改写为

$$\frac{dN_l}{dt} = \left(n_2 - n_1 \frac{f_2}{f_1}\right) \frac{A_{21}}{n_\nu} g(\nu, \nu_0) N_l \tag{3-58}$$

当考虑到该模式的损耗，腔内的光子密度的时间变化率方程应加上一项 $(-N_l/\tau_R)$ 即

$$\frac{dN_l}{dt} = \left(n_2 - n_1 \frac{f_2}{f_1}\right) \frac{A_{21}}{n_\nu} g(\nu, \nu_0) N_l - \frac{N_l}{\tau_R} \tag{3-59}$$

4. 三能级系统激光器的速率方程

将(3-49)~(3-51)式与(3-59)式结合，可得三能级激光系统的速率方程：

$$\left.\begin{aligned}\frac{dn_2}{dt} &= -\left(n_2 - \frac{f_2}{f_1}\right) \frac{A_{21}}{n_\nu} g(\nu, \nu_0) N_l - n_2(A_{21} + S_{21}) + n_3 S_{32} \\ \frac{dn_3}{dt} &= n_1 W_{13} - n_3(S_{32} + A_{31} + S_{32}) \\ n_1 + n_2 + n_3 &= n\end{aligned}\right\} \tag{3-60}$$

◎ 自测练习

(1) 激光器速率方程组是表征_____和工作物质各有关能级上的_____随时间变化的微分方程组。

(2) 在连续工作状态下,激光腔内光子数密度 N 随时间的变化可表示为_____。

本章思考题

1. 简述自发辐射过程。
2. 简述测量掺铒光纤自发辐射谱的实验步骤。
3. 掺铒光纤自发辐射谱有何特点?
4. 谱线加宽的机理是什么?
5. 谱线加宽对辐射有何影响?分别就自发辐射与受激辐射加以讨论。
6. 均匀加宽机理是什么?有何特点?
7. 非均匀加宽机理是什么?有何特点?
8. 泵浦是为激光器提供能量的,泵浦结构有哪些?各有何特点?
9. 光泵浦系统有哪些结构?
10. 激光器的速率方程理论的特点是什么?速率方程组是关于什么量的方程组?

练习三

1. 分别求频率为 $\nu_1 = \nu_0 + \frac{1}{2}\Delta\nu$ 和 $\nu_1 = \nu_0 + \frac{\sqrt{2}}{2}\Delta\nu$ 处的自然加宽线型函数值(用峰值 g_{max} 表示)

2. 某洛伦兹线型函数为 $g(\nu) = \dfrac{a}{(\nu-\nu_0)^2 + 9\times 10^{12}}$ (s),试求该线型函数的线宽 $\Delta\nu$ 及常数 a。

3. 估算 CO_2 气体在室温(300K)下的多普勒线宽 $\Delta\nu_D$ 和碰撞线宽系数 α。并讨论在什么气压范围内从非均匀加宽过渡到均匀加宽。

4. 氦氖激光器有下列三种跃迁,即 $3S_2$-$2P_4$ 的 632.8nm,$2S_2$-$2P_4$ 的 1.1523μm 和 $3S_2$-$3P_4$ 的 3.39μm 的跃迁。求 400K 时它们的多普勒线宽,分别用 GHz、μm、cm^{-1} 为单位表示。为了得到 632.8nm 的激光振荡,常采用什么办法?

5. 某一分子的能级 E_4 到三个较低能级 E_1、E_2 和 E_3 的自发跃迁几率分别是 $A_{43} = 5\times 10^7 s^{-1}$,$A_{42} = 1\times 10^7 s^{-1}$ 和 $A_{41} = 3\times 10^7 s^{-1}$(见图 3-14),试求该分子 E_4 能级的自发辐射寿命 τ_4。若 $\tau_1 = 5\times 10^{-7}$s,$\tau_2 = 6\times 10^{-9}$s,$\tau_3 = 1\times 10^{-8}$s,在对 E_4 连续激发并达到稳态时,试求相应能级上的粒子数比值 n_1/n_4、n_2/n_4 和 n_3/n_4,并回答这时在哪两个能级间实现了

集居数反转。

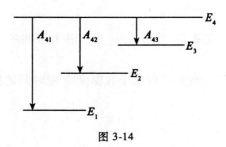

图 3-14

6. 在激光出现以前，Kr^{86}低气压放电灯是很好的单色光源。如果忽略自然加宽和碰撞加宽，试估算在 77K 温度下它的 605.7nm 谱线的相干长度是多少，并与一个单色性 $\Delta\lambda/\lambda = 10^{-8}$ 的氦氖激光器比较。

7. 画出四能级激光系统的能级图，并导出其速率方程组。

第四章 连续与脉冲激光器工作特性

激光器按其工作方式可分为连续激光器与脉冲激光器两类。连续激光器中各能级上的粒子数及腔内辐射场均具有稳定分布,增益饱和行为是形成稳定状态的关键。本章从速率方程理论出发讨论连续波激光器与脉冲激光器的工作特性。学习本章之后,读者应知道:

(1) 连续激光器的实验研究步骤与实验结果。
(2) 小信号稳态增益、增益饱和、"烧孔"效应、振荡条件。
(3) 模式竞争效应、输出功率及激光放大器净增益系数。
(4) 激光的线宽极限。
(5) 多模振荡的速率方程。
(6) 脉冲激光器的工作特性。

4.1 连续激光器的实验结果

本节以光波导激光器为例,介绍连续波导激光器的实验研究。

1. 实验装置

Er-Yb 共掺磷酸盐玻璃波导激光器的结构如图 4-1 所示。激光器由如下几个部分组成:①980nm 泵浦激光器;②Er-Yb 共掺磷酸盐玻璃;③激光谐振腔。1550nm/980nm 耦合器起输入与输出的作用。激光谐振腔长度为 1cm,镜子的反射率为 99% @ 1550~980nm,镀膜的透过率为 100% @ 1550~980nm。Er 离子浓度为 $1.0\times 10^{20}/cm^3$,Yb 离子的掺杂浓度为 $6.0\times 10^{20}/cm^3$。

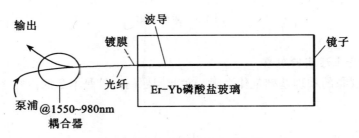

图 4-1 波导激光器结构示意图

2. 实验现象

图 4-2 为激光器输入/输出特性曲线。当泵浦功率为 240mW 时，激光器的输出功率约为 15mW，激光器斜效率为 6%，激光器阈值功率为 45mW。图 4-3 为输出激光的光谱图。从图上可以看出该激光器输出激光中心波长为 1535nm，为单波长激光。

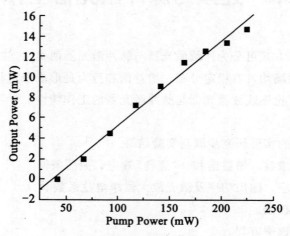

图 4-2 激光器输出特性

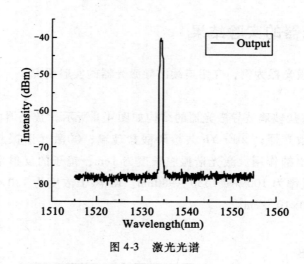

图 4-3 激光光谱

3. 如何解释上述实验现象

上述激光现象的物理基础是什么呢？对此问题的回答是本章的内容之一。

◎ 自测练习

（1）在报道连续激光器的实验研究结构是，须给出_____、_____、_____等图形。

（2）从图4-3可看出，该激光器输出激光中心波长为_____nm。

4.2 小信号稳态增益

本节以四能级系统为例推导增益系数的表达式。四能级系统能级图如图4-4所示。工作物质中光子数密度的速率方程为：

$$\frac{dN}{dt} = \left(n_3 - \frac{f_3}{f_2}n_2\right)\frac{A_{32}}{n_\nu}g(\nu, \nu_0)N - \frac{N}{\tau} \tag{4-1}$$

当腔内损耗较小时有

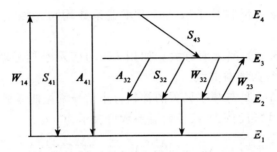

图4-4 四能级系统能级图

$$\frac{dN}{dt} = \left(n_3 - \frac{f_3}{f_2}n_2\right)\frac{A_{32}}{n_\nu}g(\nu, \nu_0)N \tag{4-2}$$

或

$$\frac{dN}{dt} = \Delta n \frac{A_{32}}{n_\nu}g(\nu, \nu_0)N \tag{4-3}$$

$$\Delta n = n_3 - \frac{f_3}{f_2}n_2 \tag{4-4}$$

由于 $I(z) = nh\nu \times v$，$dz = vdt$，代入(1-70)式有

$$G = \Delta n \frac{\lambda^2}{8\pi}A_{32}g(\nu, \nu_0) \tag{4-5}$$

式中，λ 为工作物质中光的波长，由于谱线宽度相对于中心波长来说是很小的，λ 可用谱线中心波长代替 λ_0，有

$$G = \Delta n \frac{\lambda_0^2}{8\pi}A_{32}g(\nu, \nu_0) \tag{4-6}$$

讨论：

增益系数正比于反转粒子数 Δn。Δn 可根据粒子数速率方程求出。

在连续工作状态下，

$$\frac{dn_1}{dt} = \frac{dn_3}{dt} = \frac{dn_4}{dt} = 0 \tag{4-7}$$

对四能级系统 $n_2 \approx 0$，$n_4 \approx 0$，$\Delta n \approx n_3$，因此：

$$\frac{dn_3}{dt} = \frac{d\Delta n}{dt} = -\Delta n \frac{A_{32}}{n_\nu} g(\nu, \nu_0) N - \frac{\Delta n}{\tau_3} + n_1 W_{14} = 0 \tag{4-8}$$

式中：

$$\tau_3 = \frac{1}{A_{32} + S_{32}} \tag{4-9}$$

在光强 I（即 n）很小的小信号情况下，受激辐射对 Δn 的影响可忽略不计，由 (4-8) 式可得

$$\Delta n^0 = n W_{14} \tau_3 \tag{4-10}$$

结论：

(1) 小信号情况下，反转粒子数 Δn^0 及增益系数均与光强无关，与泵浦几率成正比。

(2) 增益系数与入射光的频率有关。如用 $G^0(\nu)$ 表示小信号增益系数，$G^0(\nu)$ 与入射光频率的关系曲线称为增益曲线。

小信号情况下，Δn^0 是与频率无关的常数，小信号增益曲线的形状完全取决于谱线线型函数 $g(\nu, \nu_0)$，均匀加宽小信号增益系数可表示为

$$G_H^0(\nu) = \Delta n^0 \frac{\lambda^2}{4\pi^2 \tau_{21} \Delta \nu_H} \frac{(\Delta \nu_H/2)^2}{(\nu-\nu_0)^2+(\Delta\nu_H/2)^2} \tag{4-11}$$

或

$$G_H^0(\nu) = G_H^0(\nu_0) g(\nu, \nu_0) \tag{4-12}$$

对于多普勒加宽谱线

$$G_D^0(\nu) = G_D^0(\nu_0) \exp\left[-4\ln 2 \left(\frac{\nu-\nu_0}{\Delta \nu_D}\right)^2\right] \tag{4-13}$$

$$G_D^0(\nu_0) = \Delta n^0 \frac{\lambda_0^2 A_{32}}{4\pi \Delta \nu_D} \left(\frac{\ln 2}{\pi}\right)^{1/2} \tag{4-14}$$

中心频率小信号增益系数可由实验测出。对于常用激光器，也可由经验公式或图表求出。如 He-Ne 激光器在最佳放电条件下，有

$$G^0(\nu_0) = 3 \times 10^{-4} \frac{1}{d} (\text{mm}^{-1}) \tag{4-15}$$

式中，d 为放电管直径。

(3) 增益系数和 λ_0^2 成正比，和谱线宽度成反比。在非均匀加宽情况下，$\Delta \nu_D$ 与 λ_0 成反比，故 $G(\nu) \propto \lambda_0^3$。

在 He-Ne 激光系统中，$3.39\mu m$ 的增益系数大于 $632.8nm$ 的增益系数。在波长为 $632.8nm$ 的 He-Ne 激光器中，为了抑制 $3.39\mu m$ 的竞争作用，常采用加纵向非均匀磁场以增加 $3.39\mu m$ 的线宽的办法来降低其增益。

例 4.1 He-Ne 激光器的放电管直径为 $d = 2mm$，在最佳放电条件下，其峰值小信号增益系数为多少？

解： 由 (4-15) 式有：$G_m = 3 \times 10^{-4}/2 (\text{mm}^{-1}) = 1.5 \times 10^{-4} \text{mm}^{-1}$

◎ 自测练习

(1) 小信号情况下，反转粒子数 Δn^0 及增益系数与_____无关，与泵浦几率成正比。增益系数与入射光的频率有关。

(2) 对同一种介质，小信号增益系数随_____而变。
　　(A) 谱线宽度　　(B) 激发功率　　(C) 粒子数密度　　(D) 自发辐射几率

(3) 在连续运转激光器稳定状态(　　)
(A) 增益系数随泵浦功率增加　　　　　(B) 增益系数随光强增加而减小
(C) 小信号增益系数随光强增加　　　　(D) 小信号增益系数随泵浦功率增加
(E) 增益系数等于阈值增益系数

(4) 在 He-Ne 激光系统中，为了抑制 $3.39\mu m$ 的光波模式起振，常采用_____以增加 $3.39\mu m$ 谱线线宽的办法来降低其增益。

4.3 增益饱和

增益系数随光强增大而下降的现象称为增益饱和现象。受激辐射几率与入射光强成正比，当光强足够大时，强烈的受激辐射使反转粒子数减少，从而使增益系数随光强的增大而下降。

在均匀加宽工作物质中，只要入射光的频率在谱线线宽范围以内，E_3 能级及 E_2 能级上的全部粒子均以一定的几率参与受激辐射和受激吸收；在非均匀加宽工作物质中，粒子可按中心频率的不同而加以区分，当入射光照射时，只有那些中心频率与入射光频率相应的粒子才能以一定的几率参与受激辐射和受激吸收。

1. 均匀加宽工作物质增益饱和

a. 均匀加宽工作物质中反转粒子数的饱和

入射光强 I_ν 足够强。

$$\frac{d\Delta n}{dt} = -\Delta n \frac{A_{32}}{n_\nu} g(\nu, \nu_0) N - \frac{\Delta n}{\tau_3} + n_1 W_{14} = 0 \tag{4-16}$$

$$\Delta n = \frac{n W_{14} \tau_3}{1 + \frac{A_{32}}{n_\nu} g_H(\nu, \nu_0) N \tau_3} = \frac{\Delta n^0}{1 + \frac{A_{32}}{n_\nu h \nu_0 v} g_H(\nu, \nu_0) I_\nu \tau_3} \tag{4-17}$$

将均匀加宽线性函数表达式代入有

$$\Delta n = \frac{(\nu-\nu_0)^2 + (\Delta\nu_H/2)^2}{(\nu-\nu_0)^2 + (\Delta\nu_H/2)^2 + \frac{A_{32}\tau_3\lambda_0^3 \Delta\nu_H}{16\pi^2 h\nu} I_\nu} \Delta n^0 \tag{4-18}$$

定义饱和光强：

$$I_s = \frac{4\pi^2 h\nu \Delta\nu_H}{A_{32}\tau_3\lambda_0^3} \quad (W/mm^2) \tag{4-19}$$

对 He-Ne 激光器有 $I_s = 0.1 \sim 0.3 \text{W/mm}^2$；而对 CO_2 激光器有 $I_s = 72/d^2$（d 单位是 mm 管半径）。

反转粒子数随光强变化的关系为

$$\Delta n = \frac{(\nu - \nu_0)^2 + (\Delta \nu_H / 2)^2}{(\nu - \nu_0)^2 + \left(\frac{\Delta \nu_H}{2}\right)^2 \left(1 + \frac{I_\nu}{I_s}\right)} \Delta n^0 \tag{4-20}$$

讨论：

(1) 不同频率的入射光对反转粒子数密度的影响不同。中心频率处受激辐射几率最大，入射光造成的反转粒子数下降最严重。频率偏离中心频率越远，饱和作用越弱。

(2) 当 $\nu = \nu_0$ 时：

$$\Delta n = \frac{1}{1 + \frac{I_\nu}{I_s}} \Delta n^0 \tag{4-21}$$

(3) 当 $\nu - \nu_0 = \pm \sqrt{1 + \frac{I_\nu}{I_s}} \cdot \frac{\Delta \nu_H}{2}$，且 $I_\nu = I_s$，则 $\Delta n = \frac{3}{4} \Delta n^0$，饱和作用范围。

b. 均匀加宽工作物质中信号光引起的增益的饱和

在均匀加宽情况下，由 (4-6) 式可得

$$G_H(\nu, I_\nu) = \Delta n \frac{\lambda_0^2}{8\pi} A_{32} g_H(\nu, \nu_0) \tag{4-22}$$

将 (4-20) 式代入有

$$G_H(\nu, I_\nu) = \frac{\lambda_0^2 A_{32}}{4\pi^2 \Delta \nu_H} \Delta n^0 \frac{(\Delta \nu_H / 2)^2}{(\nu - \nu_0)^2 + \left(\frac{\Delta \nu_H}{2}\right)^2 \left(1 + \frac{I_\nu}{I_s}\right)} \tag{4-23}$$

当 $I_\nu \ll I_s$，$\nu = \nu_0$ 时，小信号中心频率增益系数为

$$G_H^0(\nu_0) = \frac{\lambda_0^2 A_{32}}{4\pi^2 \Delta \nu_H} \Delta n^0 \tag{4-24}$$

(4-23) 式可写成：

$$G_H(\nu, I_\nu) = \frac{(\Delta \nu_H / 2)^2}{(\nu - \nu_0)^2 + \left(\frac{\Delta \nu_H}{2}\right)^2 \left(1 + \frac{I_\nu}{I_s}\right)} G_H^0(\nu_0) \tag{4-25}$$

当 $\nu = \nu_0$，且 $I_\nu = I_s$ 时：

$$G_H(\nu_0, I_s) = \frac{1}{2} G_H^0(\nu_0) \tag{4-26}$$

随光强的增加，增益曲线变宽了，如图 4-5 所示。这是由于入射光偏离中心频率越远，增益饱和效应越弱的缘故。也可以用线型函数的归一化条件来解释。

2. 非均匀加宽工作物质增益饱和

a. 非均匀加宽工作物质中反转粒子数的饱和

非均匀加宽工作物质中反转粒子数的饱和现象可用图 4-6 描述。对于纯粹的非均匀加宽谱线来说，频率为 ν_2 的准单色光只能造成与 ν_2 对应的那部分粒子的饱和。实际的

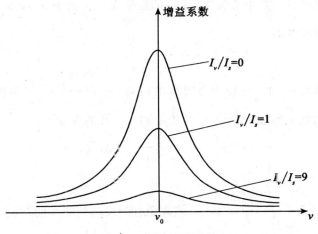

图 4-5 均匀加宽增益饱和

工作物质中,除了非均匀加宽外,还同时存在均匀加宽因素。如任何粒子都存在自发辐射——均匀加宽的自然加宽。实际上,与频率 ν_2 相应的粒子发射的将是一条以 ν_2 为中心,宽度为 $\Delta\nu_H$ 的均匀加宽谱线。这一部分粒子的饱和行为可以用均匀加宽情况下的公式描述。

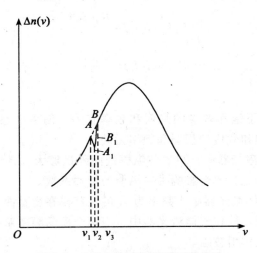

图 4-6 非均匀加宽反转粒子数烧孔

当入射光频率为 ν_2 时,对中心频率 $\nu=\nu_2$ 的粒子而言,其粒子数反转饱和为

$$\Delta n(\nu_2) = \frac{1}{1+\dfrac{I_{\nu 2}}{I_s}}\Delta n^0(\nu_2) \qquad (4\text{-}27)$$

由 A 点下降到 A_1 点,对中心频率 $\nu=\nu_1$ 的粒子而言,由于 ν_1 偏离中心频率 ν_2,粒

子数反转饱和效应降低。对中心频率 $\nu=\nu_3$ 的粒子而言，由于 $\nu_3-\nu_2 > \sqrt{1+\dfrac{I_{\nu_2}}{I_s}}\cdot\dfrac{\Delta\nu_H}{2}$，粒子数反转饱和效应可忽略。

小结：

当入射光频率为 ν_2 时，将使中心频率在 $\nu-\nu_2=\pm\sqrt{1+\dfrac{I_{\nu_2}}{I_s}}\cdot\dfrac{\Delta\nu_H}{2}$ 范围内的粒子有饱和作用，在 $\Delta n(\nu)$ 曲线上形成一个以 ν_2 为中心的孔，孔的深度为

$$\Delta n^0(\nu_2)-\Delta n(\nu_2)=\dfrac{1}{1+\dfrac{I_s}{I_{\nu_2}}}\Delta n^0(\nu_2) \tag{4-28}$$

孔的宽度为 $\delta(\nu)=\sqrt{1+\dfrac{I_{\nu_2}}{I_s}}\cdot\Delta\nu_H$。该现象称为反转粒子数的"烧孔"效应。

b. 非均匀加宽工作物质中的增益饱和

反转粒子数按中心频率分类，总的增益是具有各种中心频率的全部粒子对增益贡献的和。

$$G_D(\nu,I_\nu)=\dfrac{G_D^0(\nu_0)}{\sqrt{1+\dfrac{I_\nu}{I_s}}}\exp\left[-4\ln2\left(\dfrac{\nu-\nu_0}{\Delta\nu_D}\right)^2\right] \tag{4-29}$$

与均匀加宽情况相比，在中心频率处，其饱和效应要弱一些。如 $I_\nu=I_s$ 时

$$G_H(\nu_0,I_s)=\dfrac{G_H^0(\nu_0)}{2} \tag{4-30}$$

$$G_D(\nu_0,I_s)=\dfrac{G_D^0(\nu_0)}{\sqrt{2}} \tag{4-31}$$

说明：

（1）均匀加宽情况下饱和效应的强弱和频率有关，偏离中心越远，饱和效应越弱；非均匀加宽情况下，饱和效应的强弱和频率无关。

（2）在非均匀加宽激光器中，只要各纵模的间隔足够大，各纵模间的相互影响就很弱。某一纵模振荡的建立，不会影响另一纵模的增益系数。

（3）多普勒加宽气体激光器中，频率为 ν_1 的振荡模在增益曲线上烧两个孔，对称的分布在中心频率的两侧。故在气体激光器中，当两个模的频率对称分布在中心频率的两侧时，它们之间的相互作用较强。

例 4.2 若红宝石被光泵激励，求激光能级跃迁的饱和光强。

解：稳态时的三能级速率方程为

$$\dfrac{dn_3}{dt}=n_1W_{13}-n_3(A_{31}+S_{32})=0 \tag{1}$$

$$\dfrac{dn_2}{dt}=-\Delta n\sigma_{21}(\nu,\nu_0)N\nu-n_2(A_{21}+S_{21})+n_3S_{32}=0 \tag{2}$$

$$n_1+n_2+n_3=n \tag{3}$$

$$\Delta n = n_2 - n_1 \qquad (4)$$

由于 A_{31} 远小于 S_{32}，由(1)式可得

$$n_1 W_{13} = n_3 S_{32}$$

所以，由(1)~(4)式可得

$$\frac{\mathrm{d}\Delta n}{\mathrm{d}t} = -2\Delta n \sigma_{21}(\nu, \nu_0)\frac{I_\nu}{h\nu} - \Delta n(A_{21} + S_{21} + W_{13})$$

$$= n(W_{13} - A_{21} - S_{21}) = 0$$

式中，I_ν 为波长为 694.3nm 的光强。由上式可得

$$\Delta n \approx \frac{\Delta n^0}{1 + 2\dfrac{\sigma_{21}(\nu, \nu_0) I_\nu}{h\nu_0 (A_{21} + S_{21} + W_{13})}}$$

$$= \Delta n^0 \frac{(\nu-\nu_0)^2 + \left(\dfrac{\Delta\nu_H}{2}\right)^2}{(\nu-\nu_0)^2 + \left(\dfrac{\Delta\nu_H}{2}\right)^2 \left(1 + \dfrac{I_\nu}{I_s}\right)}$$

式中：

$$\Delta n^0 = \frac{n(W_{13} - A_{21} - S_{21})}{A_{21} + S_{21} + W_{13}}, \quad I_s = \frac{h\nu_0}{2\sigma_{21}}\left(\frac{1}{\tau_2} + W_{13}\right), \quad \tau_2 = \frac{1}{A_{21} + S_{21}}$$

例 4.3 非均匀加宽气体激光器中，已知 $G_{\max} = 10^{-4}(\mathrm{mm}^{-1})$，总单程损耗率为 $\delta = 0.02$，腔长 $L = 0.5\mathrm{m}$，入射强光频率为 $\nu = \nu_0 + \dfrac{1}{2}\Delta\nu_D$，且光强达到稳定，求该光在增益曲线上所烧孔的深度 δG。

解： $G_D(\nu) = G_{\max} \cdot \exp\left[-4\ln 2 \left(\dfrac{\nu-\nu_0}{\Delta\nu_D}\right)^2\right] = G_{\max} \exp(-\ln 2) = \dfrac{1}{2} G_{\max} = 5 \times 10^{-5} \mathrm{mm}^{-1}$

光强达到稳定时，其增益系数等于损耗系数，即

$$G_t = \frac{\delta}{L} = \frac{0.02}{0.5} = 4 \times 10^{-5} \mathrm{mm}^{-1}$$

烧孔深度为

$$\delta G = G_D(\nu) - G_t = 10^{-5} \mathrm{mm}^{-1}$$

◎ 自测练习

(1) 非均匀加宽工作物质中反转粒子数的饱和行为会产生"烧孔"效应。当入射光频率为 ν_2 时，将使中心频率在 ＿＿＿＿＿＿＿＿＿＿＿ 范围内的粒子有饱和作用，在 $\Delta n(\nu)$ 曲线上形成一个以 ν_2 为中心的孔，孔的深度为 ＿＿＿＿＿＿＿＿＿＿＿，孔的宽度为 ＿＿＿＿＿＿＿＿＿＿＿。

(2) 非均匀加宽气体激光器中，已知 $G_m = 10^{-4} 1/\mathrm{mm}$，总单程损耗率 $\delta = 0.02$，腔长 $L = 0.5\mathrm{m}$，当入射强光频率恰好为中心频率，且光强达到稳定时，该光在增益曲线上所烧孔的深度为 ＿＿＿＿＿＿＿＿＿＿＿。

(A) 6×10^{-4} mm^{-1}　(B) 6×10^{-5} mm^{-1}　(C) 6×10^{-3} mm^{-1}　(D) 6×10^{-2} mm^{-1}

(3) 某激活介质的峰值发射截面为 10^{-14} m^2，谐振腔长 $L=10$ cm，单程损耗率 $\delta=0.01$。则阈值反转粒子数密度为＿＿＿＿＿。

(A) $10^8 1/\text{mm}^3$　(B) $10^{12} 1/\text{m}^3$　(C) $10^4 1/\text{mm}^3$　(D) $10^4 1/\text{m}^3$

(4) 非均匀加宽气体激光介质的碰撞线宽与多普勒线宽分别为 $\Delta\nu_L$ 和 $\Delta\nu_D$，当此激光器的激发参数达到 β 时，频率恰好等于发光粒子中心频率 ν_0 的强激光能在增益曲线上产生宽度为＿＿＿＿＿的烧孔。

(A) $\beta\Delta\nu_D$　(B) $\sqrt{\beta}\Delta\nu_D$　(C) $\beta\Delta\nu_L$　(D) $\sqrt{\beta}\Delta\nu_L$

(5) 均匀加宽激光器大信号增益系数为 $G_H(\nu, I_\nu) = \dfrac{(\Delta\nu_H/2)^2}{(\nu-\nu_0)^2 + \left(\dfrac{\Delta\nu_H}{2}\right)^2\left(1+\dfrac{I_\nu}{I_s}\right)} G_H^0(\nu_0)$，

若入射强光频率为 $\nu=\nu_0+\sqrt{6}\Delta\nu_H/4$、光强为 $I_\nu = 1.5 I_s$ 时，该激光器对该强光的大信号增益系数下降到峰值增益系数的＿＿＿＿＿倍，下降到该频率处小信号增益系数的＿＿＿＿＿倍。

4.4 激光器的振荡阈值条件

在连续波激光系统中，系统损耗是一个与时间无关的常数，激光器能否实现振荡取决于增益-损耗的相对大小，即是否满足振荡条件(1-80)式或(1-81)式，即阈值条件

$$G_t^0(\nu) l = \delta \tag{4-32}$$

式中，$\delta = \sum_i \delta_i$，δ_i 分别为腔镜透射损耗；$\delta_r = -\dfrac{1}{2}\ln R_1 R_2$，几何损耗、衍射损耗以及介质的散射、吸收损耗等等。

增益系数和反转粒子数之间有关系

$$G(\nu) = \sigma_{21}(\nu, \nu_0)\Delta n$$

$$\sigma_{21}(\nu, \nu_0) = \dfrac{h\nu}{\nu} B_{21} g(\nu, \nu_0) = \dfrac{\lambda^2}{8\pi\tau_{21}} g(\nu, \nu_0) \tag{4-33}$$

式中，σ_{21} 为发射截面，与之对应的 σ_{12} 为吸收截面。式(4-33)表明：增益系数正比于反转粒子数，比例系数为发射截面，其大小取决于线型函数与 A_{21}。发射截面的计算公式为

$$\sigma_{21} = \dfrac{A_{21}}{n_\nu v} g(\nu, \nu_0)$$

(1) 对于均匀加宽物质。

$$\sigma_{21} = \dfrac{\lambda_0^2}{4\pi^2 n^2 \tau_2 \Delta\nu_H}$$

式中，λ_0 为激光中心波长；n 为激光介质折射率；τ 为激光上能级寿命。

(2) 对于非均匀加宽物质。

$$\sigma_{21} = \frac{\lambda_0^2}{4\pi^2 n^2 \tau_2 \Delta\nu_t} \sqrt{\frac{\ln 2}{\pi}}$$

发射截面的物理意义为：将发光粒子视为光源，所发光强为该粒子所在处的腔内光强，则该粒子的截面面积即为发射截面。

(4-33)式表明增益系数 G 正比于反转粒子数，比例系数即为发射截面。其大小决定于线型函数与自发辐射几率。

同理：如果将吸收光的粒子视为光阑，其挡光面积即为吸收截面。

由(4-33)式，可容易求出阈值时的反转粒子数密度：

$$\Delta n_t = \frac{\delta}{\sigma_{21}(\nu,\nu_0)l} = \frac{8\pi\tau_{21}\delta}{\lambda^2 g(\nu,\nu_0)l} \tag{4-34}$$

在中心频率 ν_0 处，$\nu = \nu_0$，有

$$\Delta n_t = \frac{4\pi^2 \tau_{21}\delta\Delta\nu_H}{l\lambda^2} (\text{洛伦兹线型}) \tag{4-35}$$

$$\Delta n_t = \frac{4\pi^{3/2} \tau_{21}\delta\Delta\nu_D}{l\lambda^2 \sqrt{\ln 2}} (\text{高斯线型}) \tag{4-36}$$

阈值反转粒子数表达式说明，损耗越大，线宽越宽，则阈值越高；工作物质越长，自发发射几率越大的跃迁谱线越容易起振；高阶横模的单程损耗因子 δ 大，阈值高；不同纵模具有相同的 δ，但由于振荡频率不同，因而振荡阈值也不尽相同。

例 4.4 红宝石激光器在室温下，线型函数为线宽等于 $\Delta\nu = 3.3\times 10^5$ MHz 的洛伦兹型，发射截面 $\sigma_{21} = 2.5\times 10^{-20}$ cm^2。求红宝石的 E_2 能级寿命。（$\lambda_0 = 694.3$ nm，$n = 1.76$）

解： $\sigma_{21} = \dfrac{\lambda_0^2}{4\pi^2 n^2 \tau_2 \Delta\nu_H}$ 可得 $\tau_2 = 4.78$ ms。

例 4.5 如果激光介质的发射截面 $\sigma_{21} = 2\times 10^{-14}$ m^2，谐振腔长度为 20 cm，单程损耗率为 0.01，求阈值反转粒子数密度。

解： $G_t = \dfrac{\delta}{l} = \dfrac{0.01}{0.2} = 0.05$ m^{-1}，$\Delta n_t = \dfrac{G_t}{\sigma} = 2.5\times 10^{12}$ m^{-3}

例 4.6 Er^{3+} 在磷酸盐玻璃中的吸收与发射截面。

Er^{3+} 在磷酸盐玻璃中的吸收与发射截面与玻璃中 K_2O、P_2O_5 及 Yb^{3+} 的含量有关，在玻璃范围内，网络生成体 P_2O_5 含量的增加能提高 Yb^{3+} 的吸收截面和 Er^{3+} 的受激发射截面，Er 玻璃中 P_2O_5 的含量在 60~65mol% 较合适。敏化剂 Yb_2O_3 的浓度要适当，Yb_2O_3 含量过高易引起浓度猝灭，并降低 Er^{3+} 离子的受激发射截面和荧光寿命；Yb_2O_3 含量过低时又会引起从 Yb^{3+} 离子到 Er^{3+} 离子的能量转换效率的下降。荧光寿命不仅受玻璃组分的影响，还与玻璃中水含量密切相关。图 4-7、图 4-8 分别为 Er^{3+}-Yb^{3+} 共掺磷酸盐玻璃的荧光谱与吸收谱，其中 Er^{3+} 离子、Yb^{3+} 离子的浓度分别为 1.51×10^{26}/m^3 和 1.95×10^{27}/m^3，荧光寿命为 8.50ms，其荧光谱较宽（1450~1650nm），适合于作宽带放大器，峰值波长为 1535nm，吸收区域有两个：800~1100nm 与 1440~1600nm，且较宽，有利于泵浦光波长的选择。

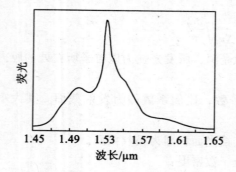

图 4-7　Er^{3+}-Yb^{3+}磷酸盐玻璃荧光谱

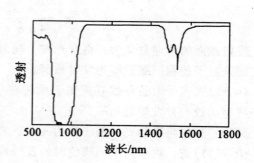

图 4-8　Er^{3+}-Yb^{3+}磷酸盐玻璃吸收谱

Er^{3+}在波长为 λ 的吸收截面 σ_{as} 为

$$\sigma_{as}(\lambda)=\frac{2.303\lg(I_0/I)}{\rho l} \tag{4-37}$$

式中，ρ 为单位体积中 Er^{3+} 的个数；l 为样品厚度；I_0 和 I 分别为光通过样品前后的强度。

根据 McCumber 公式，可由吸收截面导出 Er^{3+} 离子在波长 λ 的受激发射截面 σ_{es}：

$$\sigma_{es}(\lambda)=\sigma_{as}(\lambda)\exp\left(\frac{\varepsilon-hc/\lambda}{kT}\right) \tag{4-38}$$

式中，ε 表示在温度 T 下，从低能级激发一个离子到高能级所需要的自由能；h 为普朗克常数；c 为真空中的光速；k 为玻耳兹曼常数。在磷酸盐 Er 玻璃中有

$$\exp(\varepsilon/kT)\approx 1.1\exp(E_0/kT) \tag{4-39}$$

式中，E_0 为 $^4I_{13/2}$ 与 $^4I_{15/2}$ 最低 Stark 能级之间的能隙（$\sim 0.8\text{eV}$）。由 (4-38)、(4-39) 两式可得

$$\sigma_{es}(\lambda)=1.1\sigma_{as}(\lambda)\exp\left(\frac{E_0-hc/\lambda}{kT}\right) \tag{4-40}$$

根据 (4-37)、(4-40) 两式即可计算出磷酸盐 Er 玻璃中 Er^{3+} 离子的吸收与发射截面，如图 4-9 所示。

例 4.7　写出显含光强的三能级速率方程。

由式 (1-8) 可得　　　　　　　　　　　$\rho=I/v$

由 (4-33) 式，忽略跃迁能级下标，可得　　$Bg(\nu,\nu_0)=\sigma v/h\nu$

将上述两式代入 (1-65) 式有

$$W=\frac{\sigma}{h\nu}I$$

将上式代入 (3-60) 式，可得显含光强的三能级速率方程：

$$\left.\begin{array}{l}\dfrac{dn_2}{dt}=-\dfrac{\sigma_{es}I_s}{h\nu_s}n_2+\dfrac{\sigma_{as}I_s}{h\nu_s}n_1-n_2(A_{21}+S_{21})+n_3S_{32}\\[6pt]\dfrac{dn_3}{dt}=\dfrac{\sigma_{ap}I_p}{h\nu_p}n_1-n_3(S_{32}+A_{31}+S_{32})\\[6pt]\qquad n_1+n_2+n_3=n\end{array}\right\}$$

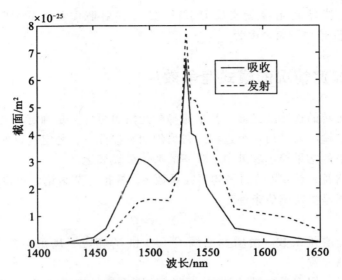

图 4-9 Er-Yb 共掺磷酸盐玻璃中 Er^{3+} 的吸收与发射截面

式中，σ_{es} 和 σ_{as} 分别为信号光的吸收与发射截面；σ_{ap} 为泵浦光的吸收截面；ν_s 和 ν_p 及 I_s 和 I_p 分别为信号光与泵浦光的频率与强度。

或用功率表示为

$$\left. \begin{array}{r} \dfrac{dn_2}{dt} = -\dfrac{\sigma_{es} P_s}{h\nu_s A} n_2 + \dfrac{\sigma_{as} P_s}{h\nu_s A} n_1 - n_2(A_{21}+S_{21}) + n_3 S_{32} \\ \dfrac{dn_3}{dt} = \dfrac{\sigma_{ap} P_p}{h\nu_p A} n_1 - n_3(S_{32}+A_{31}+S_{32}) \\ n_1 + n_2 + n_3 = n \end{array} \right\}$$

式中，P_s 和 P_p 分别为信号光与泵浦光功率。由式(3-59)可得激光器中光强沿腔轴方向的分布为

$$\dfrac{dI_s}{dz} = (\sigma_{es} n_2 - \sigma_{as} n_1) I_s - \alpha I_s$$

式中，$\alpha = 1/(\tau_R \times v)$ 为腔的损耗系数。或用功率表示为

$$\dfrac{dP_s}{dz} = (\sigma_{es} n_2 - \sigma_{as} n_1) P_s - \alpha P_s$$

上述方程对研究光放大器工作特性非常有用。

◎ 自测练习

(1) 发射与吸收截面的单位是＿＿＿＿＿＿，它们是＿＿＿＿＿＿的函数。

(2) 已知红宝石的密度为 $3.98 g/cm^3$，其中 Cr_2O_3 所占比例为 0.05%（重量比），在波长为 694.3nm 附近的峰值吸收系数为 $0.4 cm^{-1}$，其峰值吸收截面（$T=300K$）

为_____。

(3) 如掺铒波导激光器在波长 1532nm 处的发射截面是 $8.0 \times 10^{25} \mathrm{m}^2$，其增益为 2.5dB/cm，则反转粒子束密度为_____。

4.5 均匀加宽情况的模式竞争效应

一台正常运转的连续激光器，其泵浦和激光输出可认为是确定不变的。但从泵浦开始到激光器稳定输出要经历一个过程。在均匀加宽情况下，稳定过程的建立伴随着模式竞争效应，竞争的结果导致靠近中心频率的那个单纵模运转。

设小信号增益系数 $G^0(\nu)$，平均损耗系数 α，根据上节讨论，可以认为各纵模具有相同的损耗，于是振荡阈值条件为

$$G^0(\nu) = \alpha = G_t \tag{4-41}$$

式中，G_t 为阈值增益系数。由增益曲线 $G^0(\nu)$ 和 G_t 确定了满足振荡条件的频率宽度 $\Delta\nu_{osc}$，简称振荡线宽。

为简单起见，假定激光器以 TEM_{00} 运转（这可由横模选择技术实现，参见第九章）。这样可以不考虑各横模损耗的差异。另一方面假定谐振腔是平–平腔。在忽略衍射效应的情况下，共振条件可写为

$$\nu_q = \frac{c}{2nL} q \tag{4-42}$$

纵模频率间隔为

$$\Delta\nu_q = \frac{c}{2nL} \tag{4-43}$$

因此腔内可能存在的纵模数为

$$N = \frac{\Delta\nu_{osc}}{\Delta\nu_q} \tag{4-44}$$

图 4-10 给出了 $N=3$ 的情况。其纵模序数为 ν_{q-1}，ν_q，ν_{q+1}，激光形成的最初阶段，源于自发发射，而自发发射的光子分配在 $(8\pi\nu^2/c^3) \cdot \Delta\nu \cdot V \cdot 2\Omega/4\pi$ 个模式中，这是很大的数值，约为 10^7 量级。因此分配在一个模式的光子微乎其微。但由于泵浦使激光工作物质处于粒子数反转状态，只要小信号增益系数满足 (1-80) 式，则经数次往返之后，将形成强度可观的激光振荡。小信号增益曲线的形状完全取决于谱线的线型函数，各纵模的频率不同，获得的增益亦不同，靠近中心频率 ν_0 处的模增益最大，偏离 ν_0 的其他模增益变小。假定起振后的某一时刻，ν_0 模的强度为 10^{-4}，经一个往返产生的放大为 $\exp\{2l[G^0(\nu_q)-\alpha]\} = 4^2$。如果初始的几个往返增益系数保持不变，则经 4 个往返后将放大 $4^8 = 6.5 \times 10^4$ 倍，这时光强为 $6.5 \mathrm{W/cm^2}$。而其他两个距中心频率 ν_0 较远的模，由于小信号增益系数 $G^0(\nu_{q-1})$ 和 $G^0(\nu_{q+1})$ 都小于 $G^0(\nu_q)$，获得的放大也比 ν_q 模缓慢。设 ν_{q-1} 模在起振后的某一时刻强度为 $0.5 \times 10^{-4} \mathrm{W/cm^2}$，一个往返放大 $\exp\{2l[G^0(\nu_{q-1})-\alpha]\} = 4$，经 4 个往返后放大 $4^4 = 2.5 \times 10^2$ 倍，相应的强度为 $1.3 \times 10^{-2} \mathrm{W/cm^2}$，较模 ν_q 弱。ν_{q+1} 模因其频率 ν_{q+1} 离 ν 更远，获得的放大就更小。

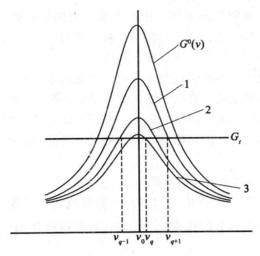

图 4-10 均匀加宽模式竞争

在均匀加宽的情况下，所有粒子都具有相同的外场响应，因此增益曲线振荡线宽内的三个纵模中，任何一个光强增大都将引起增益系数的饱和而下降。增益系数下降首先使远离 ν_0 的 ν_{q+1} 模的增益达到阈值，但由于其他两个模的增益仍大于损耗，因此，使增益曲线继续饱和而下降，致使 ν_{q+1} 并非稳定在 G_t 附近而是被抑制。增益饱和使增益曲线继续下降的结果，同样使 ν_{q-1} 模也被抑制。最后，ν_q 模的增益等于损耗，光强保持稳定，即激光器稳定在最靠近中心频率的那个纵模上振荡。

由以上讨论可见，在均匀加宽情况下，满足阈值条件的几个纵模，在振荡过程中相互竞争，结果使最靠近中心频率的那个模形成稳定振荡，其他纵模都被抑制而熄灭，这一现象称为纵模竞争。

均匀加宽激光器一般情况是以单纵模输出。例如对气体激光器，上述分析是相当成功的，但对于不少均匀加宽的固体激光器（例如 YAG），当泵浦较高时，经常出现多纵模，这一现象与上面讨论的模式竞争并不矛盾。原因是，在腔内振荡的模其光强沿腔轴分布并不是均匀的。从而在腔轴各处的反转粒子数和增益也不相同。可以设想，某个纵模到达阈值开始振荡后，波腹处光强最大，波节处光强最小。由于饱和效应，波腹处反转粒子数（增益）最小，波节处反转粒子数（增益）最大。反转粒子数或增益系数沿腔轴的周期性、非均匀分布，这种现象称为反转粒子数（增益）的空间烧孔（注意，在这以前涉及的增益系数是在腔长范围内的平均值），由于增益空间烧孔效应的存在，凡满足谐振条件的各纵模，利用空间不同部分的反转粒子数就可同时产生振荡，这种现象称为模的空间竞争。可见，在均匀加宽激光器中，由于增益或反转粒子数的空间烧孔，会出现多纵模振荡。有时，为了实现单模振荡，采用环形的行波腔。在行波腔中，光强沿腔轴方向均匀分布，因而消除了空间烧孔。

空间烧孔只能出现在空间弛豫很慢的激光工作物质中。在固体介质中，激活粒子束缚在晶格附近。激发态的转移通过离子和晶格间的能量交换实现。而这种转移一般是较慢的，当驻波波腹处大量的粒子被消耗之后，从邻近波节处获得激发态能量转移所需要的时间远大于激光形成所需要的时间，因而形成了空间烧孔效应。但在气体工作物质中，粒子迅速地无规则热运动，使处于激发态粒子在尚未释放能量跃迁到低能级之前，已转移到空间的另一位置，因此无法形成空间烧孔。

以上讨论了单横模情况下的纵模竞争效应，除此之外，由于横截面上光场分布的不均匀，还存在横向的空间烧孔。且由于横向烧孔尺度比纵向空间烧孔尺度大得多，激活粒子的空间转移过程不能消除横向空间烧孔。不同横模光场分布不同，它们分别消耗不同空间的激活粒子，因此当泵浦足够强时，如果不采用横模选择技术，可形成多横模振荡。

例 4.8 振荡线宽与起振模式数计算

令激光参量 $\beta = G_m/G_t$，其中 G_m 为增益介质的峰值增益系数。振荡线宽即为小信号增益曲线中，增益大于 G_t 部分的线宽。对于均匀加宽物质有 $\Delta\nu_{osc} = \sqrt{\beta-1}\,\Delta\nu_H$，

证明：

由

$$\frac{(\Delta\nu_H/2)^2}{(\nu-\nu_0)^2+\left(\frac{\Delta\nu_H}{2}\right)^2}G_m = G_t \quad \text{可得} \quad \nu_{1,2} = \nu_0 \pm \sqrt{\beta-1}\,\frac{\Delta\nu_H}{2}，\text{从而} \Delta\nu_{osc} = \sqrt{\beta-1}\,\Delta\nu_H$$

对于非均匀加宽物质有 $\Delta\nu_{osc} = \sqrt{\dfrac{\ln\beta}{\ln 2}}\,\Delta\nu_i$，同学们自己证明。

这样起振模式数计算如(4-44)式，为 $N = \left[\dfrac{\nu_{osc}}{\nu_q}\right] + 1$。

例 4.9 如果激光器腔内总损耗系数等于增益介质的峰值增益系数的 1/4，分别按均匀加宽与非均匀加宽模型计算其振荡线宽。（假设荧光线宽为 $\Delta\nu_F = 150\text{MHz}$）

解： $\beta = G_m/G_t = 4$，均匀加宽振荡线宽为 260MHz，非均匀加宽振荡线宽为 212MHz。

例 4.10 假设 He-Ne 激光器的放电管与腔长均为 1.6m，直径为 $d = 2\text{mm}$，两反射镜透射率分别为 0 和 0.02，其他损耗的单程损耗率为 0.5%，荧光线宽为 $\Delta\nu_F = 1500\text{MHz}$，其峰值小信号增益系数 $G_m = 3\times 10^{-4}/d(\text{mm}^{-1})$，求(1)激光参量；(2)起振模式。

解： $\delta = 0.01 + 0.005 = 0.015$

$$G_t = \frac{\delta}{l} = \frac{0.015}{1.6} = 0.009375\text{m}^{-1}, \quad G_m = \frac{3\times 10^{-4}}{2} = 0.15\text{m}^{-1}, \quad \beta = G_m/G_t = 16,$$

$$\Delta\nu_{osc} = \sqrt{\frac{\ln\beta}{\ln 2}}\,\Delta\nu_F = 3000\text{MHz}, \quad \Delta\nu_q = \frac{c}{2l} = 93.75\text{MHz}, \quad N = \left[\frac{\nu_{osc}}{\nu_q}\right]+1 = 33$$

◎ 自测练习

（1）在均匀加宽情况下，稳定过程的建立伴随着＿＿＿＿＿＿效应，竞争的结果导致靠近中心频率的那个单纵模运转。

(2) 多纵模激光器的振荡线宽由_____和_____共同确定。
(3) 反转粒子数或增益系数沿腔轴的周期性、非均匀分布现象称为反转粒子数的_____，采用_____可以消除空间烧孔。

4.6 均匀加宽单纵横激光器的输出功率、最佳透过率

考虑单纵模振荡情况，振荡频率为 ν_0，光强为 I_{ν_0}。只要其饱和增益系数 $G_H(\nu_0, I_{\nu_0}) > G_t$，则 I_{ν_0} 就继续增大，直到

$$G_H(\nu_0, I_{\nu_0}) = G_t = \frac{\delta}{l} \tag{4-45}$$

时，增益和损耗达到平衡，I_{ν_0} 不再增加，这时激光器运转稳定在阈值附近。且不论外界泵浦如何提高，但激光器最终都稳定工作在(4-45)式表达的阈值附近。由式

$$G_H(\nu_0, I_{\nu_0}) = \frac{G_H^0(\nu_0)}{1 + I_{\nu_0}/I_s} \tag{4-46}$$

将上式代入(4-45)式得

$$I_{\nu_0} = I_s(\beta - 1) \tag{4-47}$$

在驻波激光器中，腔内存在着沿腔轴方向传播的光 I_+ 和反方向传播的光 I_-，当增益不大时，$I_+ \approx I_-$，腔内平均光强

$$I_{\nu_0} = I_+ + I_- \approx 2I_+ \tag{4-48}$$

在均匀加宽时 I_+ 和 I_- 同时参与饱和作用。

设光束的有效面积为 A（即为输出镜的横截面面积），则单纵模输出功率为

$$P_0 = ATI_+ = \frac{1}{2}ATI_s(\beta - 1) \tag{4-49}$$

式中，T 是透射率。上式假定了单端输出，即 $T_1 = 0$，$T_2 \approx T$ 如果将往返损耗写成由两部分组成，当 $T \ll 1$ 时，则有

$$2\delta = T + L_\alpha \tag{4-50}$$

式中，L_α 表示除透射损耗以外的往返损耗，称为往返净损耗。于是(4-49)式为

$$P_0 = \frac{1}{2}ATI_s\left(\frac{2G_m l}{L_\alpha + T} - 1\right) \tag{4-51}$$

可见提高小信号增益系数，增加工作物质长度 l，降低往返净损耗，都有利于提高输出功率。输出功率的大小还与腔镜透射率 T 有关。当 T 增大时，一方面提高透射光的比例，有利于将腔内的能量耦合到腔外，但同时增加了腔内振荡阈值，从而导致腔内光强下降。因此存在一个使输出功率达到极大值的透射率 T_m。由 $\frac{\partial p}{\partial T} = 0$，得

$$T_m = \sqrt{2G_m l L_\alpha} - L_\alpha \tag{4-52}$$

将上式代入(4-51)式，得最佳输出功率

$$P_m = \frac{1}{2}AI_s \left(\sqrt{2G_m l} - \sqrt{L_\alpha}\right)^2 \tag{4-53}$$

在实际工作中，T_m 常常由实验测定。另外值得注意的是，T 作为输出损耗，只有当反射镜 $R_1 = R_2 = R \approx 1$ 时适用，否则，应有输出损耗 $\delta_r = -\frac{1}{2}\ln R_1 R_2$ 来代替式中的 T。

说明：

(1) 激光器稳定工作时，增大泵浦可使腔内辐射场的功率增加，而不增加工作物质的储能。

(2) 式(4-49)可写成

$$P_0 = k(P_p - P_{pth}) \tag{4-54}$$

式中，k 为激光器的斜效率；P_p 与 P_{pth} 分别为泵浦光的功率与阈值功率。说明泵浦功率中超过阈值的那部分被用于提高激光功率。

例 4.11 低增益均匀加宽单模激光器中，输出镜最佳透射率 T_m 及阈值透射率 T_t 可由实验测出，试求往返净损耗 a 及中心频率小信号增益系数 g_m（假设振荡频率 $\nu = \nu_0$）。

解：输出光强

$$I = I_s T \left(\frac{2g_m l}{a+T} - 1\right) \tag{1}$$

阈值时有

$$2g_m l = a + T$$

$T = T_m$ 时，有

$$\left(\frac{dI}{dT}\right)_{T=T_m} = 2g_m l I_S \left[\frac{1}{a+T_m} - \frac{T_m}{(a+T_m)^2}\right] - I_S = 0 \tag{2}$$

由(1)、(2)式可得：

$$a = \frac{T_m^2}{T_t - 2T_m}$$

$$g_m = \frac{(T_t - T_m)^2}{2l(T_t - 2T_m)}$$

◎ **自测练习**

(1) 某激光器输出功率与泵浦功率之间的关系如图 4-11 所示。则该激光器的斜效率为：_____。

  (A) 40% (B) 50% (C) 75% (D) 80%

(2) 某激光器输出功率与泵浦功率之间的关系如图 4-11 所示。则该激光器的泵浦阈值功率为 _____ W。

  (A) 2.5 (B) 5 (C) 10 (D) 15

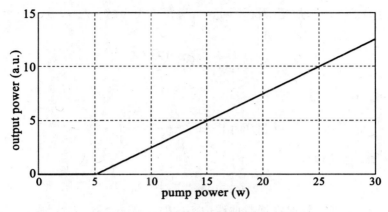

图 4-11 均匀加宽模式竞争

4.7 非均匀加宽连续激光器的稳态工作特性

非均匀激光器的粒子数反转与增益"烧孔"如图 4-12 所示。

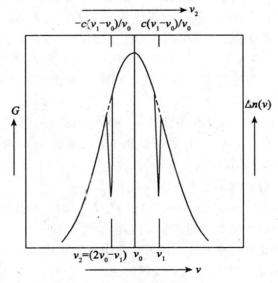

图 4-12 非均匀加宽烧孔

1. 单纵模振荡和兰姆凹陷

非均匀加宽大信号增益系数为

$$G_D(\nu) = \frac{G_D^0(\nu)}{\sqrt{1+I_\nu/I_s}} = \frac{G_D^0(\nu_0)}{\sqrt{1+I_\nu/I_s}} e^{-4\ln 2 \frac{(\nu-\nu_0)^2}{\Delta\nu_D^2}} \tag{4-55}$$

当 $\nu \neq \nu_0$ 时，I_+ 和 I_- 在增益曲线上对称烧孔。对每个孔起饱和作用的是 I_+ 或 I_-，而不是两者之和，这显然与均匀加宽情况不同。当增益不太大时，$I_\nu \approx I_+ \approx I_-$，激光器稳态工作时：

$$G_D(\nu) = G_t = \frac{T+L_\alpha}{2l} \tag{4-56}$$

并考虑到 $I_\nu = I_\pm$ 得

$$I_+ = I_s \left\{ \left[\beta \exp\left[-4\ln 2 \frac{(\nu-\nu_0)^2}{\Delta\nu_D^2} \right] \right]^2 - 1 \right\} \tag{4-57}$$

单纵模 $\nu \neq \nu_0$ 输出功率为

$$P = AI_+ T \{ [\beta e^{-4\ln 2 \frac{(\nu-\nu_0)^2}{\Delta\nu_D^2}}]^2 - 1 \} \tag{4-58}$$

当 $\nu = \nu_0$ 时，I_+ 和 I_- 同时在增益曲线中心频率处烧一个孔。这时有

$$I_{\nu_0} = I_+ + I_- \approx 2I_+ \tag{4-59}$$

腔内平均光强为

$$I_{\nu_0} = I_s [\beta^2 - 1] \tag{4-60}$$

输出功率为

$$P_0 = ATI_+ = \frac{1}{2} ATI_s(\beta^2 - 1) \tag{4-61}$$

考虑一台腔长 $L<10$cm 的单纵模 He-Ne 激光器，谐振腔的一块端反射镜固定有压电陶瓷环。压电陶瓷环的两个电极上加有锯齿波电压，从而可周期性地改变腔长，可使这一纵模的频率在增益曲线范围内连续变化。用示波器记录扫描电压和输出功率。得到的结果如图4-13(a)所示，说明输出功率随纵模频率而改变。在 $\nu = \nu_0$ 处，输出功率最低，呈现凹陷，称为兰姆凹陷，兰姆凹陷与多普勒加宽密切相关，由图4-13(b)可以看出。

当 $\nu = \nu_2$ 时，$G_D(\nu_2) > G_t$，激光振荡在 ν_2 和 $\nu_2' = 2\nu_0 - \nu_2$ 处，对称烧孔。由速度为 $v_z = c(\nu_2-\nu_0)/\nu_0$ 和 $v_z = -c(\nu_2-\nu_0)/\nu_0$ 的两群原子对频率为 ν_2 的激光作出贡献，激光输出功率 P_2 正比于两个烧孔面积之和。

当频率 $\nu = \nu_1$ 时，烧孔面积增大，所以 $P_1 > P_2$。

当频率 ν 接近 ν_0，且 $|\nu-\nu_0| < (\Delta\nu_H/2)(1+I_\nu/I_s)^{1/2}$ 时，两烧孔面积部分重合，烧孔面积可能小于 $\nu = \nu_1$ 时两个烧孔面积之和，因此 $P < P_1$。

当 $\nu = \nu_0$ 时，两个烧孔完全重合，此时只有 $v_z = 0$ 附近的原子对激光作出贡献。烧孔面积更小，输出功率减小到极小值。这就是兰姆凹陷出现的原因。

由于两个孔在 $|\nu = \nu_0| < (\Delta\nu_H/2)(1+I_\nu/I_s)^{1/2}$ 时开始重叠，所以兰姆凹陷的宽度 δ_ν 大致等于烧孔的宽度。即

$$\delta_\nu = \Delta\nu_H \sqrt{1+I_\nu/I_s} \tag{4-62}$$

兰姆凹陷的深度和宽度与激光器的工作条件有关。小信号增益越大，腔损耗越小，兰姆凹陷越深。当激光管的气压增高时，碰撞加宽增加，兰姆凹陷变宽、变浅；当气压很高时，谱线以均匀加宽为主，这时兰姆凹陷也随之消失。

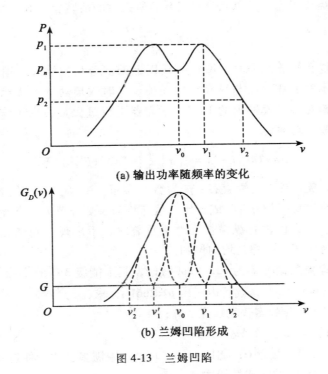

图 4-13 兰姆凹陷

2. 非均匀加宽激光器的多纵模振荡

假设有多个纵模满足振荡条件，由于每个纵模只消耗一部分反转粒子数，所以某个纵模光强的增加，并不会使整个增益曲线均匀下降，而只是在增益曲线上造成对称烧孔。如果 $\nu_q \neq \nu_0$，ν_{q+1} 和 ν_{q-1} 模形成的双烧孔不重合，且满足：

$$\frac{c}{2L} > \Delta\nu_H \sqrt{1 + \frac{I_\nu}{I_s}} \tag{4-63}$$

时，各纵模互不相关，所有满足小信号增益系数大于 G_t 的纵模都能稳定振荡。小信号增益系数增大，满足振荡条件的纵模数增多，因而激光器的振荡模式数增加。所以非均匀加宽激光器中一般都是多纵模振荡。

非均匀加宽激光器中仍然存在着空间烧孔，所以多纵模振荡是由频率烧孔和空间烧孔两种原因造成的，多纵模激光器的输出功率为各个纵模输出功率之和。

有时，非均匀加宽激光器中，也存在着模竞争效应。例如当 $\nu_q = \nu_0$，ν_{q+1} 和 ν_{q-1} 模形成双孔重合时，两个模共同消耗一部分反转粒子数，因而产生模竞争，此时，ν_{q+1} 和 ν_{q-1} 模的输出功率无规则起伏。

非均匀加宽激光器的腔长变化，也会引起各纵模频率漂移和输出功率的起伏，甚至还会产生模跳现象。当一个模的小信号增益系数小于 G_t 时，随之熄灭，另一个纵模小信号增益大于 G_t 时，就建立起振荡。但这种现象不同于均匀加宽激光器中的模竞争效应。

各纵模输出功率正比于被消耗的反转粒子数，即对应于烧孔面积。为了获得较大的输出功率，希望烧孔相连，以便充分利用泵浦所提供的反转粒子数。当满足：

$$\frac{c}{2L} < \Delta\nu_H \sqrt{1+\frac{I_\nu}{I_s}} \tag{4-64}$$

时，烧孔相连。烧孔严重重叠时，增益曲线以上的部分均被烧掉。输出功率正比于 G_t 以上增益曲线包围的面积，而与纵模个数无关。这时输出功率可按综合加宽的方法处理。例如，人们曾对多纵模输出的 He-Ne 激光器进行过大量研究工作。计算结果和实验符合得很好。输出功率为

$$P_0 = ATkI_s(\beta-1) = \frac{1}{5}\pi\left(\frac{d}{2}\right)^2 T \times 32(\beta-1)(\text{W}) \tag{4-65}$$

式中，d 为 He-Ne 激光器放电管直径；β 为激发参量，$\beta = G_m/\alpha = G_D^0(V_0)/\alpha$。可见，烧孔严重重叠时，输出功率与 $(\beta-1)$ 成正比。这与均匀加宽的单纵模激光器的输出功率表达式(4-47)相似。这是因为各纵模烧孔严重重叠时，不出现个别烧孔，所以增益曲线处处下降，和均匀加宽一样都是均匀饱和。

例 4.12 考虑氦氖激光器的 632.8nm 跃迁，其上能级 $3S_2$ 的寿命 $\tau_2 \approx 2 \times 10^{-8} s$，下能级 $2P_4$ 的寿命 $\tau_1 \approx 2 \times 10^{-8} s$，设管内气压 $p = 266\text{Pa}$，求：

(1) 计算 $T = 300\text{K}$ 时的多普勒线宽 $\Delta\nu_D$；
(2) 计算均匀线宽 $\Delta\nu_H$ 及 $\Delta\nu_D/\Delta\nu_H$；
(3) 当腔内光强为①接近0；②$10\text{W/cm}^2$ 时谐振腔需多长才能使烧孔重叠。

解：(1) $T = 300\text{K}$ 时的多普勒线宽 $\Delta\nu_D$ 为

$$\Delta\nu_D = 2\nu_0\left(\frac{2KT}{mc^2}\ln 2\right)^{\frac{1}{2}} = 7.16 \times 10^{-7}\nu_0\left(\frac{T}{M}\right)^{\frac{1}{2}}$$

$$= 7.16 \times 10^{-7} \times \frac{3 \times 10^8}{632.8 \times 10^{-9}}\left(\frac{300}{20}\right)^{\frac{1}{2}}$$

$$= 1314.7(\text{MHz})$$

(2) 均匀线宽包括自然线宽 $\Delta\nu_N$ 和碰撞线宽 $\Delta\nu_L$ 两部分，$\Delta\nu_H = \Delta\nu_L + \Delta\nu_N$，其中

$$\Delta\nu_N = \frac{1}{2\pi}\left(\frac{1}{\tau_1}+\frac{1}{\tau_2}\right) = \frac{1}{2\pi} \times \frac{2}{2 \times 10^{-8}} = 15.9(\text{MHz})$$

$$\Delta\nu_L = \alpha p = 720 \times 10^3 \times 266 = 191.5(\text{MHz})$$

所以

$$\Delta\nu_H = \Delta\nu_L + \Delta\nu_N = 207.4(\text{MHz})$$

$$\Delta\nu_D/\Delta\nu_H = 6.34$$

(3) 设腔内光强为 I，则激光器烧孔重叠的条件为

$$\frac{c}{2l} < \Delta\nu_H\sqrt{1+\frac{I}{I_s}}$$

$$l > \frac{c}{2\Delta\nu_H\sqrt{1+\frac{I}{I_s}}}$$

取 $I_s = 15\text{ W/cm}^2$ 进行计算。

① 当腔内光强接近 0 的时候：
$$l > \frac{c}{2\Delta\nu_H} = \frac{3\times10^8}{2\times207.4\times10^6}\text{m} = 0.72\text{m}$$

② 当腔内光强为 10 W/cm² 的时候：
$$l > \frac{3\times10^8}{2\times207.4\times10^6\times\sqrt{1+10/15}}\text{m} = 0.56\text{m}$$

◎ **自测练习**

(1) 兰姆凹陷是指_____。
(2) 兰姆凹陷的_____和_____与激光器的工作条件有关。

4.8 激光的线宽极限

单纵模激光并不是绝对单色的。即使排除引起激光频率漂移的机械、热学等因素（引起谐振腔的振动、腔长变化、介质的不均匀等），由于激光场中不可避免地存在着非相干的自发发射，使单模激光仍存在一定的频率宽度，称为激光的线宽极限。

对这个问题的处理，最早是由肖洛和汤斯仿照微波辐射线宽的处理方法得到了激光极限线宽的表达式。我们也可以从经典理论的观点考虑自发发射对激光线宽的影响。由于自发发射作为一种噪声把与激光场不相关的能量输送给激光场，因此引起激光场振幅和相位的无规则涨落，而表现为激光谱线的有限宽度。

无源腔模式线宽的表达式为（设物质的折射率为 1，下同）

$$\Delta\nu_c = \frac{1}{2\pi\tau_{R}} = \frac{c\delta}{2\pi L} \tag{4-66}$$

式中，τ_R 为无源腔光子寿命，它与无源腔的单程损耗因子 δ 相联系。在实际激光器中，腔内充满激光工作物质，这样的谐振腔称为有源腔。在有源腔中，由于增益补偿损耗，其激光线宽比无源腔的激光模式的线宽窄得多。

设有源腔的单程损耗为 δ_s，则有

$$\delta_s = \delta - G(\nu)L \tag{4-67}$$

所以激光的线宽为

$$\Delta\nu_s = \frac{c\delta_s}{2\pi L} \tag{4-68}$$

在讨论功率问题时，由于自发发射对某一模式功率的贡献很少，常被忽略。这时腔内某一模式光子数密度随时间的变化率方程为

$$\frac{dN}{dt} = G(\nu)Nc - \frac{\delta cN}{L} \tag{4-69}$$

稳态时，$\frac{dN}{dt} = 0$，得

$$G(\nu)L = \delta \tag{4-70}$$

所以净损耗 δ_s 为

$$\delta_s = \delta - G(\nu)L = 0 \tag{4-71}$$

线宽为

$$\Delta\nu_s = 0 \tag{4-72}$$

说明腔内的受激发射能量补充了损耗的能量，而且由于受激发射产生的光子与原来的、引起受激发射的光子处于同一个模式，相干叠加使光场的振幅始终保持恒定，相应的波列为无限长，其线宽 $\Delta\nu_s = 0$。

实际上，激光器在运转过程中，自发发射始终发射非相干光并分配到振荡的各个模式中。讨论功率问题时是可以忽略的，但讨论激光线宽、噪声等问题时不能忽略。因此腔内某一模式的光子密度随时间的变化率方程为

$$\frac{dN}{dt} = G(\nu)Nc + a_1 n_2 - \frac{\delta cN}{L} \tag{4-73}$$

式中，a_1 为分配到一个模式中的自发发射几率。

$$a_1 = \frac{A_{21} g(\nu, \nu_0)}{n_\nu SL} \tag{4-74}$$

式中，S 为介质的截面；SL 为体积。稳态时，$dN/dt = 0$，得

$$\delta_s = \delta - G(\nu)L = a_1 n_2 L \frac{1}{cN} > 0 \tag{4-75}$$

说明考虑了自发发射对模式光子数的贡献之后，激光模式存在着净损耗 δ_s。这样，每一模式由于其增益小于损耗，因而存在一定的衰减，造成一定的线宽 $\Delta\nu_s$

$$\Delta\nu_s = \frac{\delta_s c}{2\pi L} \tag{4-76}$$

只是由于 $\delta_s \ll \delta$，故有 $\Delta\nu_s \ll \Delta\nu_c$。只要求 a_1 和 N 就可以求出 $\Delta\nu_s$。

由上面的分析可知，激光模式的输出功率 P_0 应包含受激发射和自发发射两个过程的贡献。前者向模式发射相干能量，后者向模式发射非相干能量。由于自发发射的功率比受激发射的功率小得多，所以有

$$P_0 = P_{st} + P_{sp} \approx P_{st} \tag{4-77}$$

式中，P_{st} 为受激发射功率，P_{sp} 为分配于该模式的自发发射功率。

$$P_0 \approx P_{st} = \Delta n \frac{A_{21} g(\nu, \nu_0)}{n_\nu} Nh\nu SL \tag{4-78}$$

式(4-78)可改写成

$$P_0 \approx \Delta n a_1 N (SL)^2 h\nu \tag{4-79}$$

若激光器采用单端输出，输出反射镜透射率为 T，并忽略其他损耗，则

$$P_0 = \frac{N}{2} cSh\nu T \tag{4-80}$$

$$N = \frac{2p_0}{TcSh\nu} \tag{4-81}$$

$$a_1 = \frac{Tc}{2SL^2 \Delta n} \tag{4-82}$$

经过简单推导，得

$$\Delta\nu_s \approx \frac{n_3}{\Delta n} \frac{2\pi(\Delta\nu_c)^2 h\nu_0}{P_0} \tag{4-83}$$

上式说明，由于自发发射的存在，激光输出具有一定的线宽。

对大量原子组成的原子系统而言，自发发射是不可避免的，它作为一种噪声，称为量子噪声，存在于激光场中，使激光输出总有一定的线宽，称为内禀线宽，它是激光所能达到的最小线宽（极限线宽）。对比 He-Ne 激光器而言，当 $P_0 = 1\mathrm{mW}$，$\Delta\nu_c = 1\mathrm{MHz}$，则 $\Delta\nu_s \approx 8\times 10^{-3}\mathrm{Hz}$。

由(4-83)式，$\Delta\nu_s \propto 1/P_0$，功率越大，激光线宽越窄。这是因为激光功率越大，说明受激发射比自发发射越占优势，相干光场大大超过非相干的噪声。从数学上看，激光线宽可看做一个 δ 函数和一个自发发射线型函数的叠加。

激光线宽 $\Delta\nu_s \ll \Delta\nu_c$ 这是谐振腔和受激发射过程相互作用的结果。在有源腔中，光场在腔内往返传播而被放大，每一次放大都伴随着光场在频域上的压缩。所以光场在有源腔中振荡的过程，也是输出能量被放大，线宽被压缩的过程，最后达到稳定。

$\Delta\nu_s$ 的表达式(4-83)给出了激光线宽的理论上的极限值。对 He-Ne 激光，如 $\Delta\nu_s = 8\times 10^{-3}\mathrm{Hz}$，则单色性 $\Delta\nu_s/\nu = 10^{-17}$。实际激光器输出线宽要大得多。这是因为机械振动和热效应等因素会引起腔长的变化，而影响激光的线宽。目前通过稳频技术已使激光的单色性达到 $10^{-13} \sim 10^{-14}$。

◎ 自测练习

激光的线宽极限是指_____。

4.9 频率牵引效应

频率牵引效应是指由于激光介质的增益引起的色散，使得有源腔纵模频率比无源腔纵模频率更靠近中心频率的现象。

将(3-11)式代入(1-23)式有激光介质的复折射率为

$$\tilde{n} = n + i\frac{c}{2\omega}[G(\nu, I_\nu) - \alpha] \tag{4-84}$$

(4-84)式表明色散随激光介质增益系数的增加而增强。记 η^0 为增益系数为零时，激光介质的折射率，增益系数不为零时，激光介质的折射率为频率的函数，有

$$\eta(\nu) = \eta^0 + \Delta\eta(\nu) \tag{4-85}$$

式中，$\Delta\eta$ 为频率引起的激光介质折射率变化。在均匀加宽激光介质中：

$$\Delta\eta_H(\nu) = \frac{c(\nu-\nu_0)}{2\pi\nu\Delta\nu_H}G_H(\nu, I_\nu) \tag{4-86}$$

如无源腔中的纵模频率为 ν_{q_0}，有源腔中的纵模频率为 ν，据(4-42)式，可得偏移量 $\nu_q - \nu_{q_0}$ 为

$$\nu_q - \nu_{q0} \approx \frac{\Delta\eta(\nu_q)}{\eta^0}\nu_{q0} \tag{4-87}$$

◎ **自测练习**

有源腔中纵模频率比无源腔中纵模频率_____。
（A）远离谱线中心频率　　　　　　　　（B）靠近中心频率
（C）两者重合　　　　　　　　　　　　（D）不确定

4.10 脉冲激光器的工作特性

本节介绍脉冲光波泵浦时的激光器工作特性。与第六章调 Q 和第七章锁模情形不同，这里，腔内损耗是不变的。

4.10.1 多模振荡的速率方程

本节导出三能级系统的多模振荡的速率方程。多模振荡激光器中的不同模式具有不同的频率和衍射损耗，从而具有不同的 $g(\nu, \nu_0)$ 和 τ_{Rl} 值。一般用数值求解上述方程。为使问题简化，作如下假设：

（1）各个模式的衍射损耗较小且相同

（2）用矩形谱线 $g'(\nu, \nu_0)$ 代替线性函数，矩形谱线 $g'(\nu, \nu_0)$ 具有如下特性：

$$g'(\nu, \nu_0) = g(\nu_0, \nu_0) \tag{4-88}$$

等效线宽

$$\delta_\nu = \frac{1}{g(\nu_0, \nu_0)} \tag{4-89}$$

对洛伦兹线型有

$$\delta_\nu = \frac{\pi}{2}\Delta\nu_F \tag{4-90}$$

对高斯线型有

$$\delta_\nu = \frac{1}{2}\left(\frac{\pi}{\ln 2}\right)^{1/2}\Delta\nu_F \tag{4-91}$$

考虑到谐振腔长度 L 大于工作物质长度 l，设光束直径沿腔长均匀分布，三能级系统的速率方程(3-59)与(3-60)式可简化为

$$\frac{dN}{dt} = \left(n_2 - \frac{g_2}{g_1}n_1\right)\sigma_{21}vN\frac{l}{L} - \frac{N}{\tau_R} \tag{4-92}$$

$$\frac{dn_2}{dt} = -\left(n_2 - \frac{g_2}{g_1}n_1\right)\sigma_{21}vN - \frac{n_2}{\eta_2}A_{21} + n_3S_{32} \tag{4-93}$$

$$\frac{dn_3}{dt} = n_1 W_{13} - \frac{n_3}{\eta_1}S_{32} \tag{4-94}$$

$$n_1 + n_2 + n_3 = n \tag{4-95}$$

式中：

$\eta_1 = \dfrac{S_{32}}{S_{32}+A_{31}}$，为 E_3 能级向 E_2 能级非辐射跃迁的量子效率；

$\eta_2 = \dfrac{A_{21}}{S_{21}+A_{21}}$，为 E_2 能级向 E_1 能级（基态）跃迁的荧光效率；

$\eta_F = \eta_1 \eta_2$，为总量子效率。其物理意义是：由光泵泵浦到 E_3 能级的粒子，只有一部分通过非辐射跃迁到达激光上能级 E_2，另一部分通过其他途径返回基态；到达 E_2 能级的粒子也只有发射荧光而返回基态，其余粒子通过非辐射跃迁返回基态。即

$$\eta_F = \frac{\text{发射荧光的光子数}}{\text{工作物质从光泵吸收的光子数}}$$

例如：优质红宝石 η_F 可达 0.7，一般红宝石为 0.5，钕玻璃 $\eta_F \approx 0.4$，Nd:YAG（掺钕钇铝石榴）$\eta_F \approx 1$。

4.10.2 脉冲激光器的工作特性

1. 振荡条件

对于脉冲工作模式，阈值反转粒子数为

$$\Delta n_t = \frac{8\pi\tau\delta}{\lambda_0^2 g(\nu_0, \nu_0) l} = \frac{\delta}{\sigma_{21} l} \tag{4-96}$$

为了使反转粒子数达到阈值，必须要求光泵供给足够的能量或功率。脉冲激光器的光泵是以脉冲方式工作的，设光泵激励为矩形脉冲：

$$W_{13}(t) = \begin{cases} W_{13} & 0 < t < t_0 \\ 0 & t > t_0 \end{cases} \tag{4-97}$$

由于 $S_{32} \gg W_{13}$，故 $n_3 \approx 0$，$dn_3/dt \approx 0$，有

$$\frac{n_3 S_{32}}{\eta_1} = n_1 W_{13}(t) \tag{4-98}$$

在阈值附近，受激辐射很微弱，$\Delta n \approx 0$，有

$$\frac{dn_2(t)}{dt} = \eta_1 W_{13}(t)[n - n_2(t)] - \frac{n_2(t) A_{21}}{\eta_2} \tag{4-99}$$

当 $0 < t < t_0$ 时有

$$n_2(t) = \frac{\eta_1 W_{13} n}{\dfrac{A_{21}}{\eta_2} + \eta_1 W_{13}} \left[1 - \exp\left(-\left(\frac{A_{21}}{\eta_2} + \eta_1 W_{13}\right) t\right)\right] \tag{4-100}$$

当 $t = t_0$ 时，$n_2(t)$ 达到最大，当 $t > t_0$，因自发辐射而指数衰减。

例 4.13 在典型三能级系统红宝石中，设总粒子数密度 $n \approx 1.9 \times 10^{19}/\text{cm}^3$，红宝石棒长 $l = 10\text{cm}$，两个反射镜的反射率分别为 $R_1 = 1$，$R_2 = 0.5$，腔内损耗为 0，则 $\delta = -\dfrac{1}{2}\ln R_1 R_2 \approx 0.35$，有 $\Delta n_t \approx 8.7 \times 10^{17}/\text{cm}^3$，可见，$\Delta n_t \ll n$，振荡条件：$(n_2)_t \approx \dfrac{n_0}{2}$，即三能级系统激光器，至少要把总粒子数的一半泵浦到激光上能级，才能实现激光振荡。

对四能级系统激光器,激光下能级的粒子数可忽略不计,于是这类激光器只要满足 $(n_2)_t = \Delta n_t$ 就可实现激光振荡。

2. 三能级系统激光器的阈值泵浦能量(功率)

a. 短脉冲情况($t_0 \ll \tau$)

在光泵作用期间,自发辐射的影响很小,有

$$n_2(t) = (1 - \exp(-\eta_1 W_{13} t)) n \tag{4-101}$$

设工作物质的体积为 V,则它吸收的光泵能量为

$$E_P = \int_0^{t_0} V h\nu_{13} W_{13}(n_1 - n_3) \mathrm{d}t \approx \int_0^{t_0} V h\nu_{13} W_{13}(n - n_2(t)) \mathrm{d}t \approx \frac{h\nu_{13} n_2(t_0) V}{\eta_1} \tag{4-102}$$

将(4-100)式代入(4-102)式,可得光泵能量的阈值为

$$E_{P_t} = \frac{h\nu_{13} n V}{2\eta_1} \tag{4-103}$$

(4-103)式表明当光脉冲很短,自发辐射可以忽略不计时,如果 $\eta_1 = 1$,则在单位体积中,每吸收一个光子,可使 E_2 能级增加一个粒子,因此,必须吸收 $n/2$ 个光子,才能使 $n_2 = n/2$ 而产生激光。

b. 长脉冲情况($t_0 \gg \tau$)

当 $t_0 \gg \tau = \dfrac{1}{A_{21}}$ 时,(4-100)式可写成

$$n_2(t) \approx \frac{\eta_1 W_{13} n}{\dfrac{A_{21}}{\eta_2} + \eta_1 W_{13}} \tag{4-104}$$

说明当 $t_0 \gg \tau$ 时,n_2 已完成了增长过程而达到稳定值,因而可以和连续工作器件一样,当做稳态问题来处理,此时 n_1 也达到稳定值。

$$n_1(t) = n - n_2(t) \approx \frac{A_{21}}{A_{21} + \eta_1 \eta_2 W_{13}} n \tag{4-105}$$

工作物质吸收的光泵功率为

$$P_P = h\nu_{13} W_{13}(n_1 - n_3) V \approx h\nu_{13} W_{13} n_1 V = \frac{h\nu_{13} A_{21} n_2 V}{\eta_F} \tag{4-106}$$

光泵功率阈值为

$$P_{P_t} = \frac{h\nu_{13} n V}{2 \eta_F \tau} \tag{4-107}$$

(4-107)式表明当 n_2 稳定于阈值 $n/2$ 时,在单位时间内,单位体积中必须有 $n/2\eta_F \tau$ 个粒子吸收光泵能量而且 E_1 能级跃迁到 E_3 能级。

c. 脉宽 t_0 与 τ 比拟情况

此时光泵能量不能用一个简单的解析式表示出来。但 t_0 若给定时,可用数值计算的方法来求出阈值能量。

3. 四能级系统激光器的阈值泵浦能量(功率)

(1)短脉冲情况($t_0 \ll \tau$)。

$$E_{pt} = \frac{h\nu_{14}\Delta n_t V}{\eta_1} = \frac{h\nu_{14}\delta V}{\eta_1 \sigma_{32} l} \tag{4-108}$$

(2) 长脉冲激励或连续工作情况 ($t_0 \gg \tau$)。

$$P_{pt} = \frac{h\nu_{14}A_{32}\Delta n_t V}{\eta_F} = \frac{h\nu_{14}\delta V}{\eta_F \sigma_{32} \tau l} \tag{4-109}$$

以上所得的光泵阈值能量(功率)是指工作物质吸收的有效能量,并非光泵的输入电能,存在一个效率问题。

小结:

三、四能级系统阈值的比较:

(1) 三能级系统所需的阈值能量比四能级系统大得多。由于连续工作时所需阈值功率太大,三能级系统激光器一般以脉冲方式工作。

(2) 三能级系统激光器中光腔损耗的大小对光泵阈值能量(功率)的影响不大;四能级系统中则正比于光腔的损耗。

(3) 荧光谱线宽度对三能级系统的光泵阈值能量(功率)的影响较小,而四能级系统中光泵阈值能量(功率)正比于荧光谱线宽度。由于 Nd:YAG 的 $\Delta\nu_F$ 比钕玻璃小得多,其量子效率又比钕玻璃高得多,故 Nd:YAG 的阈值低,可以连续工作,而钕玻璃激光器一般只能脉冲工作。

(4) 由于 $\Delta n_t \propto \frac{1}{l}$,故四能级系统中 $P_{pt} \propto \frac{1}{l}$,而在三能级系统中,长度对 P_{pt}/V 的影响较小。

4. 输出能量及功率

a. 短脉冲情况 ($t_0 \ll \tau$)

四能级激光系统中,设工作物质吸收的泵源能量为 E_p,则有 $E_p\eta_1/h\nu_{14}$ 个粒子从基态经 E_3 能级跃迁到 E_2 能级上去。如果 $E_p\eta_1/h\nu_{14} > \Delta n_t V$,由于 $G > \delta$,腔内受激辐射光强不断增加,与此同时,Δn 将因受激辐射而不断减少,当 Δn 减少到 Δn_t 时,受激发射光强便开始迅速衰减直至熄灭。E_3 能级剩余的 Δn_t 个粒子将通过自发辐射返回基态,它们对腔内激光能量无贡献。对腔内激光能量有贡献的反转粒子数为 $E_p\eta_1/h\nu_{14} - \Delta n_t V$。这部分反转粒子数将产生 $E_p\eta_1/h\nu_{14} - \Delta n_t V$ 个受激发射光子,腔内光子的能量为

$$E_{inn} = h\nu_{32}(E_p\eta_1/h\nu_{14} - \Delta n_t V) = \frac{\nu_{32}}{\nu_{14}}\eta_1(E_p - E_{pt}) \tag{4-110}$$

腔内光能部分损耗于腔内,部分输出到腔外。设输出镜的透射率为 T,谐振腔往返净损耗率为 a,则输出能量为

$$E = \frac{\nu_{32}}{\nu_{14}}\eta_1 \frac{T}{a+T}(E_p - E_{pt}) \tag{4-111}$$

设光泵的输入电能为 ε_p,激光输出能量和光泵输入电能之间的关系是

$$E = \frac{\nu_{32}}{\nu_{14}}\eta_0\eta_1\eta_3\varepsilon_{pt}\left(\frac{\varepsilon_p}{\varepsilon_{pt}} - 1\right) \tag{4-112}$$

式中,η_0 为谐振腔效率。

$$\eta_0 = \frac{T}{a+T} \quad (4\text{-}113)$$

同理得三能级激光系统的输出能量为

$$E = \frac{\nu_{21}}{\nu_{13}} \eta_0 \eta_1 \eta_3 \varepsilon_{pt} \left(\frac{\varepsilon_p}{\varepsilon_{pt}} - 1 \right) \quad (4\text{-}114)$$

说明：当 $\varepsilon_p \leq \varepsilon_{pt}$ 时，激光器输出能量等于 0；$\varepsilon_p > \varepsilon_{pt}$ 时，激光器输出能量正比于 ε_p。输出能量是由超过阈值部分的输入能量转换而来。图 4-2 是掺铒波导激光器的输出能量与光泵输入能量的关系曲线。

b. 长短脉冲情况（$t_0 \gg \tau$）

不论激励功率多么强，由于饱和效应，当达到稳定状态时，Δn 必定等于 Δn_t，此时，$Gl = \delta$。激光器的输出功率为

$$E = \frac{\nu_{32}}{\nu_{14}} \eta_0 \eta_1 \eta_3 \varepsilon_{pt} \left(\frac{\varepsilon_p}{\varepsilon_{pt}} - 1 \right)$$

c. 最佳透射率

脉冲激光器和连续激光器一样存在一个最佳透射率，在此透射率下，激光器的输出能量或功率最大。

5. 脉冲激光器的输出谱

实验表明，一般固体脉冲激光器所输出的并不是一个平滑的光脉冲，而是一群宽度只有微妙量级的短脉冲序列，即"尖峰"序列。激励越强，短脉冲之间的时间间隔越小。此现象称为弛豫振荡效应或尖峰振荡效应。

图 4-14（a）为光泵能量低于阈值时，示波器上观察到的荧光波形；图 4-14（b）为光泵能量高于阈值时，示波器上观察到的激光波形；图 4-14（c）为红宝石单模激光器输出的激光波形。

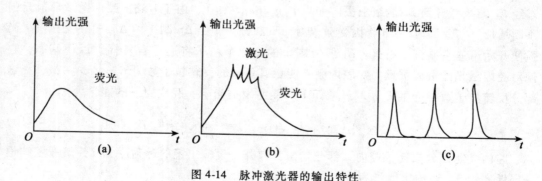

图 4-14 脉冲激光器的输出特性

实验表明，在不同情况下，"尖峰"序列的形式不同，有的相当紊乱，有的很有规则。脉冲激光器输出的激光为什么具有"尖峰"结构呢？可用图 4-15 来定性说明。

该图显示了激光弛豫振荡物理过程中粒子反转数 Δn 和腔内光子数 Φ 的变化，每个尖峰可分为四个阶段：

（1）第一阶段（t_1-t_2），腔内光子数 Φ 增加，粒子反转数 Δn 增加到最大值；

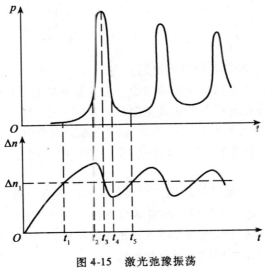

图 4-15 激光弛豫振荡

(2) 第二阶段 (t_2-t_3)，粒子反转数 Δn 增加到最大值后开始下降，但仍大于阈值。腔内光子数 Φ 增加达到最大值；

(3) 第三阶段 (t_3-t_4)，增益小于损耗，腔内光子数 Φ 减少，并急剧下降；

(4) 第四阶段 (t_4-t_5)，泵浦开始起作用，开始产生第二个尖脉冲。

因为泵浦过程的持续时间大于每个尖峰脉冲宽度，上述过程将周而复始，产生一系列尖峰脉冲。泵浦功率越大，尖峰脉冲形成越快，尖峰的时间间隔越小。

例 4.14 脉冲掺钕钇铝石榴石激光器的两个反射镜透过率 T_1、T_2 分别为 0 和 0.5。工作物质直径 $d=0.8$ cm，折射率 $\eta=1.836$，总量子效率为 1，荧光线宽 $\Delta\nu_F=1.95\times10^{11}$ Hz，自发辐射寿命 $\tau_s=2.3\times10^{-4}$ s。假设光泵吸收带的平均波长 $\lambda_p=0.8$ μm。试估算此激光器所需吸收的阈值泵浦能量 E_{pt}。

解：
$$\delta=\frac{1}{2}\ln\left(\frac{1}{1-T_2}\right)=0.35$$

$$E_{pt}=\frac{h\nu_p\delta\pi\left(\frac{d}{2}\right)^2}{\eta_1\sigma_{32}}=\frac{hc\delta d^2\pi^3\eta^2\Delta\nu_H\tau}{\lambda_p\lambda_0^2}$$

$$=\frac{6.626\times10^{-34}\times0.35\times3\times10^{10}\times\pi^3\times1.836^2\times1.95\times10^{11}\times0.8^2\times2.3\times10^{-4}}{0.8\times10^{-4}\times(1.06\times10^{-4})^2}\text{J}$$

$$=0.073\text{J}$$

◎ **自测练习**

(1) 三能级系统激光器，至少要把总粒子数的 ＿＿＿＿＿ 泵浦到激光上能级，才能实现激光振荡。

(A)1/2　　　　(B)1/3　　　　(C)1/4　　　　(D)1/10

本章思考题

1. 如要研究 2μm 波段的连续波光纤激光器，如何写相关的策划书？
2. 连续激光器稳定工作时的增益系数是否会随泵浦功率的提高而增加？为什么？
3. 简述均匀加宽激光介质中的模式竞争现象。
4. 图 4-16 为非均匀加宽情况下的增益"烧孔"现象示意图，如何解释？四能级系统中受激辐射产生的光子数等于"烧孔"面积，受激辐射功率正比于"烧孔"面积。"烧孔"的面积为多少？
5. 设有一频率为 ν_1，强度为 I_{ν_1} 的强光入射，同时还有一频率 ν_2 的弱光入射，此弱光的增益系数将如何变化，请就均匀加宽谱线与非均匀加宽谱线两种情况进行分析。
6. 均匀与非均匀加宽连续波激光器的输出特性有何不同？
7. 激光的线宽极限是由何种原因引起的？

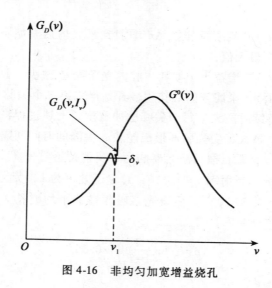

图 4-16 非均匀加宽增益烧孔

8. 什么是频率牵引现象？
9. 脉冲激光器的泵浦源工作在什么方式？简述从速率方程出发导出脉冲激光器工作特性的数学求解过程。
10. 脉冲激光器输出的激光为什么具有"尖峰"结构呢？可用图来定性说明。

练习四

1. CO_2 激光器谐振腔长 $L=0.8m$，放电管直径 $d=20mm$，输出镜透射率 $T=0.04$，其他往返损耗率为 $a=0.04$。试求：(1) 腔内的稳定光强；(2) 激光器的输出功率；(3)

最佳输出功率。(设只有 ν_0 一个模式振荡，经验公式：$G_{\max}=1.4\times10^{-2}/d(1/\text{mm})$，$I_s=72/d^2(\text{W}/\text{mm}^2)$)

2. He-Ne 激光器谐振腔长 $L=1.5\text{m}$，输出镜截面面积 $S=1\text{mm}^2$，输出镜透射率 $T=0.02$，激活介质的线宽为 1GHz，饱和参量 $I_s=10\text{W}/\text{mm}^2$，现将此激光器激活，激发参量为4。试求总输出功率。(所有模式都按中心频率计算)

3. 脉冲掺钕钇铝石榴石激光器的两个反射镜透过率 T_1、T_2 分别为 0 和 0.5。工作物质直径 $d=0.8\text{cm}$，折射率 $\eta=1.836$，总量子效率为 1，荧光线宽 $\Delta\nu_F=1.95\times10^{11}\text{Hz}$，自发辐射寿命 $\tau_s=2.3\times10^{-4}s$。假设光泵吸收带的平均波长 $\lambda_p=0.8\mu\text{m}$。试估算此激光器所需吸收的阈值泵浦能量 E_{pt}。

4. 长度为 10cm 的红宝石棒置于长度为 20cm 的光谐振腔中，红宝石 694.3nm 谱线的自发辐射寿命 $\tau_s=4.0\times10^{-3}s$，均匀加宽线宽为 $2\times10^5\text{MHz}$。光腔单程损耗 $\delta=0.2$。试求：

(1) 阈值反转粒子数 Δn_t；

(2) 当光泵激励产生反转粒子数 $\Delta n=1.2\Delta n_t$ 时，有多少个纵模可以振荡？(红宝石折射率为 1.76)

5. 设某激光的小信号峰值增益系数为 $G_{\max}$，阈值增益系数为 G_t。令激发参量 $\beta=\dfrac{G_{\max}}{G_t}$，试证明：对于非均匀加宽工作物质来说，其振荡线宽与荧光线宽之间的关系为

$$\Delta\nu_{\text{osc}}=\sqrt{\dfrac{\ln\beta}{\ln2}}\Delta\nu_D。$$

6. 短波长(真空紫外、软X射线)谱线的主要加宽机构是自然加宽。试证明峰值吸收截面 $\sigma=\lambda_0^2/2\pi$。

7. 有光源一个，单色仪一个，光电倍增管及电源一套，微安表一块，圆柱形端面抛光红宝石样品一块，红宝石中铬粒子数密度 $n=1.9\times10^{19}/\text{cm}^3$，波长 694.3nm，荧光线宽 $\Delta\nu_F=3.3\times10^{11}\text{Hz}$。可用实验测出红宝石的吸收截面、发射截面及荧光寿命，试画出实验方块图，写出实验程序及计算公式。

8. 已知某均匀加宽二能级($f_2=f_1$)饱和吸收染料在其吸收谱线中心频率 $\nu_0=694.3\text{nm}$ 处的吸收截面 $\sigma=8.1\times10^{-6}\text{cm}^2$，其上能级寿命 $\tau_2=22\times10^{-12}s$，试求此染料的饱和光强 I_s。

9. 脉冲掺钕钇铝石榴石激光器的两个反射镜透过率 T_1、T_2 分别为 0 和 0.5。工作物质直径 $d=0.8\text{cm}$，折射率 $\eta=1.836$，总量子效率为 1，荧光线宽 $\Delta\nu_F=1.95\times10^{11}\text{Hz}$，自发辐射寿命 $\tau_s=2.3\times10^{-4}s$。假设光泵吸收带的平均波长 $\lambda_p=0.8\mu\text{m}$。试估算此激光器所需吸收的阈值泵浦能量 E_{pt}。

10. 有一氪灯激励的连续掺钕钇铝石榴石激光器(如图 4-17 所示)。由实验测出氪灯输入电功率的阈值 P_{pt} 为 2.2kW，斜效率 $\eta_s=\text{d}P/\text{d}P_p=0.024$($P$ 为激光器输出功率，P_p 为氪灯输入电功率)。掺钕钇铝石榴石棒内损耗系数 $\alpha_i=0.005\text{ cm}^{-1}$。试求：

(1) P_p 为 10kW 时激光器的输出功率；

(2) 反射镜 1 换成平面镜时的斜效率(更换反射镜引起的衍射损耗变化忽略不计；

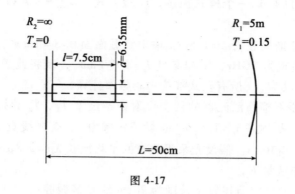

图 4-17

假设激光器振荡于 TEM_{00} 模);

(3) 图 5.3 所示激光器中 T_1 换成 0.1 时的斜效率和 $P_p = 10kW$ 时的输出功率。

11. 假设 He-Ne 激光器的放电管与腔长均为 1.6m，直径为 $d = 2mm$，两反射镜透射率分别为 0 和 0.02，其他损耗的单程损耗率为 0.5%，荧光线宽为 $\Delta\nu_F = 1500MHz$，其峰值小信号增益系数 $G_m = 3 \times 10^{-4}/d(mm^{-1})$，试求 (1) 激光参量；(2) 起振模式。

12. 红宝石激光器在室温下线性函数为线宽等于 $\Delta\nu = 3.3 \times 10^5 MHz$ 的洛伦兹型，发射截面为 $S_{21} = 2.5 \times 10^{-20} cm^2$，试求红宝石的 E_2 能级寿命 $\tau_2 (\lambda_0 = 694.3nm, n = 1.76)$

13. CO_2 激光器谐振腔长 $L = 0.6m$，放电管直径 $d = 20mm$，两反射镜中，一个为全反镜，另一个为透射率为 $T = 0.04$ 的半反镜，其他往返损耗率 $a = 0.04$，试求：稳定输出功率(经验公式：$G_m = 1.4 \times 10^{-2}/d$ 1/mm, $I_s = 72/d^2 W/mm^2$)

14. He-Ne 激光器放电管及腔长都为 $L = 1.6m$，直径为 $d = 2mm$，两反射镜透射率分别为 0 和 $T = 0.02$，其他损耗的单程损耗率为 $\delta = 0.5\%$，荧光线宽 $\Delta\nu_F = 1500MHz$，峰值增益系数 $G_m = 3 \times 10^{-4}/d$ 1/mm。试求可起振的纵模个数。

15. CO_2 激光器中放电管直径 $d = 10mm$、长 $l = 0.5m$，两反射镜中，一个为全反镜，另一个为透射率是 $T = 0.03$ 的半反镜，其他往返损耗率 $a = 0.04$，试求激发参数 α (峰值增益系数经验公式：$G_m = 1.4 \times 10^{-2}/d$ mm^{-1})。

16. He-Ne 激光器放电管直径 $d = 1.25mm$，长度 $l = 1m$，气体压强 $p = 160Pa$，谐振腔单程损耗率 $\delta = 0.02$，试求当入射强光的频率 $\nu_1 = \nu_0 + \sqrt{3}\Delta\nu_L/2$、光强等于 $3I_s$ 时，大信号增益曲线在 ν_1 频率处所产生的烧孔宽度与深度。($\alpha = 0.75MHz/Pa, G_m = 3 \times 10^{-4}/d$ mm^{-1})

17. He-Ne 激光器的谐振腔长 $L = 1.5m$，截面积 $S = 2mm^2$，输出镜透过率为 $T = 0.04$，激活介质的多普勒线宽为 $\Delta\nu_D = 1000MHz$，饱和参数为 $I_s = 0.2W/mm^2$，现将此激光器激活，激发参数 $\beta = 4$，试求：①满足起振条件的模式数；②中心频率模式的稳定光强；(3) 中心频率模式的输出功率。

第五章 激光调制技术

激光束调制是指利用某种方法对激光束的强度、相位及(偏振)方向等进行改变，以完成某种特殊的物理过程。本章介绍激光调制的常见技术与方法，主要讲述电光调制与声光调制，为后面的学习打下理论基础。学习本章之后，读者应知道：

(1)激光调制实验；
(2)调制的分类；
(3)光在晶体中的传播、折射率椭球；
(4)电光调制；
(5)声光调制器；
(6)其他调制器。

5.1 引言

激光是一种具有良好相干性的电磁波，频率高(~100THz)、带宽大，激光通信与移动通信是现代通信系统的主流。激光通信(包括光纤通信与空间光通信)，又称光通信，是利用光来传递信息，即光是信息的载体。将信息加载到激光束的过程称为调制，完成这一过程的装置称为调制器。

5.1.1 一个激光调制实例

图 5-1 为激光调制实验装置图，图 5-2 为 JDS Uniphase oe-192 modulator 调制器，图 5-3 为可调谐 DFB 激光器输出激光光谱图(频域)，图 5-4 为经调制后输出的调制激光波形图(电域)。

5.1.2 调制的分类

激光的电场可表示为

$$e_c(t) = A_c\cos(\omega_c t + \varphi_c) \tag{5-1}$$

式中，A_c 为激光光场的振幅；ω_c 为激光的角频率；φ_c 为激光的初相位。式(5-1)中，如果振幅、频率和相位均为常数，则 $e_c(t)$ 表示一个未调制的正弦光波即载波。如果上述三个参数之一受到外加信号控制而发生变化，则 $e_c(t)$ 就成为调制波。

按照调制波控制参数(A_c、ω_c 或 $\omega_c t + \varphi_c$)的不同，激光调制可分为调幅、调频和调相等类型。

按照载波输出方式的不同，激光调制又可分为连续调制、脉冲调制和脉冲编码调制

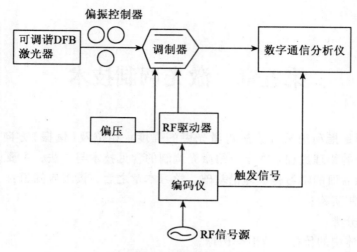

图 5-1 激光调制系统示意图

图 5-2 调制器

等。脉冲调制主要分为脉冲调幅、脉冲强度调制、脉冲调频、脉冲调位及脉冲调宽等类型。脉冲编码调制是先将连续的模拟信号通过抽样、量化和编码,转换成一组二进制脉冲代码,用幅度和宽度相等的矩形脉冲的有、无来表示,再将这一系列反映数字信号规律的电脉冲加在一个调制器上以控制激光的输出,这种调制形式也称为数字强度调制。

按照调制器依据原理的不同,激光调制可分为电光调制、声光调制、磁光调制、干涉调制、直接调制等类型。

按照调制器位置的不同,激光调制分为内调制和外调制两类。内调制是指加载的调制信号在激光振荡的过程中进行,以调制信号的规律去改变振荡的参数,从而达到改变激光输出特性实现调制的目的。例如,通过直接控制激光泵浦源来调制输出激光的强度。内调制也可在激光谐振腔内放置调制元件,用信号控制调制元件,以改变谐振腔的参数,从而改变激光输出特性实现调制。

外调制是指加载调制信号在激光形成以后进行,即调制器置于激光谐振腔外,在调制器上加调制信号电压,使调制器的某些物理特性发生相应的变化,当激光通过它时即得到调制。所以外调制不是改变激光器参数,而是改变已经输出的激光的参数(强度、频率等)。

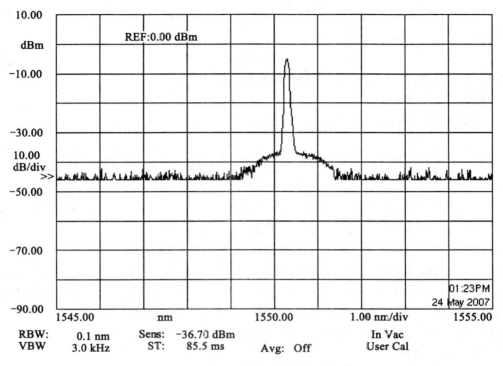

图 5-3 调谐 DFB 激光器输出激光光谱

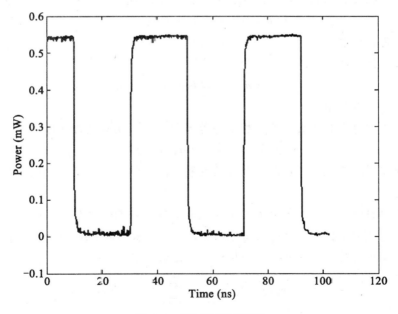

图 5-4 调制激光波形图

1. 调幅

顾名思义，调幅是指载波的振幅随信号的变化而变化，假设调制信号具有(5-2)式的形式

$$a(t) = A_m \cos\omega_m t \tag{5-2}$$

式中，A_m 为调制信号振幅；ω_m 为调制信号角频率。

调制后的光波表达式为

$$\begin{aligned}e_c(t) &= A_c(1 + m_a\cos\omega_m t)\cos(\omega_c t + \varphi_c) \\ &= A_c\cos(\omega_c t + \varphi_c) + \frac{m_a}{2}\cos[(\omega_c + \omega_m)t + \varphi_c] + \frac{m_a}{2}\cos[(\omega_c - \omega_m)t + \varphi_c]\end{aligned} \tag{5-3}$$

式中，$m_a = A_m/A_c$ 为调幅系数，调幅系数 m_a 不能大于 1。若 $m_a > 1$ 则调幅波就要发生畸变，这样的已调波经解调之后，就得不到原来的调制信号。

由该式可知，正弦调制的调幅波是由三个不同频率的正弦波组成。式中的第一项为载波分量，振荡频率和载波振荡频率相同。第二、三两项为调幅过程产生的新振荡，称为边频分量，它们的频率分别为 $\omega_c + \omega_m$ 和 $\omega_c - \omega_m$。这两个边频的幅度相等，都等于载波振荡幅度的 $m_a/2$ 倍。值得注意的是如果调制信号是一个复杂的周期性信号，则已调幅振荡的频谱将是由载频分量和对称的两个边带（或若干边频分量）所组成。

2. 调频与调相

调频与调相就是使光载波的频率和相位随调制信号的变化而变化。这两种调制的结果都是使得光载波的总相角发生变化，又统称为角度调制。调频信号的表达式为

$$e_c(t) = A_c\cos[\omega_c t + m_f\sin\omega_m t + \varphi_c] \tag{5-4}$$

式中，m_f 为调频系数。

同理，调相光波信号的表达式为

$$e_c(t) = m_c\cos[\omega_c t + m_\varphi\sin\omega_m t + \varphi_c] \tag{5-5}$$

式中，m_φ 称为调相系数。

调频和调相对改变光载波的总相角是等效的，可用相同函数来描述：

$$e_c(t) = A_c\cos[\omega_c t + m\sin\omega_m t + \varphi_c] \tag{5-6}$$

但调频和调相却是有区别的。两者的调制方法截然不同，调频系数与调相系数的性质是不同的。

角度调制的频谱也可以分解为若干不同频率的正弦振荡之和。

$$e_c(t) = A_c[\cos(\omega_c t + \varphi_c)\cos(m\sin\omega_m t) - \sin(\omega_c t + \varphi_c)\sin(m\sin\omega_m t)] \tag{5-7}$$

将 $\cos(m\sin\omega_m t)$ 与 $\sin(m\sin\omega_m t)$ 按贝塞尔函数展开有

$$\cos(m\sin\omega_m t) = J_0(m) + 2\sum_{n=1}^{\infty} J_{2n}(m)\cos(2n\omega_m t) \tag{5-8}$$

$$\sin(m\sin\omega_m t) = 2\sum_{n=1}^{\infty} J_{2n-1}(m)\sin[(2n-1)\omega_m t] \tag{5-9}$$

根据已知的调制系数 m，查表得到各阶贝塞尔函数的值，代入(5-7)式，并展开有

$$e_c(t) = A_c J_0(m)\cos(\omega_c t + \varphi_c) + A_c \sum_{n=1}^{\infty} J_n(m)\{\cos[(\omega_c + n\omega_m)t + \varphi_c] +$$
$$(-1)^n \cos[(\omega_c - n\omega_m)t + \varphi_c]\} \tag{5-10}$$

可见，单频正弦波调制时，角度调制的频谱是由载频分量和在其两边对称分布的无穷多对边频组成，各边频频率间隔为 ω_m，各边频幅度的大小由贝塞尔函数 $J_n(m)$ 决定。当角度调制系数很小（即 $m \ll 1$）时，其频谱是由载频分量和在其两边对称分布的两个边频组成，与调幅波的频谱一致。

3. 强度调制

强度调制是指光载波强度随调制信号变化的一种调制方式。强度调制和幅度调制在器件构造上并没有什么区别，主要取决于对调制光的检测方法。激光调制通常多采用强度调制，这是因为光接收器（探测器）一般都是响应其所接收的光强度变化的缘故。

当调制深度不大时，调制后的光波表达式为

$$I(t) = \frac{A_c^2}{2}(1 + m_p \cos\omega_m t)\cos^2(\omega_c t + \varphi_c) \tag{5-11}$$

式中，m_p 为强度调制系数，其频谱是由载频分量，其两边对称分布的无穷多对边频，低频 ω_m 和直流分量组成。

在实际应用中，为了得到较强的抗干扰效果，往往利用二次调制方式，即先将欲传递的低频信号对一高频副载波振荡进行频率调制，然后把调频后的副载波再进行光的强度调制，使光的强度按照副载波信号发生变化。这是因为传输过程的大气抖动，会直接叠加到光信号上，因而经检测后的电信号同样会受到幅度抖动的干扰。而调频信号则是对频率的变化发生响应，而对幅度变化有较强的抗干扰能力。所以在光通信等应用中，一般都不采用直接强度调制，而是采用副载波进行光强度调制的方式。

例 5.1 假如作用在电光强度调制器两条电极上的调制电压为 $V = V_{DC} + V_{RF}\cos(\omega_{RF} t)$，$V_{DC}$ 为直流偏置电压，V_{RF} 为微波调制电压，ω_{RF} 为微波调制频率，则光波表示为

$$E = E_0 \exp(j\omega_0 t)\cos(C\cos(\omega_{RF}t) + \varphi_{DC})$$

式中，$C = \pi \dfrac{V_{RF}}{2V_\pi}$ 为调制深度；V_π 为半波电压；$\varphi_{DC} = \pi \dfrac{V_{DC}}{2V_\pi}$ 是由直流偏置电压导致的相位。求最低三阶光边波带及其强度。

解：由 (5-8) 和 (5-9) 式有

0 阶：$E_0 \cos(\omega_0 t) J_0(C)\cos\varphi_{DC}$

1 阶：
$-2E_0\cos(\omega_0 t)J_1(C)\cos(\omega_{RF}t)\sin(\varphi_{DC})$
$= -E_0 J_1(C)\sin(\varphi_{DC})[\cos(\omega_0+\omega_{RF})t + \cos(\omega_0-\omega_{RF})t]$

2 阶：
$-2E_0\cos(\omega_0 t)J_2(C)\cos(2\omega_{RF}t)\cos(\varphi_{DC})$
$= -E_0 J_2(C)\cos(\varphi_{DC})[\cos(\omega_0+2\omega_{RF})t + \cos(\omega_0-2\omega_{RF})t]$

3 阶：
$2E_0\cos(\omega_0 t)J_3(C)\cos(3\omega_{RF}t)\sin(\varphi_{DC})$
$= E_0 J_3(C)\sin(\varphi_{DC})[\cos(\omega_0+3\omega_{RF})t + \cos(\omega_0-3\omega_{RF})t]$

相应的各阶光边波带强度为

0 阶：$E_0^2 J_0^2(C)\cos^2(\varphi_{DC}) = \dfrac{1}{2}E_0^2 J_0^2(C)[1+\cos(2\varphi_{DC})]$

1 阶：$E_0^2 J_1^2(C)\sin^2(\varphi_{DC}) = \dfrac{1}{2}E_0^2 J_1^2(C)[1-\cos(2\varphi_{DC})]$

2 阶：$E_0^2 J_2^2(C)\cos^2(\varphi_{DC}) = \dfrac{1}{2}E_0^2 J_2^2(C)[1+\cos(2\varphi_{DC})]$

3 阶：$E_0^2 J_3^2(C)\sin^2(\varphi_{DC}) = \dfrac{1}{2}E_0^2 J_3^2(C)[1-\cos(2\varphi_{DC})]$

5.1.3 光在晶体中的传播——折射率椭球

到目前为止，我们都假设介质是各向同性的。在各向同性介质中，感应极化与外加电场成正比，可用一个与外加电场方向无关的矢量来描述（见(1-16)式）。这种假设不适合介质晶体的情形，因为晶体是由许多周期性的原子（或离子）阵列组成，其感应极化的大小与方向均与外加电场有关，与(1-16)式类似，晶体介质的极化强度与外加电场之间的关系可表示为

$$\begin{aligned}P_x &= \varepsilon_0(\chi_{11}E_x+\chi_{12}E_y+\chi_{13}E_z)\\ P_y &= \varepsilon_0(\chi_{21}E_x+\chi_{22}E_y+\chi_{23}E_z)\\ P_z &= \varepsilon_0(\chi_{31}E_x+\chi_{32}E_y+\chi_{33}E_z)\end{aligned} \tag{5-12}$$

或写成矩阵形式

$$\begin{pmatrix}P_x\\P_y\\P_z\end{pmatrix} = \varepsilon_0 \begin{pmatrix}\chi_{11}&\chi_{12}&\chi_{13}\\\chi_{21}&\chi_{22}&\chi_{21}\\\chi_{31}&\chi_{32}&\chi_{33}\end{pmatrix}\begin{pmatrix}E_x\\E_y\\E_z\end{pmatrix} \tag{5-13}$$

式中，χ_{ij} 系数的 3×3 矩阵称为电感应张量。χ_{ij} 系数的大小依赖于与晶体结构相关的坐标系。我们选择一组 x,y,z，使得其对角线以外的元素消失是可能的，即

$$\begin{aligned}P_x &= \varepsilon_0 \chi_{11} E_x\\ P_y &= \varepsilon_0 \chi_{22} E_y\\ P_z &= \varepsilon_0 \chi_{33} E_z\end{aligned} \tag{5-14}$$

这样的方向称为晶体的主轴。本书仅利用主轴坐标系。可用电容率张量 ε_{ij} 代替(5-14)式，有

$$\begin{aligned}D_x &= \varepsilon_{11} E_x\\ D_y &= \varepsilon_{22} E_y\\ D_z &= \varepsilon_{33} E_z\end{aligned} \tag{5-15}$$

此外，

$$D = \varepsilon_0 E + P \tag{5-16}$$

由(5-14)~(5-16)式有

$$\varepsilon_{11} = \varepsilon_0(1+\chi_{11})$$
$$\varepsilon_{22} = \varepsilon_0(1+\chi_{22}) \qquad (5\text{-}17)$$
$$\varepsilon_{33} = \varepsilon_0(1+\chi_{33})$$

1. 双折射

晶体各向异性的一个重要结果就是双折射现象，即晶体中光束传播的相速度与其电矢量的偏振化方向有关。在各向同性介质中，感应极化与外加电场方向无关的，有 $\chi_{11} = \chi_{22} = \chi_{33}$，由(5-17)式可知，$\varepsilon_{11} = \varepsilon_{22} = \varepsilon_{33} = \varepsilon$，又因 $c = (\mu\varepsilon)^{-1/2}$，相速度与极化方向无关。而在各向异性晶体中，情况则不相同。例如，如果波沿 z 轴传播，而其电场方向平行于 x 轴，由(5-14)式可知，其仅仅感应 P_x，其相速度为 $c_x = (\mu\varepsilon_{11})^{-1/2}$。

双折射有许多有意义的结果，比如，沿 z 轴传播的光波，在 $z=0$ 的位置，有两个相等的沿 x、y 轴的偏振分量，因其 $k_x \neq k_y$，当其进入晶体后，其变成椭圆偏振波，我们将在下一节详细讨论。

沿 z 轴传播的光波，沿 x 轴的传播常数为
$$k_x = \omega\sqrt{\mu\varepsilon_{11}} \qquad (5\text{-}18)$$

2. 折射率椭球

由上面分析可知，晶体中给定传播方向的相速度与其偏振化方向有关。例如，对于沿 z 轴传播的光波，其麦克斯韦方程有两个解：一个沿 x 轴方向偏振、另一个沿 y 轴方向。如果考虑沿晶体任意方向传播，则问题将变得很复杂。因此，可以用所谓的折射率椭球来方便地描述上述两个偏振方向的光波。即
$$\frac{x^2}{\varepsilon_{11}/\varepsilon_0} + \frac{y^2}{\varepsilon_{22}/\varepsilon_0} + \frac{z^2}{\varepsilon_{33}/\varepsilon_0} = 1 \qquad (5\text{-}19)$$

(5-19)式即为主轴平行于 x、y、z 轴的一般椭球方程。确定给定传播方向光波的偏振方向与相应相速度的步骤为：①确定椭圆，作通过原点并与光束传播方向垂直的平面，该平面与椭球相交的交线即为椭圆；②确定偏振方向，上述椭圆两个轴的方向即为光波的偏振方向。椭圆轴长度为 $2n_1$、$2n_2$（n_1 与 n_2 分别为偏振方向介质的折射率）。

对于单轴晶体而言，假设光轴沿 z 轴方向，由对称性有 $\varepsilon_{11} = \varepsilon_{22}$，定义主折射率为 n_0 与 n_e：
$$n_0^2 = \frac{\varepsilon_{11}}{\varepsilon_0} = \frac{\varepsilon_{22}}{\varepsilon_0}, \quad n_e^2 = \frac{\varepsilon_{33}}{\varepsilon_0} \qquad (5\text{-}20)$$

折射率椭球(5-19)式变为
$$\frac{x^2+y^2}{n_0^2} + \frac{z^2}{n_e^2} = 1 \qquad (5\text{-}21)$$

式(5-21)为平行于 z 轴柱对称椭球方程。椭球 z 主轴长度为 $2n_e$，而 x、y 轴长度为 $2n_0$。

折射率椭球应用过程如图 5-5 所示。光的传播方向沿 s 方向，与光轴(z 轴)成 θ 角。由于式(5-21)对于 z 轴柱对称，不失一般性，我们选择 y 轴与 s 在 $x\text{-}y$ 平面的投影一致。垂直于 s 的平面与椭球相交的椭圆为阴影部分，两个偏振方向平行于椭圆的轴，即线段 OA 与 OB，其折射率分别为长度 $n_e(\theta) = |OA|$ 与 $n_0 = |OB|$，如图 5-6 所示。沿 OA 偏振的光称为非常光。沿 OB 偏振的光称为寻常光，与 θ 无关，其折射率为 n_0。

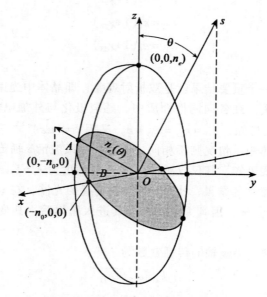

图 5-5 单轴晶体折射率椭球

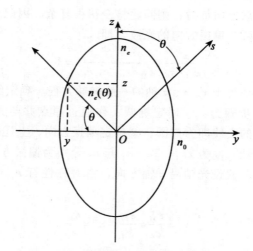

图 5-6 射率椭球沿 z-y 平面的截面

与 θ 无关，其折射率为 n_0。

利用关系：

$$n_e^2(\theta) = z^2 + y^2, \quad \frac{z}{n_e(\theta)} = \sin\theta, \quad \frac{y^2}{n_0^2} + \frac{z^2}{n_e^2} = 1$$

可得到

$$\frac{1}{n_e^2(\theta)} = \frac{\cos^2\theta}{n_0^2} + \frac{\sin^2\theta}{n_e^2} \tag{5-22}$$

当 $\theta=0°$ 时，$n_e(0°)=n_0$；当 $\theta=90°$ 时，$n_e(90°)=n_e$。双折射的大小 $n_e(\theta)-n_0$ 从 $0(\theta=0°)$ 到 $n_e-n_0(\theta=90°)$ 变化。

◎ **自测练习**

（1）图 5-3 中所描述激光的中心波长是_____。

（2）图 5-4 中所描述调制波信号的频率是_____。

（3）激光通信（包括光纤通信与空间光通信），又称光通信，是利用光来传递信息，即光是信息的载体。将信息加载到_____的过程称为调制，完成这一过程的装置称为调制器。

（4）光波在晶体中的传播可用折射率椭球来描述，对于单轴晶体而言，假设光轴沿 z 轴方向，其折射率椭球方程为_____。

（5）晶体中的主轴方向是一特殊方向，沿着这些方向的电位移和_____方向平行。

5.2 电光效应

某些晶体（称为电光晶体）在外加电场的作用下，其折射率发生变化，当光波通过此介质时，其传播特性就受到影响而改变，这种现象称为电光效应。电光效应已被广泛用来实现对光波（相位、频率、偏振态和强度等）的控制，并做成各种光调制器件、光偏转器件和电光滤波器件等。

光波在介质中的传播规律受介质折射率分布的制约，而折射率的分布又与其介电常数密切相关。理论和实践均证明：介质的介电常数与晶体中的电荷分布有关，当晶体上施加电场之后，将引起束缚电荷的重新分布，并可能导致离子晶格的微小形变，其结果将引起介电常数的变化，最终导致晶体折射率的变化。折射率为外加电场 E 的函数，晶体折射率可用施加电场 E 的幂级数表示，即

$$n = n_0 + aE + bE^2 + L \tag{5-23}$$

$$\Delta n = n - n_0 = aE + bE^2 + L \tag{5-24}$$

式中，a 和 b 为常量；n_0 为未加电场时的折射率。在式(5-23)中，aE 是一次项，由该项引起的折射率变化，称为线性电光效应或泡克耳斯（Pockels）效应，由二次项 bE^2 引起的折射率变化，称为二次电光效应或克尔（Kerr）效应。对于大多数电光晶体材料，一次电光效应要比二次电光效应显著，可以略去二次项（只有在具有对称中心的晶体中，因为不存在一次电光效应，二次电光效应才比较明显）。本书仅介绍线性电光效应。

对电光效应的分析和描述可以采用折射率椭球法，这种方法直观、方便。在晶体未加外电场时，主轴坐标系中，折射率椭球由如下方程描述：

$$\frac{x^2}{n_1^2}+\frac{y^2}{n_2^2}+\frac{z^2}{n_3^2}=1 \tag{5-25}$$

式中，x，y，z 为介质主轴方向，所在晶体内沿着这些方向的电位移 D、和电场强度 E 平行。n_1，n_2，n_3 分别为折射率椭球 x，y 和 z 方向的折射率，称为主折射率。

当施加外电场后，n_1，n_2，n_3 将发生改变，折射率椭球为如下形式：

$$\left(\frac{1}{n_1^2}+\Delta n_1\right)x^2+\left(\frac{1}{n_2^2}+\Delta n_2\right)y^2+\left(\frac{1}{n_3^2}+\Delta n_3\right)z^2+2\Delta n_4 yz+2\Delta n_5 xz+2\Delta n_6 xy=1$$

式中，Δn_i 是线性电光张量 γ 和外加电场 E 的函数。

$$\Delta n_i=\sum_{j=1}^{3}\gamma_{ij}E_j \quad (i=1,2,3,4,5,6) \tag{5-26}$$

线性电光张量 γ 是晶体的固有参量，一般来说，不同类晶体的 γ 是不同的。常用的 KDP 晶体的电光张量：该晶体为四方晶系，$42m$ 点群，负单轴晶体，$n_1=n_2=n_0$，$n_3=n_e$，$n_0>n_e$。

$$[\gamma_{ij}]=\begin{bmatrix} 0 & 0 & 0 \\ 0 & 0 & 0 \\ 0 & 0 & 0 \\ \gamma_{41} & 0 & 0 \\ 0 & \gamma_{52} & 0 \\ 0 & 0 & \gamma_{63} \end{bmatrix} \tag{5-27}$$

式中，$\gamma_{41}=\gamma_{52}$，为了方便讨论，设外加电场 $E=E_z$，则

$$\Delta n_6=\gamma_{63}E_z$$

新折射率椭球方程：

$$\frac{x^2}{n_0^2}+\frac{y^2}{n_0^2}+\frac{z^2}{n_e^2}+2\gamma_{63}xyE_z=1 \tag{5-28}$$

通过正交变换（将坐标系绕 z 轴旋转 $45°$）化为标准形式为

$$\left(\frac{1}{n_0^2}+\gamma_{63}E_z\right)x'^2+\left(\frac{1}{n_0^2}-\gamma_{63}E_z\right)y'^2+\frac{1}{n_e^2}z'^2=1 \tag{5-29}$$

上式可以写作：

$$\frac{x'^2}{n_1'^2}+\frac{y'^2}{n_2'^2}+\frac{z'^2}{n_3'^2}=1 \tag{5-30}$$

n_1'、n_2'、n_3' 即新的主折射率，精确到一级小量，其表达式为

$$n_1'=n_0-\frac{1}{2}n_0^3\gamma_{63}E_z$$

$$n_2'=n_0+\frac{1}{2}n_0^3\gamma_{63}E_z \tag{5-31}$$

$$n_3'=n_e$$

可见，沿 z 轴加电场时折射率发生了变化，这一变化称为电致折射率变化。KDP 晶体由单轴晶体变成了双轴晶体，折射率椭球的主轴绕 z 轴旋转 $45°$ 角，此转角与外加电场的大小无关，其折射率变化与电场成正比。当光通过长为 L 的晶体时，出射的两光束

产生了位相差：

$$\delta = \frac{2\pi}{\lambda}(n'_2 - n'_1)L = \frac{2\pi}{\lambda}n_0^3 \gamma_{63} E_z L = \frac{2\pi}{\lambda}n_0^3 \gamma_{63} V \tag{5-32}$$

上述相位延迟是由电光效应造成的双折射引起的，故称为电光相位延迟。描述电光晶体的一个重要参数为半波电压，其定义为：当两光波的光程差为半个波长（相位差为 π）时，所施加的电压。常用 V_π 或 $V_{\lambda/2}$ 表示。由 (5-32) 可得

$$V_\pi = \frac{\lambda}{2n_0^3 \gamma_{63}} \tag{5-33}$$

例 5.2　计算 KDP 晶体纵向电光效应的半波电压。使用 He-Ne 激光，$\lambda = 0.6328\mu m$、$n_0 = 1.51$、$n_e = 1.47$、$\gamma = 10.6 \times 10^{-12} m/v$，则半波电压为＿＿8670V＿＿。

◎ 自测练习

1. 电光效应是指电光晶体在外加电场的作用下，其＿＿＿＿发生变化，当光波通过此介质时，其传播特性就受到影响而改变的现象。

2. 线性电光效应或 Pockels 效应是指晶体折射率变化与引起这一变化的外加电场成＿＿＿＿比。

3. KDP 晶体为负单轴晶体，n_0＿＿n_e，其折射率椭球方程为＿＿＿＿。沿 z 轴加电场后，其折射率椭球方程变为＿＿＿＿。

4. 沿 z 轴加电场时，KDP 晶体由单轴晶体变成了双轴晶体，折射率椭球的主轴绕 z 轴旋转 45° 角，此转角与外加电场的大小＿＿＿＿，其折射率变化与电场成＿＿＿＿比。

5. 半波电压是描述电光晶体的一个重要参数，其定义为：＿＿＿＿＿＿＿＿＿＿。

5.3　电光调制

本节介绍利用泡克耳斯效应实现线性电光调制的原理、器件结构与设计要求。外加电场可分为两种情形：① 在空间上均匀，而时间上变化，常用于光通信与光开关器件；② 在空间上有一定分布，而时间上基本无变化，常用于空间光调制。

5.3.1　电光效应对光偏振态的影响

由上节分析可知，两个偏振分量间的相位差会改变出射光束的偏振态。故电光晶体具有"波片"的功能，可作为光波偏振态的变换器，它对入射光偏振态的改变由其厚度决定，一般情况下，出射的合振动是一个椭圆偏振光，可表示为

$$\frac{E_{x'}^2}{A_1^2} + \frac{E_{y'}^2}{A_2^2} - \frac{2E_{x'}}{A_1}\frac{E_{y'}}{A_2}\cos\Delta\varphi = \sin^2\Delta\varphi \tag{5-34}$$

通过电光晶体产生的相位延迟，就可用电学方法改变入射光波的偏振态。下面讨论几种特殊情况：

(1) 当晶体上未加电场时，$\Delta\varphi = 2n\pi$ ($n = 0, 1, 2, \cdots$)，有

$$\frac{E_{x'}^2}{A_1^2} + \frac{E_{y'}^2}{A_2^2} - \frac{2E_{x'}}{A_1^2}\frac{E_{y'}}{A_2^2} = 0 \tag{5-35}$$

即

$$E_{y'} = \frac{A_2}{A_1} E_{x'} = E_{x'} \tan\theta \tag{5-36}$$

式(5-36)为一个直线方程，说明通过晶体后的合成光仍然是线偏振光，且与入射光的偏振方向一致，此时，晶体相当于"全波片"的作用。

(2) 当晶体加上电场($V_{\lambda/4}$)时，$\Delta\varphi = (n + 1/2)\pi$，($n = 0, 1, 2, \cdots$)，有

$$\frac{E_{x'}^2}{A_1^2} + \frac{E_{y'}^2}{A_2^2} = 1 \tag{5-37}$$

式(5-37)为一个椭圆方程，说明通过晶体后的合成光是椭圆偏振光，当 $A_1 = A_2$ 时，则为圆偏振光，此时，晶体相当于"1/4 波片"的作用。

(3) 当晶体加上电场($V_{\lambda/2}$)时，$\Delta\varphi = (2n+1)\pi$，($n = 0, 1, 2, \cdots$)，有

$$\frac{E_{x'}^2}{A_1^2} + \frac{E_{y'}^2}{A_2^2} + \frac{2E_{x'}}{A_1^2}\frac{E_{y'}}{A_2^2} = 0 \tag{5-38}$$

即

$$E_{y'} = -\frac{A_2}{A_1} E_{x'} = E_{x'} \tan(-\theta) \tag{5-39}$$

式(5-39)为一个直线方程，说明通过晶体后的合成光又变成线偏振光，但其偏振方向相对于入射光旋转了 2θ 角。此时，晶体相当于"1/2 波片（半波片）"的作用。特例：如果 $\theta = 45°$，则旋转 90°。

5.3.2 电光强度调制

电光强度调制有两种结构，即纵向电光调制与横向电光调制。纵向电光调制结构中，外加电场与光传播方向一致；而在横向电光调制结构中，外加电场与光传播方向垂直。

1. 纵向电光调制

图 5-7 为 KDP 晶体纵向电光强度调制的典型结构。单轴电光晶体(KDP)置于两块成正交的偏振片之间，偏振片的通振动方向分别与 x、y 轴平行。在电光晶体上沿 z 轴方向施加电压 V，由电光效应产生的感应双折射轴 x'，y' 分别与 x，y 轴成 45°角。x' 轴称为快轴，y' 轴称为慢轴。入射到晶体的在 x 方向上的线偏振激光电矢量振幅为 E，进入晶体后，则被分解为沿 x' 和 y' 方向的两个分量，其电矢量振幅都变为 $E/\sqrt{2}$，且相位相等。通过长度为 L 的晶体后，沿 x' 和 y' 方向振动的二线偏振光之间产生的位相差为

$$\delta = \frac{2\pi}{\lambda} n_0^3 \gamma_{63} V \tag{5-40}$$

式中，n_0 为晶体在未加电场之前的折射率；γ_{63} 为单轴晶体的线性电光系数。

通过通振动方向与 y 轴平行的偏振片检偏后产生的光振幅分别为 $E_{x'y}$，$E_{y'y}$，则有

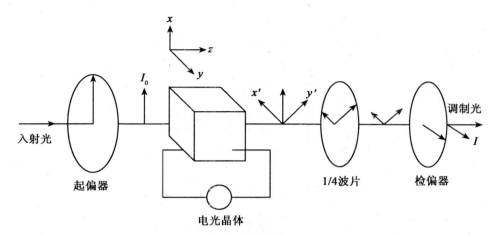

图 5-7 纵向电光强度调制装置示意图

$E_{x'y} = E_{y'y} = E/2$，其相互之间的位相差为 $\delta+\pi$，则有

$$E'^2 = E_{x'y}^2 + E_{y'y}^2 + 2E_{x'y}E_{y'y}\cos(\delta+\pi) = \frac{1}{2}E^2(1-\cos\delta)$$

$$I = E'^2 \sin^2\frac{\delta}{2} = I_0 \sin^2\frac{\pi n_0^3 \gamma_{63} V}{\lambda} = I_0 \sin^2\left(\frac{\pi}{2} \times \frac{V}{V_\pi}\right) \tag{5-41}$$

可见出射光强随外加电压而变，如果把信号加在晶体上，输出光强就随信号而变，就为信号所调制。定义调制器的透过率 T 为出射光强与入射光强之比，则有

$$T = \frac{I}{I_0} = \sin^2\left(\frac{\pi}{2}\frac{V}{V_\pi}\right) \tag{5-42}$$

图 5-8 为纵向电光强度调制器的输出特性曲线。从图上可以看出，透过率与外加电压的关系是非线性的。如果调制器工作在非线性区域，则调制光信号将发生畸变。为了获得线性调制，就必须改变调制器的工作点，使其工作在线性区。电光强度调制 T-$\Delta\varphi$ 曲线如图 5-9 所示。就图而言，可以引入 $\pi/2$ 的相移，使调制器的电压偏置在 $T=50\%$ 的工作点上。改变调制器工作点的方法有两种：①在调制器上施加额外的 $V_{\lambda/4}$ 偏压；②在调制器的光路上插入一个 1/4 波片，其快慢轴与晶体主轴 x 成 45°角，使得 x'，y' 方向的分量产生 $\pi/2$ 的固定相位差。因而 $E_{x'y}$，$E_{y'y}$ 相互之间的位相差为 $\delta+\pi+\frac{\pi}{4}$，则有

$$E'^2 = \frac{1}{2}E^2\left[1-\cos\left(\delta+\frac{\pi}{4}\right)\right] \tag{5-43}$$

如外加信号电压为正弦电压（电压幅值较小），$V = V_0 \sin\omega t$，则输出光强近似为正弦形：

$$I = I_0 \sin^2\frac{\Delta}{2} = I_0 \sin^2\left[\frac{\pi}{4} + \frac{\pi}{2}\frac{V_0}{V_\pi}\sin\omega t\right] = I_0 \cdot \frac{1}{2}\left[1 + \sin\left(\pi\frac{V_0}{V_\pi}\sin\omega t\right)\right]$$

$$\frac{I}{I_0} \approx \frac{1}{2} + \frac{\pi}{2}\frac{V_0}{V_\pi}\sin\omega t \tag{5-44}$$

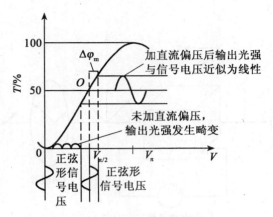

图 5-8 电光强度调制特性

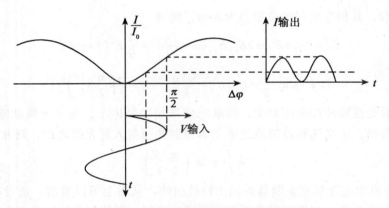

图 5-9 电光强度调制 T-$\Delta\varphi$ 曲线

线性调制的判据为

$$\Delta\varphi_{max} = \pi \frac{V_{max}}{V_\pi} \leqslant 1 \text{ rad} \tag{5-45}$$

例 5.3 偏压对 JDSU 强度调制器输出特性的影响。

调制实验装置图如图 5-1 所示。当偏压为 3.15V、4.95V、5.16V 时,调制器输出波形为图 5-10(a)、(b)和(c)。

2. 横向电光调制

横向电光效应可以分为三种不同的运行方式:①沿 z 轴方向加电场,通光方向垂直于 z 轴,并与 x 或 y 轴成 45°夹角(晶体为 45°-z 切);②沿 x 轴方向加电场,通光方向垂直于 x 轴,并与 z 轴成 45°夹角(晶体为 45°-x 切);③沿 y 轴方向加电场,通光方向垂直于 y 轴,并与 z 轴成 45°夹角(晶体为 45°-y 切)。横向电光调制原理图如图 5-11 所示。

外加电场沿 z 轴分布,因此 $E_x = E_y = 0$,$E_z = E$,晶体的主轴旋转至 x'、y',相应的

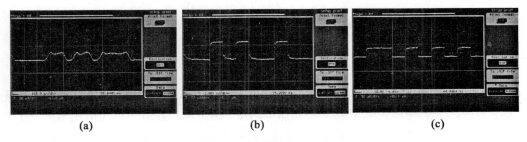

图 5-10 调制器输出波形

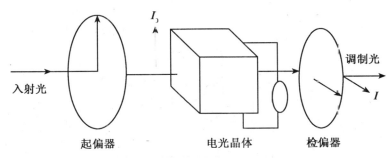

图 5-11 横向电光调制装置示意图

三个主折射率如式(6-30)所示。但此时的通光方向与轴相垂直,并沿 y' 轴方向入射(入射光的偏振方向与 z 轴成 $45°$ 角),进入晶体后将分解为沿 x' 和 z 方向振动的两个分量,其折射率分别为 n_x 和 n_z;若通光方向的晶体长度为 L,厚度为 d,外加电压 $V=E_z d$,则从晶体出射的两光波的相位差为

$$\Delta\varphi = \frac{2\pi}{\lambda}(n_o - n_e)L - \frac{2\pi}{\lambda}\frac{1}{2}n_o^3 \gamma_{63}\left(\frac{L}{d}\right)V \tag{5-46}$$

式中,第一项是与外电场无关的晶体本身的自然双折射引起的相位延迟,这一项对调制器的工作没有什么贡献,而且当晶体温度变化时,还会带来不利影响,因此应设法消除;第二项是由于外加电场作用产生的相位延迟,它与外加电压 V 和晶体的尺寸有关,若适当地选择晶体尺寸,则可以降低其半波电压。

KDP 晶体横向电光调制的主要缺点是存在着自然双折射引起的相位延迟,且对温度的变化敏感,当晶体的温度发生变化时,由于折射率 n_o 和 n_e 随温度的变化率不同因而相位差 $\Delta\varphi$ 会发生漂移,从而导致调制光发生畸变。在实际应用中,经常采用一种组合调制器的结构给予补偿,如将两块几何尺寸完全相同的晶体的 y' 轴和 z 轴平行(反向平行)放置,以抵消自然双折射引起的相位延迟。但这种方法必须要用两块晶体,结构复杂,加工难度高,一般很少采用。

例 5.4 假设 KDP 晶体的两折射率之差随温度的变化率为 $\Delta(n_o - n_e)/\Delta T = 1.1 \times 10^{-5}/℃$,KDP 调制器长度为 $30\mathrm{mm}$。当波长为 $632.8\mathrm{nm}$ 的激光通过时,由温度引起的

相位差变化率为多少?

解答:由公式 $\Delta\varphi = \frac{2\pi}{\lambda}\Delta nL$,有 $\frac{\Delta\varphi}{\Delta T} = \frac{2\pi}{\lambda}L\frac{\Delta n}{\Delta T} = 1.1\pi/℃$

5.3.3 电光相位调制

图 5-12 为电光相位调制装置示意图,它由起偏器和 KDP 晶体组成。起偏器的通光方向平行于晶体的感应主轴 x' 或 y',外加电场沿 z 轴方向,此时,外加电场不改变出射光的偏振态,仅改变其相位,振动方向与晶体的轴相平行的光通过长度为 l 的晶体,其位相增加为

$$\Phi = \frac{2\pi}{\lambda}\left(n_o + \frac{n_o^3}{2}\gamma_{63}E_z\right)l \tag{5-47}$$

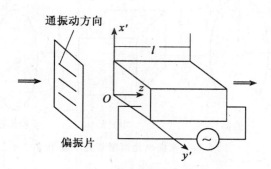

图 5-12 相位调制装置示意图

如果晶体上所加的是正弦调制电场 $E_z = E_m\sin\omega_m t$,光在晶体的输入面($z=0$)处的场矢量大小是

$$U_入 = A\cos\omega t$$

则在晶体输出面($z=l$)处的场矢量大小可写成:

$$U_出 = A\cos\left[\omega t + \frac{2\pi}{\lambda}\left(n_o + \frac{n_o^3}{2}\gamma_{63}E_z\right)\cdot l\right] \Rightarrow U_出 = A\cos(\omega t + \beta\sin\omega_m t) \tag{5-48}$$

式中,$\beta = \frac{\pi n_o^3}{\lambda}\gamma_{63}E_m\cdot l$ 为相位调制系数。

5.3.4 电光波导调制器

前面介绍的电光调制器称为"体调制器"。体调制器为体积较大的分离器件,其缺点是几乎整个晶体材料都受到外加电场的作用,所需电场较大。下面介绍与"分离器件"相对应的集成波导调制器。

波导调制器工作原理与体调制器类似,不同之处在于外加电场导致波导中本征模(如 TE 模和 TM 模)传播特性的变化以及两不同模式之间的耦合转换(称为模耦合调制)。

1. 电光波导调制器的工作原理

TE 模和 TM 模之间的耦合，导致模式之间的功率转换。即一个输入模 TE（或 TM）的功率会转换到输出模 TM（或 TE）上去，相应的同向耦合方程为

$$\left.\begin{aligned}\frac{\mathrm{d}A_m^{TE}}{\mathrm{d}z} &= -i K A_l^{TM}\exp\left[-i(\beta_m^{TE}-\beta_l^{TM})z\right]\\ \frac{\mathrm{d}A_l^{TM}}{\mathrm{d}z} &= -i \bar{K} A_m^{TE}\exp\left[-i(\beta_m^{TE}-\beta_l^{TM})z\right]\end{aligned}\right\} \tag{5-49}$$

式中，A_m^{TE}，A_l^{TM} 分别为第 m、l 阶模振幅；β_m^{TE}，β_l^{TM} 分别为两个模的传播常数；κ 为模耦合系数。且有

$$\kappa = \frac{\omega}{4}\int_{-\infty}^{\infty}\Delta\varepsilon_{xy}(x)E_y^{(m)}(x)E_x^l(x)\mathrm{d}x \tag{5-50}$$

式(5-49)表明：每个模的振幅变化是介电张量（折射率）变化、模场分布以及其他模振幅的函数。假设波导中电光材料是均匀的、电场分布均匀、TE 模和 TM 模完全限制在波导层中，且具有相同阶次时，κ 取极大值，此时，TE 模和 TM 模的场分布几乎相同，仅其电矢量的方向不同，且 $\beta_m^{TE}=\beta_l^{TM}=\beta=k_0 n_o$，模耦合系数近似为

$$\kappa = -\frac{1}{2}n_o^3 k_0 \gamma_{ij} E \tag{5-51}$$

在相位匹配条件下，$\beta_m^{TE}=\beta_l^{TM}$，光波以单一模式输入，$A_m=A_0$，$A_l=0$，(5-49)式的解为

$$\begin{cases}A_m^{TE}(z) = -iA_0\sin\kappa z\\ A_l^{TM}(z) = +A_0\cos\kappa z\end{cases} \tag{5-52}$$

由式(5-52)可知，在长度为 L 的波导中，要获得完全的 TE-TM 功率转换，必须满足：

$$\kappa L = (2n+1)\frac{\pi}{2} \quad (n=0,1,2,\cdots) \tag{5-53}$$

此时波导长度为

$$L = \frac{(2n+1)\pi}{2\kappa} \tag{5-54}$$

例 5.5 有一个 GaAs 波导调制器，如 $\lambda=1\mu\mathrm{m}$，$n_o=3.5$，$n_o^3\gamma=59\times10^{-12}\mathrm{m/V}$，外加电场为 $E=10^6\mathrm{V/m}$，求耦合系数与功率耦合所需最小长度。

解： 由(5-51)式有 $\kappa=1.58\mathrm{cm}^{-1}$，由(5-54)式有 $L=0.85\mathrm{cm}$。

波导调制器的输出光强（TM）与输入光强（TE）之比可由(6-51)式得到

$$\frac{I}{I_0} = \sin^2\frac{\Delta\varphi}{2} \tag{5-55}$$

式中：

$$\Delta\varphi = 2\kappa L = \frac{2\pi n_o^3 \gamma}{\lambda}\left(\frac{L}{d}\right)V$$

2. 电光波导相位调制

电光波导相位调制器结构如图 5-13 所示。衬底为铌酸锂（$LiNbO_3$），波导由 Ti 扩散

方法制成，薄膜电极由溅射方法制作。图中 x、y、z 为坐标系，a、b、c 为晶体的晶轴取向，当电极上施加电压 E_z 时，由于波导折射率因电光效应发生改变，从而，导波光通过电极区后其相位随调制电压变化，有

$$\Delta\varphi = \frac{\pi n_o^3 \gamma_{33} E_z l}{\lambda} \tag{5-56}$$

式中，l 为电极长度；γ 为晶体电光系数。值得注意的是，对于电光波导相位调制，不涉及模式之间的耦合问题。

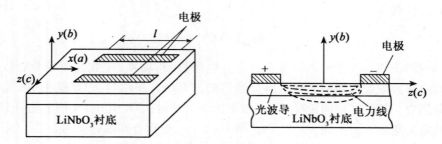

图 5-13　LiNbO₃ 电光波导相位调制器示意图

3. 电光波导强度调制

电光波导强度调制器的结构类似于马赫-曾德（MZ）干涉仪。MZ 干涉型调制器示意图如图 5-14 所示。假定在波导的输入端激励一 TE 模，在外加电场的作用下，在分叉的波导中传输的导模由于受到一大小相等、符号相反的电场 E_c 的作用（因为两分支导结构完全对称），则分别产生 $\Delta\varphi$ 和 $-\Delta\varphi$ 的相位变化。设电极长度为 l，两电极间距离为 d，则两导模的相位差为 $2\Delta\varphi = 2\pi n_e^3 \gamma_{33} E_c l / \lambda$。在输出的第二个分叉汇合处，两束光相干合成的光强将随相位差的不同而异，从而获得强度调制。说明：在 MZ 干涉仪型强度调制器中，为了提高其调制深度及降低插入损耗，必须采取以下措施：

（1）分支张角不宜太大（一般为 1°左右），因为张角越大，辐射损耗越大。
（2）波导必须设计成单模，防止高阶模被激励。
（3）波导和电极在结构上应严格对称，使两个调相波的固定相位差等于零。

此外，电光波导强度调制器还有走向耦合调制器、折射率分布调制器、电光光栅调制器等类型。

5.3.5　电光调制器的电学性能

对电光调制器来说，总是希望获得高的调制效率及满足要求的调制带宽。下面分析一下电光调制器在不同调制频率情况下的工作特性。

1. 外电路对调制带宽的限制

调制带宽是光调制器的一个重要参数，对电光调制器来说，由于晶格的振动频率可达 THz，其电光效应本身不会限制调制器的频率特性，调制器的调制带宽主要受外部电路参数限制。

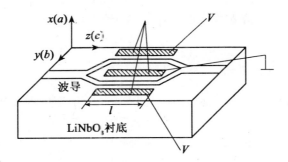

图 5-14 电光波导强度调制器示意图

2. 高频调制时渡越时间的影响

所谓渡越时间是指光波通过晶体所用的时间。当调制频率极高时，在渡越时间内光波在晶体内不同部位所受调制电场是不同的，从而破坏相位延迟的积累。这一现象可用高频相位延迟缩减因子来描述，其表达式为

$$\gamma = \frac{1-\exp(-i\omega_m \tau_d)}{i\omega_m \tau_d} \tag{5-57}$$

式中，ω_m 为调制信号频率；$\tau_d = nL/c$ 为渡越时间。

式(5-57)表明：只有当 $\omega_m \tau_d \ll 1$ 时，$\gamma = 1$，即无缩减作用。此时 $\tau_d \ll T_m$（T_m 为调制信号周期）。对于电光调制器，存在一个最高调制频率的限制。

例 5.6 对 KDP 晶体，若 $|\gamma| = 0.9$ 处为调制限度（对应 $\omega_m \tau_d = \pi/2$），晶体折射率为 1.5，长度为 $L = 1\text{cm}$。求调制频率的上限。

解：由公式 $f_m = \frac{\omega_m}{2\pi} = \frac{1}{4\tau_d} = \frac{c}{4nL}$，有 $f_m = 5 \times 10^9 \text{Hz} = 5\text{GHz}$

5.3.6 电光调制器设计要素

一个高质量的电光调制器应满足以下要求：①足够宽的调制带宽；②消耗的电功率小；③调制特性曲线的线性范围大；④工作稳定性好。为满足上述要求，应考虑选择合适的材料、调制电压、晶体尺寸以及寻求降低功耗的途径等方面的问题。

◎ **自测练习**

一纵向运用的 KDP 电光调制器，长为 2cm，折射率为 1.5。若工作频率为 1GHz。此时，光在晶体中的渡越时间为_____，引起的衰减因子是_____。

5.4 声光调制器

声光调制器的机理是声波对光波的衍射作用。早在 1922 年，布里渊就预言了声

波($f \approx 10\text{GHz}$)对光波的衍射作用。由于声波对光波的衍射作用提供了一种控制光束频率、强度与方向的简便方法而备受青睐,这种控制方式在传输、显示以及信息处理方面具有大量应用。

5.4.1 声光调制器的工作原理

当一射频信号加在绑定在合适晶体(声光晶体)上的压电陶瓷换能器上时,将产生声波。超声波在声光介质中传波时会引起介质密度呈疏密交替的变化,其折射率也发生相应地变化,故超声波作用的这部分介质即可视为一等效的"相位光栅",光栅周期等于声波波长。任何入射激光将被光栅所衍射,衍射光的强度、频率及方向等都随着超声场而变化。声光调制器就是利用衍射光的这些性质而实现光束调制或偏转的。

声波在介质中传播分为行波和驻波两种形式。行波所形成的声光栅的栅面是在空间移动的,如图 5-15 所示。在声波经过的区域,介质折射率的增大和减小是交替(黑白交替)变化的,并以声速 v_s 向前推进。折射率的瞬时空间变化可用下式表示:

$$\Delta n(z, t) = \Delta n \sin(\omega_s t - k_s x) \tag{5-58}$$

式中,ω_s 为声波角频率;$k_s = 2\pi/\lambda_s$;Δn 为最大折射率变化量;λ_s 为声波波长。

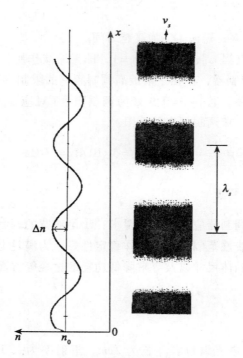

图 5-15 超声行波的传播

对于驻波,它由波长、振幅和相位相同,传播方向相反的两束声波叠加而成的,形成的声光栅是固定在空间的,其相位变化与时间成正弦关系。其声驻波方程为

$$a(x, t) = 2A\cos 2\pi \frac{x}{\lambda_s} \sin\left(2\pi \frac{t}{T_s}\right) \tag{5-59}$$

上式说明，声驻波的振幅为 $2A\cos 2\pi x/\lambda_s$，它在 x 轴方向上各点不同，但相位 $2\pi t/T_s$ 在各点均相同。同时，由上式还可以看出，在 $x = 2n\lambda_s/4$ ($n = 0, 1, 2L$) 各点上，驻波的振幅为极大(等于 $2A$)，这些点称为波腹，波腹间距为 $\lambda_s/2$。在 $x = (2n+1)\lambda_s/4$ 的各点上，驻波的振幅为 0，这些点称为波节，波节之间的距离也是 $\lambda_s/2$。由于声驻波波腹和波节在介质中的位置是固定的，因此它形成的光栅在空间上也是固定的。声驻波形成的折射率变化：

$$\Delta n(x, t) = 2\Delta n \sin\omega_s t \sin k_s x \tag{5-60}$$

声驻波在一个周期内，介质两次出现疏密层，且在波节处密度保持不变，因而折射率每隔半个周期($T_s/2$)就在波腹处变化一次，由极大(或极小)变为极小(或极大)。在两次变化的某一瞬间，介质各部分的折射率相同，相当于一个没有声场作用的均匀介质。若超声频率为 f_s，那么光栅出现和消失的次数则为 $2f_s$，因而光波通过该介质后所得到的调制光的调制频率将为声频率的两倍。

按照声波频率的高低以及声波和光波作用长度的不同，声光相互作用可以分为拉曼-纳斯衍射和布拉格衍射两种类型。品质因子 Q 决定作用区域，其定义为

$$Q = \frac{2\pi\lambda L}{n\lambda_s^2} \tag{5-61}$$

式中，λ 为激光束波长；n 为晶体折射率；L 为激光束穿过声波的长度；λ_s 为声波波长。

1. 拉曼-纳斯(Rarman-Nath)衍射

此时 $Q \ll 1$，光波平行于声波表面入射(即垂直于声场传播方向)，有许多衍射级次，各级次的衍射强度由贝塞尔函数表示。当超声频率较低，声光相互作用长度 L 较短时，产生 Rarman-Nath 衍射。由于声速比光速小得多，故声光介质可视为一个静止的平面相位光栅。而且声波长 λ_s 比光波长 λ 大得多，当光波平行通过介质时，几乎不通过声波表面，因此只受到相位调制，即通过光学稠密(折射率大)部分的光波波阵面将推迟，而通过光学疏松(折射率小)部分的光波波阵面将超前，于是通过声光介质的平面波阵面出现凸凹现象，变成一个折皱曲面，如图 5-16 所示。由出射波阵面上各子波源发出的次波将发生干涉作用，形成与入射方向对称分布的多级衍射光，这就是 Rarman-Nath 衍射。

下面简要分析光波的衍射方向及光强分布。

设声光介质中的声波是一个宽度为 L，沿着 x 方向传播的平面纵波(声柱)，波长为 λ_s(角频率 ω_s)，波矢量 k_s 指向 x 轴，入射光波矢量 k_i 指向 y 轴方向，如图 5-17 所示，图中 q 为入射光束宽度。声波在介质中引起折射率变化，当把声行波近似视为不随时间变化的超声场时，可略去对时间的依赖关系，这样沿 x 方向的折射率分布可简化为

$$n(x) = n_0 + \Delta n \sin(k_s x) \tag{5-62}$$

式中，n_0 为无声场时介质折射率；Δn 为声致折射率变化。由于介质折射率发生了周期性的变化，所以会对入射光波的相位进行调制。如果考察的是一平面光波垂直入射的情况，它在声光介质的前表面 $y = -L/2$ 处入射，入射光波为

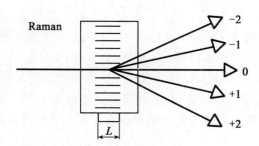

图 5-16　Raman-Nath 衍射

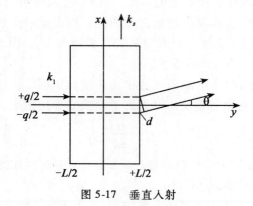

图 5-17　垂直入射

$$E_{in} = A\exp(i\omega_c t) \tag{5-63}$$

则在 $y=+L/2$ 处出射的光波不再是单色平面波，而是一个被调制了的光波，其等相面是由函数 $n(x)$ 确定的折皱曲面。该出射波阵面可分成若干个子波源，在远处形成衍射光场。衍射光场强各项取极大值的条件为

$$lk_i \pm mk_s = 0 \quad (m = 整数 \geqslant 0) \tag{5-64}$$

式中，$l=\sin\theta$ 表示衍射方向的正弦。当 m 取不同值时，式(5-64)确定了各级衍射的方位角

$$\sin\theta = \pm m \frac{k_s}{k_i} = \pm m \frac{\lambda}{\lambda_s} \quad (m=0, \pm 1, \pm 2L) \tag{5-65}$$

式中，m 表示衍射光的级次。各级衍射光的强度为

$$I_m \propto J_m^2(\nu) \quad \nu = (\Delta n)k_i L = \frac{2\pi}{\lambda}\Delta nL \tag{5-66}$$

式中，ν 是附加相位延迟因子。综上所述，Rarman-Nath 声光衍射的结果，使光波在远场分成一组衍射光，它们分别对应于确定的衍射角 θ_m（即传播方向）和衍射强度，由于 $J_m^2(\nu) = J_{-m}^2(\nu)$，故各级衍射光对称地分布在零级衍射光两侧，且同级次衍射光的强度相等。这是 Rarman-Nath 衍射的主要特征之一。另外，由于当声光介质无吸收时衍射光

各级光强之和等于入射光强,所以光功率守恒。

2. Bragg 衍射

此时 $Q \gg 1$,在特殊的入射角 θ_B,仅产生一级衍射,如图 5-18 所示。大部分声光器件都工作在布拉格衍射区,只有声光锁模与调 Q 器件是例外。

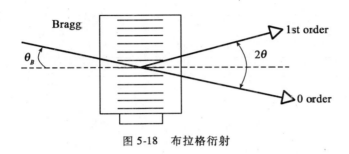

图 5-18 布拉格衍射

当声波频率较高,声光作用长度 L 较大,而且光束与声波波面间以一定的角度斜入射时,光波在介质中要穿过多个声波面,故介质具有"体光栅"的性质。当入射光与声波面间夹角满足一定条件时,介质内各级衍射光会相互干涉,各高级次衍射光将相互抵消,只出现 0 级和 +1 级(或 -1 级)(视入射光的方向而定)衍射光,产生 Bragg 衍射,如图 6-18 所示。因此,若能合理选择参数,超声场足够强,可使入射光能量几乎全部转移到 +1 级(或 -1 级)衍射极值上,光束能量可以得到充分利用,因此,利用 Bragg 衍射应制成的声光器件可以获得高的效率。理想的 Bragg 衍射效率可达到 100%,即入射光的全部能量都转移到衍射光束中去,故在声光器件中多采用 Bragg 衍射效应。

描述入射光波通过声光调制器产生 Bragg 衍射时,入射光波长 λ、入射角 θ_i 以及超声波波长 λ_s 之间关系的方程称为 Bragg 方程。把声波通过介质近似看作相距为 λ_s 的部分反射、部分透射的镜面,对于行波超声场,这些镜面将以速度 v_s 沿 x 方向移动(因为 $\omega_m \ll \omega$,所以在某一瞬间,超声场可近似看成是静止的,因而对衍射光的强度分布没有影响)。对驻波超声场则完全是不动的。如图 5-19(a)所示,当平面波 1 和 2 以角度 θ_i 入射至声波场,在 B,C,E 各点处部分反射,入射角等于衍射角,即

$$\theta_i = \theta_d \tag{5-67}$$

对于相距 λ_s 的两个不同镜面上的衍射情况,如图 6-19(b)所示,由 C,E 点反射的 $2'$,$3'$ 光束具有同相位的条件是光程差 $FE + EG$ 等于光波长的整数倍,考虑到 $\theta_i = \theta_d$,得到 Bragg 方程:

$$2\lambda_s \sin\theta_B = \frac{\lambda}{n} \tag{5-68}$$

或

$$\sin\theta_B = \frac{\lambda}{2n\lambda_s} = \frac{\lambda}{2nv_s}f_s \tag{5-69}$$

式中,$\theta_i = \theta_d = \theta_B$,$\theta_B$ 称为 Bragg 角。Bragg 方程说明,只有入射角 θ_i 等于 Bragg 角 θ_B 时,在声波面上衍射的光波才具有同相位,满足相干加强的条件,得到衍射极值。

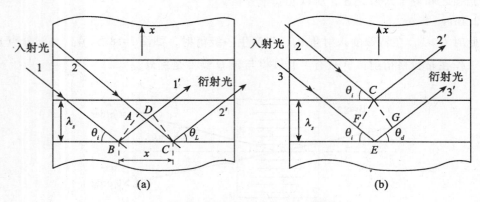

图 5-19 产生 Bragg 衍射条件模型

Bragg 衍射光强度与声光材料特性和声场强度有关。根据推证，当入射光强为 I_i 时，Bragg 声光衍射 0 级和 1 级衍射光强的表达式可分别写成

$$I_0 = I_i \cos^2\left(\frac{\nu}{2}\right), \quad I_1 = I_i \sin^2\left(\frac{\nu}{2}\right) \tag{5-70}$$

式中，ν 是光波穿过长度为 L 的超声场所产生的附加相位延迟因子，与声致折射率的变化 Δn 有关，因此有

$$\frac{I_1}{I_i} = \sin^2\left[\frac{1}{2}\left(\frac{2\pi}{\lambda}\Delta n L\right)\right] \tag{5-71}$$

设介质是各向同性的，由晶体光学可知，当光波和声波沿某些对称方向传播时，Δn 由介质的弹光系数 P 和介质在声场作用下的弹性应变幅值 S 决定，即

$$\Delta n = -\frac{1}{2}n^3 PS \tag{5-72}$$

式中，S 与超声驱动功率 P_s 有关，而超声功率与换能器的面积（H 为换能器的宽度，L 为换能器的长度）和声速 ν_s 有关，则 +1 级衍射效率可表示为

$$\eta_s = \frac{I_1}{I_i} = \sin^2\left[\frac{\pi}{\sqrt{2}\lambda}\sqrt{\left(\frac{L}{H}\right)M_2 P_s}\right] = \sin^2\left[\frac{\pi}{\sqrt{2}\lambda}\sqrt{M_2 I_s}\right] \tag{5-73}$$

式中，$I_s = P_s/HL$，称为超声强度，$M_2 = n^6 P^2 / \rho \nu_s^3$（$\rho$ 是介质密度）是声光介质的物理参数组合，是由介质本身性质决定的量，称为声光材料的品质因数（或声光优质指标），它是选择声光介质的主要指标之一，可查阅相关材料手册得到。从式（5-73）可见：①若在超声功率 P_s 一定的情况下，欲使衍射光强尽量大，则要求选择 M_2 大的材料，并且把换能器做成长而窄（即 L 大 H 小）的形式；②当超声功率 P_s 足够大，使 $\left[\frac{\pi}{\sqrt{2}\lambda}\sqrt{\left(\frac{L}{H}\right)M_2 P_s}\right]$ 达到 $\frac{\pi}{2}$ 时，$I_1/I_i = 100\%$；当 P_s 改变时，$I_1/I_i = 100\%$ 也随之改变，因而通过控制 P_s（即控制加在电声换能器上的电功率）就可以达到控制衍射光强的目的，实现声光调制。

声光 Bragg 衍射条件也可以从光和声的量子特性得出。光束可以看成是能量为 $\hbar\omega_i$，动量为 $\hbar k_i$ 的声子流，声光相互作用可以看成光子和声子的一系列碰撞，每一次碰撞都导致一个入射光子(ω_i)和一个声子(ω_s)的淹灭,同时产生一个频率为$\omega_d=\omega_i+\omega_s$新(衍射)光子。这些新的衍射光子流沿着衍射方向传播。根据碰撞前后动量和能量守恒原理,得到

$$k_i \pm k_s = k_d \tag{5-74}$$
$$\omega_i \pm \omega_s = \omega_d \tag{5-75}$$

式中,"+"表示吸收光子,"-"表示放出光子,取决于光子和声子碰撞时k_i和k_s的相对方向。

$$\omega_d \approx \omega_i, \qquad k_d \approx k_i \tag{5-76}$$

上面对 Bragg 的讨论是在入射光和衍射光的波矢相等的条件下得到的,即假定入射光和衍射光的偏振方向相同,因此,其相应的折射率相等($n_i=n_d$)。这些性质只有在各向同性介质(玻璃、液体、立方晶系的晶体)中才能满足。如果声光介质是各向异性晶体,光束的折射率一般与传播方向有关,由于衍射光沿着与入射光不同的方向传播,因此,入射光和衍射光的偏振态不同,与它们相应的折射率也不相等($n_i \neq n_d$),因而$|k_i| \neq |k_d|$。这种发生于各向异性介质中的 Bragg 衍射,称之为异常 Bragg 衍射。

异常 Bragg 衍射不再有 $n_i=n_d$ 的条件,相应的几何关系比正常 Bragg 衍射复杂,其动量三角形闭合条件 $k_d = k_i \pm k_s$。利用异常 Bragg 衍射可制成声光可调谐滤波器。

5.4.2 声光体调制器

1. 声光体调制器的组成

声光体调制器是由声光介质、电声换能器、吸声(或反射)装置及驱动电源等所组成。

(1)声光介质,是声光相互作用的场所。当一束光通过变化的声场时,由于光和超声场的相互作用,其出射光就具有随时间变化的各级衍射光,利用衍射光的强度随超声波强度的变化而变化的性质,就可以制成光强度调制器。

(2)电声换能器(又称超声发生器),它是利用某些压电晶体(石英、$LiNbO_3$ 等)或压电半导体(CdS,ZnO 等)的反压电效应,在外加电场作用下产生机械振动而形成超声波,所以它起着将调制的电功率转换成声功率的作用。

(3)吸声(或反射)装置,它放置在超声源的对面,用以吸收已通过介质的声波(工作于行波状态),以免返回介质产生干扰,但要使超声场工作在驻波状态,则需要将吸声装置换成反射装置。

(4)驱动电源,它用来产生调制电信号施加于电声换能器的两端电极上,驱动声光调制器(换能器)工作。

声光调制是利用声光效应将信息加载于光频载波上的一种物理过程。调制信号是以电信号(调幅)形式作用于电声换能器上形成变化的超声场,当光波通过声光介质时,由于声光作用,使光载波受到调制而成为"携带"信息的强度调制波。

由前面分析可知,无论是 Rarman-Nath 衍射还是 Bragg 衍射,其衍射效率均与附加相位延迟因子 $v = \frac{2\pi}{\lambda}\Delta nL$ 有关,而其中声致折射率差 Δn 正比于弹性应变幅值 S,而 $S \propto$

声功率 P_s。所以，当声波场受到信号的调制使声波振幅随之变化，则衍射光强也将随之做相应的变化。Bragg 声光调制特性曲线与电光强度调制相似。衍射效率 η 与超声功率 P_s 是非线性调制曲线形式，为了使调制不发生畸变，则需加超声偏置，使其工作在线性较好的区域。

对于 Rarman-Nath 型衍射，工作声频率低于 10MHz，若取某一级衍射光作为输出，可利用光栏将其他级的衍射光遮挡，则从光栏孔出射的光束就是一个随 v 变化的调制光。由于 Rarman-Nath 型衍射效率低，光能利用率也低，当要获得较高的工作频率时，需要有很高的声功率注入，但是换能器的功率是有限的，因此，Rarman-Nath 型声光调制器只限于低频工作，具有有限的带宽。对于 Bragg 型衍射，衍射效率高。在声功率 P_s（或声强 I_s）较小的情况下，衍射效率 η_s 随声强度 I_s 单调地增加（呈线性关系）：

$$\eta_s \approx \frac{\pi^2 L^2}{2\lambda^2 \cos^2\theta_B} M_2 I_s \tag{5-77}$$

式中，$\cos\theta_B$ 因子考虑了 Bragg 角对声光作用的影响。由此可见，若对声强加以调制，衍射光强也就受到了调制。Bragg 衍射必须使入射光束以 Bragg 角 θ_B 入射，同时在相对于声波阵面对称方向接受衍射光束时，才能得到满意的结果。Bragg 衍射由于效率高，且调制带宽较宽，故多被采用。

2. 调制带宽

调制带宽是声光调制器的一个重要参量，它是衡量能否无畸变地传输信息的一个技术指标，它受到 Bragg 带宽的限制，对于 Bragg 型声光调制器而言，在理想的平面波和声波情况下，波矢量是确定的，因此对一给定入射角和波长的光波，只能有一个确定频率和波矢的声波才能满足 Bragg 条件。当采用有限的发散光束声波场时，波束的发限角将会扩展，因此，只允许在一个有限的声频范围内才能产生 Bragg 衍射。根据 Bragg 衍射方程，得到允许的声频带宽 Δf_s 与 Bragg 角的可能变化量 $\Delta\theta_B$ 之间的关系为

$$\Delta f_s = \frac{2n v_s \cos\theta_B}{\lambda} \Delta\theta_B \tag{5-78}$$

式中，$\Delta\theta_B$ 是由于光束和声束的发散所引起的入射角和衍射角的变化量，也就是 Bragg 角允许的变化量。设入射光束的发散角为 $\delta\theta_i$，声波束的发散角为 $\delta\phi$ 时，对于衍射受限制的波束，这些束发散角与波长、束宽的关系分别近似为

$$\delta\theta_i \approx \frac{2\lambda}{\pi n \omega_0}, \quad \delta\phi \approx \frac{\lambda_s}{L} \tag{5-79}$$

式中，ω_0 为入射光束的束腰半径；n 为介质的折射率；λ_s 为声束宽度。入射角（光波矢与声波矢之间的夹角）覆盖范围应为

$$\Delta\theta = \delta\theta_i + \delta\phi \tag{5-80}$$

若将角内传播的入射（发散）光束分解为若干不同方向的平面波（即不同的波矢），对于光束的每个特定方向的分量在范围内就有一个适当的频率和波矢的声波可以满足 Bragg 条件。而声波束因受信号的调制而包含许多中心频率的声载波的傅里叶频谱分量。因此，对每个声频，都有许多波矢方向不同声波分量能引起光波的衍射。于是，相应于每一确定角度的入射光，就有一束发散角为 $2\delta\phi$ 的衍射光，而每一衍射方向对应不同的

频移。最大的调制带宽近似等于声频率的一半，因此，大的调制带宽要采用高频 Bragg 衍射才能得到。

3. 声光调制器的衍射效率

声光调制器的另一重要参量是衍射效率。根据式(5-65)，要得到 100% 的调制，所需要的声强度为

$$I_s = \frac{\lambda^2 \cos^2\theta_B}{2M_2 L^2} \tag{5-81}$$

若表示为所需的光功率，则为

$$P_s = KLI_s = \frac{\lambda^2 \cos^2\theta_B}{2M_2 L^2}\left(\frac{H}{L}\right) \tag{5-82}$$

可见，声光材料的品质因数 M_2 越大，获得 100% 的衍射效率所需要的声功率越小。而且电声换能器的截面应做得长（L 大）而窄（H 小）。然而，作用长度 L 的增大虽然对提高衍射效率有利，但是，会导致调制带宽的减小（因为声束发散角 $\delta\phi$ 与 L 成反比，小的 $\delta\phi$ 意味着小的调制带宽）。表征声光材料的调制带宽特性的品质因数是 M_1，M_1 值越大的声光材料制成的调制器所允许的调制带宽越大：

$$M_1 = \frac{n^7 P^2}{\rho v_s} = (nv_s^2)M_2 \tag{5-83}$$

5.4.3 声光调制器设计应考虑的问题

根据声光调制的工作过程，首先是由电声换能器把电振荡转换成超声场振动，再通过换能器和声光介质间的黏合层把振动传到介质中形成超声波，因此必须考虑如何能有效地把驱动电源所提供的电功率转换成声光介质中的超声波功率。其次，在声光介质中，通过声光互作用，超声波将引起入射光束的 Bragg 衍射而得到衍射光，因此必须考虑如何提高其衍射效率，考虑、能够在多大频率范围内无失真地进行调制。也就是怎样设计才能在较大的频率范围内提供方向合适的超声波，使入射光方向和超声波波面间的夹角 θ_i 在该频率范围内均能满足 Bragg 条件，亦即怎样设计才能提高其 Bragg 带宽。

1. 声光介质材料的选择

介质材料的性能对调制器的质量有直接影响，因此合理选择声光材料是很重要的。设计时主要应考虑以下几个方面的因素：①应使调制器的调制效率高，而需要的功率尽量小。在综合考虑材料的物理、化学性能的条件下，应选用 M_2 值大的材料。②应使调制器有较大的调制带宽，即选择品质因数 M_1 值大的材料。③在评价声光介质的性能时，需要同时考虑带宽和衍射效率两个指标，因此引入效率带宽积（$\eta_s \Delta f_s$）参数，即

$$\eta_s \Delta f_s \approx \frac{9nv_s^2 M_2}{\lambda^3 f_s H} P_s = \frac{9M_1}{\lambda^3 f_s H} P_s \tag{5-84}$$

2. 电声换能器

电声换能器的作用是将电功率转变为声功率，以便在声光介质中建立起超声场。一般都是利用某种材料的反压电效应，在外加电场作用下产生机械振动，所以它既是一个机械振动系统，又是一个与外加调制电源有关系的电振荡系统。

a. 换能器晶片物理特性

换能器一般采用石英晶片,在石英晶片上加一交变电场,当电场的频率等于晶片的固有机械振动频率时,弹性振动的幅值达到最大值。压电石英能获得的最高频率约为50MHz,这时其厚度仅有0.05mm,工艺制作上比较困难,而且强烈激发时,晶片会由于电击穿而破裂。所以欲使换能器获得更高频率,在某些要求功率不很大的应用中,可以让换能器工作于高次谐波状态来实现。

b. 换能器晶片的电特性

电声换能器虽为机械振动,但它是由电磁振荡能所驱动,作为电源的负载,它在振荡电路中相当于一个支路,是振荡电路的组成部分。当在晶体施加电压时,在晶体中储存了一定电能,其中一部分电能在晶体中转变成弹性形变的机械能,转化的百分比表示换能器的效率,称为机电耦合系数。机电耦合系数是表征换能器特性的重要参数,其值随晶体而异,因此在应用中应考虑采用阻值大的压电晶体。

c. 声阻匹配

为了能无损耗或较小损耗地将超声能量传递到声光介质中去,换能器的声阻抗应尽可能地接近介质的声阻抗,这样可以减小两者接触截面的反射损耗。实际上,调制器都是在两者之间加一过渡层耦合介质(可以是金属或非金属),它可以起到三个作用:一是能以较小的损耗将超声能量传递到介质中;二是能把换能器可靠地粘接在介质上;三是能起到换能器电极的作用(如果是用非金属作耦合介质,则必须另加电极)。要求耦合介质的声阻抗能很好地与声光介质和换能器匹配。一般在工作频率较低时,采用环氧树脂为耦合粘接介质,当工作频率较高时,一般采用金属材料(如铟或铟锡合金)。

3. 声束和光束的匹配

由于入射光束具有一定宽度,并且声波在介质中以有限的速度传播,因此声波穿过光束需要一定的渡越时间,光束的强度变化对于声波强度变化的响应就不可能是瞬时的。为了缩短其渡越时间以提高响应速度,用透镜将光束聚焦在声光介质中心,光束成为极细的高斯光束,从而减小其渡越时间。实际上,为了充分利用声能和光能,一般使声光调制器工作于声束和光束发散角之比 $\alpha \approx 1 \left[\alpha = \dfrac{\Delta\theta_i(光束发散角)}{\Delta\phi(声束发散角)} \right]$,这是因为声束发散角大于光束发散角时,其边缘的超声能量就浪费了;反之,如果光发散角大于声发散角,则边缘光线因为已没有方向合适的(即满足 Bragg 条件的)超声而不能被衍射。所以在设计声光调制器时,应比较精确地确定两者的比值。

此外,对于声光调制器,为了提高衍射光的消光比,希望衍射光尽量与 0 级光分开,调制器还必须采用严格可分离条件,即要求衍射光中心和 0 级光中心之间的夹角大于 $2\Delta\phi$。

例 5.7 关于石英声光调制器中的布拉格区域条件。已知调制信号的调制频率为 50MHz,声波速度为 3.76×10^5 cm/s,则此声波波长为 75μm。取石英的折射率为 1.45,由式(5-61)有,$L \gg 1.3$mm。对长度为 5cm 来说,满足布拉格衍射条件,$\theta_B \approx 0.4°$。

5.5 其他调制器

5.5.1 磁光调制

1. 磁光调制的物理基础

磁光效应是磁光调制的物理基础。有些物质，如顺磁性、铁磁性和亚铁磁性材料等，其内部组成的原子或离子都具有一定的磁矩，由这些磁性原子或离子组成的化合物具有很强的磁性，称为磁性物质。人们发现，在磁性物质内部有很多个小区，在每个小区域内，所有原子或离子的磁矩都互相平行地排列着，这种小区域称为磁畴。因为各个磁畴的磁矩方向不同，因而其作用互相抵消，所以宏观上并不显示出磁性。若沿物体的某一方向施加一外磁场，那么物体内各磁畴的磁矩就会从各个不同的方向转到磁场方向上来，这样对外就显示出磁性。当光波通过这种磁化的物体时，其传播特性发生变化，这种现象称为磁光效应。磁光效应包括法拉第旋转效应、克尔效应、磁双折射(Cotton-Mouton)效应等。其中最主要的是法拉第旋转效应，它使一束线偏振光在外加磁场作用下的介质中传播时，其偏振方向发生旋转，其旋转角度 θ 的大小与沿光束方向的磁场强度 H 和光在介质中传播的长度 L 之积成正比，即

$$\theta = VHL \tag{5-85}$$

式中，V 称为韦尔代(Verder)常数，它表示在单位磁场强度下线偏振光通过单位长度的磁光介质后偏振方向旋转的角度。

对于旋光现象的物理原因，可解释为外加磁场使介质分子的磁矩走向排列，当一束线偏振光通过它时，分解为两个频率相同、初相位相同的两个圆偏振光。其中，一个圆偏振光的电矢量是顺时针方向旋转，称为右旋偏振光；而另一个偏振光是逆时针方向旋转，称为左旋偏振光。这两个圆偏振光无相互作用地以两种略有不同的速度 $v_+ = c/n_R$ 和 $v_- = c/n_L$ 传播，它们通过厚度为 L 的介质之后产生的相位延迟分别为

$$\varphi_1 = \frac{2\pi}{\lambda} n_R L, \quad \varphi_2 = \frac{2\pi}{\lambda} n_L L \tag{5-86}$$

所以两圆偏振光间存在相位差：

$$\Delta\varphi = \varphi_1 - \varphi_2 = \frac{2\pi}{\lambda}(n_R - n_L)L \tag{5-87}$$

当它们通过介质之后，又合成为一线偏振光，其偏振方向相对于入射光旋转了一个角度。

磁致旋光效应的旋转方向仅与磁场方向有关，而与光线传播方向的正逆无关，这是磁致旋光效应与晶体自然旋光现象的不同之处。即当光束往返通过自然旋光晶体时，因旋转角相等方向相反而相互抵消，但通过磁光介质时，只要磁场方向不变，旋转角都朝一个方向增加。此现象表明磁致旋光效应是一个不可逆的光学过程，因而可用来制成光学隔离器或单通光闸等器件。

目前最常用的磁光材料主要是纪铁石榴石(YIG)晶体，它在波长 1.2~4.5μm 之间

的吸收系数很低($\alpha<0.03\text{cm}^{-1}$),而且有较大的法拉第旋转角,这个波长范围包括了光纤传输的最佳范围($1.1\sim1.5\mu\text{m}$)和某些固体激光器的频率范围,因此有可能制成调制器、隔离器、开关、环形器等磁光器件。由于磁光晶体的物理性能随温度变化不大,因而不易潮解,调制电压低,这是它比电光、声光器件优越之处。但是当工作波长超出上述范围时,吸收系数急剧增大,致使器件不能工作,因此 YIG 晶体只能用于近红外和红外区。

2. 磁光体调制器

磁光调制与电光调制、声光调制一样,也是把欲传递的信息转换成光波强度(振幅)等参量随时间的变化,所不同的是,磁光调制是将电信号先转换成与之对应的交变磁场,由磁光效应改变在介质中传播的光波偏振态,从而达到改变光强度等参量的目的。用调制信号控制磁场强度的变化,就会使光的偏振面发生相应的变化。但这里因加有恒定磁场与通光方向垂直,旋转角为

$$\theta = \theta_s \frac{H_0 \sin(\omega_H t)}{H_{dc}} L_0 \tag{5-88}$$

式中,θ_s 是单位长度饱和法拉第旋转角;$H_0 \sin(\omega_H t)$ 是调制磁场。如果再通过检偏器,就可以获得一定强度变化的调制光。

5.5.2 直接调制

直接调制是把要传递的信息转变为电流信号调制激光器驱动电源,从而使输出激光带有信息。这种方式目前主要应用于半导体光源(如激光二极管 LD)的调制,属于内调制,它是光纤通信系统普遍使用的实用化调制方法。根据调制信号的类型,直接调制可分为模拟调制和数字调制两种,前者是用连续的模拟信号(如电视、电话等信号)直接对光源驱动电路进行强度调制,后者则采用脉冲编码调制(PCM)的数字信号。

半导体激光器是电子与光子相互作用并进行能量直接转换的器件。半导体激光器有一个阈值电流 I_t,当驱动电流密度小于 I_t 时,激光器基本不发光或只发很微弱、谱线宽度很宽、方向性很差的荧光;当驱动电流密度大于 I_t 时,则开始发射激光,此时谱线宽度、辐射方向明显变窄,强度大幅度增加,而且随电流的增加呈线性增长,发射激光的强弱与驱动电流的大小有直接关系。若把调制信号加到驱动电源上,即可直接改变(调制)激光器输出的信号强度,由于这种调制方式简单,且能在高频工作,并能保证有良好的线性工作区和带宽,因此在光通信、光盘存储等方面得到广泛应用。

◎ **本章思考题**

1. 举例说明激光调制的步骤。
2. 如何理解光在晶体中传播的折射率椭球方程。
3. 何为电光效应?常分为哪几类?
4. 电光效应对光偏振态有何影响?
5. 电光调制器的电学性能有哪些?

6. 声光调制器的工作原理是什么？

7. 试设计一种实验装置，如何检验出入射光的偏振态（线偏光、椭圆偏光和自然光），并指出是根据什么现象？如果一个纵向电光调制器没有起偏器，入射的自然光能否得到光强调制？为什么？

◎ 练习五

1. 已知 KDP 的电光系数为 $\begin{pmatrix} 0 & 0 & 0 \\ 0 & 0 & 0 \\ 0 & 0 & 0 \\ \gamma_{41} & 0 & 0 \\ 0 & \gamma_{41} & 0 \\ 0 & 0 & \gamma_{63} \end{pmatrix}$，若在 z 轴方向加电场 E，求加电场后椭球折射率方程，并求 Δn。

2. 式(5-44)可写成 $\dfrac{I}{I_0} = \dfrac{1}{2}[1+\sin(\varGamma_m \sin\omega_m t)]$，用贝塞尔函数来展开 $\sin[a\sin x]$。画出三次谐波强度对基频强度的比率随 $\varGamma_m$ 变化的关系曲线，如果这一比率不超过 10^{-2}，此时 $\varGamma_m$ 的最大值是多少？

3. 考虑一 KH_2PO_4(KDP)晶体，若在 x 轴方向加电场 E_x。(1)证明在新的主轴系统 (x', y', z') 中，x' 与 x 轴重合，而 y'，z' 在 y-z 平面内，但从原来的位置旋转了 θ 角，且 $\tan 2\theta = \dfrac{2r_{41}E_x}{1/n_0^2 - 1/n_e^2}$；(2)证明 x'，y'，z' 系统中的折射率椭球为

$$\frac{x^2}{n_o^2} + \left(\frac{1}{n_o^2} + r_{41}E_x\tan\theta\right)y'^2 + \left(\frac{1}{n_e^2} - r_{41}E_x\tan\theta\right)z'^2 = 1$$

4. 有一工作在布拉格区域的铌酸锂偏转器，调制频率为 1GHz，假设声波在铌酸锂晶体内的传播速度为 7.4×10^5 cm/s，取铌酸锂的折射率为 2.3。当 632.8nm 激光通过时，其偏转角度为多少？

5. 一钼酸铅声光调制器，对 He-Ne 激光进行调制。已知声功率为 1W，声光相互作用长度 1.8mm，换能器宽度为 0.8mm，$M_2 = 36.3\times 10^{-15}$ s^3/kg，试求钼酸铅声光调制器的布拉格衍射效率。

第六章 调 Q 技术

超短脉冲激光器与连续波激光器的区别之一是其损耗是变化的。本章和下一章介绍获得超短脉冲的两种方法:调 Q 与锁模。利用调 Q 方法所产生的超短脉冲的脉宽为纳秒(10^{-9}s)量级。本章介绍调 Q 技术的基本原理与常见调 Q 方法。学习本章之后,读者应知道:

(1)调 Q 实验与结果;
(2)调 Q 基本思想;
(3)调 Q 激光器速率方程及其求解;
(4)常见调 Q 方法、脉冲反射式调 Q、脉冲透射式调 Q;
(5)"腔倒空"概念、"漂白"的含义;
(6)被动调 Q 技术。

6.1 调 Q 实验

6.1.1 Nd^{3+}:YAG 调 Q 激光器实验

脉冲氙灯泵浦的 Nd^{3+}:YAG 激光器的工作波长为 1064nm。采用磷酸二氘钾(KD*P)电光晶体进行电光调 Q,可实现纳秒(ns)级脉宽激光的输出。实验装置的准直光源采用 650nm 半导体激光器代替传统的 He-Ne 激光器,具有体积小,使用安全,调节方便,光强可调等优点。

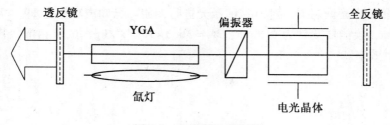

图 6-1 电光调 Q 装置图

图 6-1 是光电晶体调 Q 装置的工作原理图。激光工作物质是 Nd:YAG 固体介质,它是 z-0°切割的(使通光面与 z 轴垂直),即利用其电光系数 λ_{63} 的纵向电光效应,其中调制晶体两端的环状电极与调 Q 电源相接。

如果在电光晶体上施加 λ/4 电压，由于纵向电光效应，线偏振光通过晶体后，两分量之间产生 π/2 的相位差，则从晶体出射后合成为圆偏振光；经全反镜反射回来，再次通过调制晶体，又会产生 π/2 的相位差，往返一次总共累积产生 π 相位差，偏振光的偏振面相对于入射光旋转了 90°，因而不能再通过偏振棱镜。此时，电光 Q 开关处于"关闭"状态。如果在氙灯刚开始点燃时，事先在调制晶体上加上 $V_{\lambda/4}$ 电压，使谐振腔处于"关闭"状态，阻断激光激光振荡形成。待激光上能级反转粒子数累积到最大时，突然撤去晶体上的 $V_{\lambda/4}$ 电压，使激光器瞬间处于高 Q 值状态，于是产生雪崩式的激光振荡，就可输出一个巨脉冲。

要获得高效率调 Q 的关键之一是精确控制 Q 开关"打开"的延时时间。即从氙灯点燃开始延迟一点时间，当工作物质二能级反转的粒子数达到最大时，立即"打开"开关的效果最好。如果 Q 开关打开早了，上能级反转粒子数尚未达到最大时就开始起振，显然输出的巨脉冲功率会降低，而且还可能出现多脉冲。如果延时过长，即 Q 开关打开得迟了，则由于自发辐射等损耗，也会影响输出脉冲的功率。

调 Q 工作程序其过程是：①先打开主电源对电容 C 充电，并接于氙灯电极，但不导通故不点燃；②开动晶体电源给 KD*P 晶体加电压，使腔处于关闭状态；③由单结晶体管振荡器产生一脉冲时标信号输入到控制电路，再由控制电路将该信号分别送往激光主电源使其停止对电容充电，同时输送到晶体上加有电压 $V_{\lambda/4}$，所以谐振腔损耗最大，不能形成激光振荡。当粒子数反转到最大时，通过延时电路的信号加到闸流管的栅极上（使之导通），将 KD*P 晶体上的电压瞬时退掉，使谐振腔 Q 值突增，形成激光振荡，输出巨脉冲。实验中，可通过精确调节延时电路，直到输出激光最强为止。

欲使带偏振器的电光调 Q 器件得到理想的开关效果的关键之一是，必须严格保持格兰棱镜的起偏方向与调制晶体的 x 轴（或 y 轴）方向一致，以保证起偏方向与调制晶体的感应主轴 x'、y' 成 45°角。简便的调试方法是，在调制晶体加电压的状态下，转动格兰棱镜和晶体的相对方位，直到激光不能振荡为止。对调制晶体的要求是：$V_{\lambda/4}$ 电压低、消光比高、激光波长处吸收系数小、能承受的功率密度高。

实验中，KD*P 晶体是目前常用的一种电光调制晶体，它对 1.06μm 激光的 $V_{\lambda/4}$ 电压为 3000～4000V，比 KDP 晶体低。铌酸锂晶体是另一种常用的调制晶体，其最佳运用方式是，电场沿 x 轴（或 y 轴）方向加到晶体上，而光束沿 z 轴（即光轴）方向通过，这种方式有效地避免了自然双折射造成的不良影响，而且半波电压低，它的 $V_{\lambda/4}$ 电压为 2000～3000V，而且不潮解，但承受高功率激光性能差，这使它的应用受到一些限制。

1. 在激光器腔长恒定情况下不同泵浦能量下脉冲输出特性

（1）调节关门。在静态的基础上，加入偏振片和 KD*P 晶体调节输出镜，使光斑的质量最好。在晶体两端加上晶压，大约 3400V 左右，同时调节晶压和输入电压，从小到大，每隔 20V 时，调节 KD*P 晶体的水平和俯仰旋钮，用脉冲探头探测波形直至示波器上的脉冲波形消失。再增加电压，重复上述步骤直至波形无法消失为止。

（2）延时调节。关门调节好以后，要对退压延时进行调节，使输出的激光达到最大值，脉宽最窄。将连续探头与示波器连接好，将其放在聚腔的出光处，调节示波器可以观测到激光延时波形，旋转激光电源上的延时旋钮可以调节延时时间，一般将延时调到

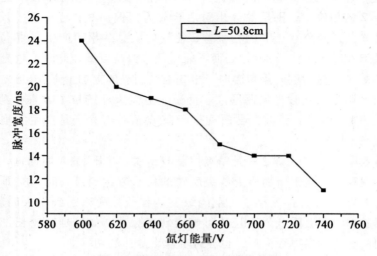

图 6-2　腔长为 50.8cm 时脉宽特性

波形下降沿的一半处。延时的调节对激光器输出能量和脉宽都有影响。

（3）经过以上两步的调节完成，然后对不同腔长下调 Q 激光器输出特性进行测量。

聚光腔长 $L=50.8$cm 时，调 Q 激光器输出特性如图 6-2 所示。从图上可以看出在氙灯能量范围 600~740V 内，随着输入能量的增加，激光器输出脉冲宽度减小。

图 6-3 为腔长 $L=50.8$cm 时，调 Q 激光器能量输出曲线。从图上可以看出，当腔长恒定时，调 Q 激光器的输出能量随输入能量的增加而增大，脉冲宽度则随能量的增加越来越窄。

图 6-4 为调 Q 脉冲峰值功率曲线图。由图可知，随着输入能量的增加，调 Q 脉冲峰值功率呈线性增长趋势。

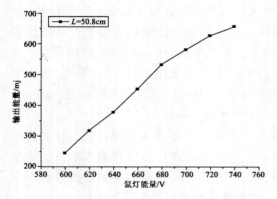

图 6-3　腔长为 50.8cm 时能量输出特性曲线

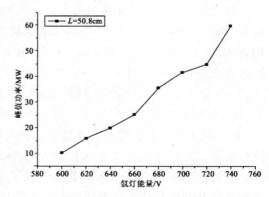

图 6-4　腔长为 50.8cm 时脉冲峰值功率曲线

6.1.2 掺镱(Yb)调 Q 光子晶体光纤激光器实验

图 6-5 为掺镱(Yb)调 Q 光子晶体光纤激光器实验装置图。HR 为高反射率，HT 为高透射率，AOM 为声光调制器，泵浦二极管激光器波长为 976nm，掺 Yb 光纤为掺 Yb 子晶体光纤，光纤长度为 60cm。在 100kHz 的调 Q 频率作用下，激光器的平均输出功率随泵浦功率的增加线性增加到 100W(泵浦功率为 190W)。通常在调 Q 激光器中，脉冲宽度随反转粒子数的增加(即提高泵浦功率)而减小，如图 6-6 所示。

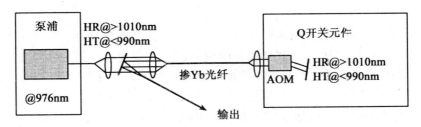

图 6-5　掺镱(Yb)调 Q 光子晶体光纤激光器实验装置图

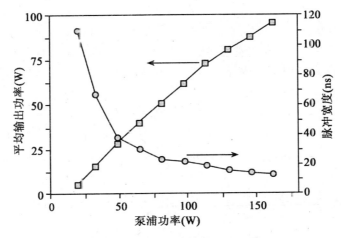

图 6-6　掺镱(Yb)调 Q 光子晶体光纤激光器的输出特性

◎ **自测练习**

(1) 利用调 Q 方法所产生的超短脉冲的脉宽为 _____ 量级，峰值功率高于 _____ 量级。

(2) 在 Nd^{3+}：YAG 调 Q 激光器实验中，电光晶体上所加的电压为 _____。

(3) 通常在调 Q 激光器中，脉冲宽度随反转粒子数的增加(即提高泵浦功率)而 _____。

6.2 调 Q 概念

1. 弛豫振荡现象

由前面所学知识可知,普通脉冲激光器输出波形是由一系列不规则的尖峰脉冲组成的。其特点是峰值功率不高,只在阈值附近;加大泵浦能量,只是增加尖峰的个数(缩短尖峰间隔),不能增加峰值功率,原因是激光器的阈值始终保持不变。为了得到高的峰值功率和窄的单个脉冲,需要采用 Q 调制技术。

2. 调 Q 基本思想

通过某种方法使谐振腔的损耗 δ(或 Q 值)按规定的程序变化,在光泵激励刚开始时,先使光腔具有高损耗 δ_H,激光器由于阈值高而不能起振,于是在亚稳态上的粒子数便可积累到较高的水平。然后在适当的时刻,使腔的损耗降低到 δ,阈值也随之突然降低,此时反转粒子数大大超过阈值,受激辐射极为迅速的增强,于是在极短时间内,上能级存储的大部分粒子的能量转变为激光能量,在输出端有一个极强的激光巨脉冲输出。采用调 Q 技术很容易获得峰值功率高于兆瓦,脉宽为纳秒量级的激光巨脉冲。

图 6-7 为调 Q 过程示意图,在 $t<0$ 时,损耗为 δ_H,相应的阈值为

$$\Delta n_t' = \frac{\delta_H}{\sigma_{21} l} \tag{6-1}$$

当 $t<0$ 时,泵源激励使反转粒子数不断增长,至 $t=0$ 时刻,反转粒子数密度增加到 Δn_0,但因 $\Delta n_0 < \Delta n_t'$,故不能产生激光。此时腔内只有由自发辐射产生的少量光子,光子数密度很小,在 $t=0$ 时刻,损耗突然降至 δ(光子寿命为 τ_R),阈值也降至 Δn_t。

$$\Delta n_t = \frac{\delta}{\sigma_{21} l} \tag{6-2}$$

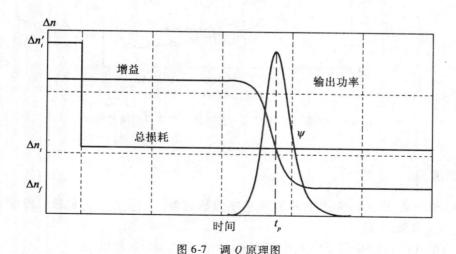

图 6-7 调 Q 原理图

由于 Δn_0 比 Δn_t 大得多,所以腔内光子数密度 φ 迅速增长,同时受激辐射又使反转

粒子数密度迅速减少。当 $t=t_p$ 时，$\Delta n=\Delta n_t$，腔内光子数密度不再增长，并达到最大值 φ_m；当 $t>t_p$ 时，由于 $\Delta n<\Delta n_t$，腔内光子数密度迅速减少。当 φ 又减少到 φ_i 时，巨脉冲熄灭，此时 $\Delta n=\Delta n_f$。

3. 调 Q 激光脉冲建立过程

调 Q 激光器脉冲的建立过程，各参量随时间的变化情况，如图 6-8 所示，图(a)表示泵浦速率 W_p 随时间的变化；图(b)表示腔的 Q 值是时间的阶跃函数；图(c)表示粒子反转数 Δn 的变化；图(d)表示腔内光子数 ϕ 随时间的变化。

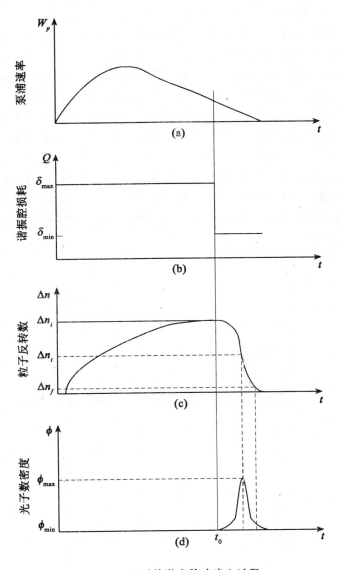

图 6-8　Q 开关激光脉冲建立过程

在泵浦过程的大部分时间里谐振腔处于低 Q 值状态，阈值很高不能起振，从而激光上能级的粒子数不断积累，直到 t_0 时刻，粒子数反转达到最大值 Δn_i，在这一时刻，Q 值突然升高（损耗下降），振荡阈值随之降低，于是激光振荡开始建立。由于 $\Delta n_i \gg \Delta n_t$（阈值粒子反转数），因此受激辐射增强非常迅速，激光介质存储的能量在极短的时间内转变为受激辐射场的能量，结果产生了一个峰值功率很高的窄带脉冲。

由图 6-8 可以看出，调 Q 脉冲的建立有个过程，当 Q 值阶跃上升时开始振荡，在 $t=t_0$ 振荡开始建立以后一个较长的时间过程中，光子数 ϕ 增长十分缓慢，如图 6-9 所示。其值始终很小（$\phi \cong \phi_i$）受激辐射的几率很小，此时仍是自发辐射占优势。只有振荡持续到 $t=t_D$ 时，ϕ 增长到了 ϕ_D，雪崩过程才形成，ϕ 才迅速增大，受激辐射才迅速超过自发辐射而占优势。因此，调 Q 脉冲从振荡开始建立到巨脉冲形成需要一定的延迟时间 Δt（也就是 Q 开关开启的持续时间）。此后，随着腔中光子数的迅速增长，使 Δn 迅速减少，到 $t=t_p$ 时刻，$\Delta n = \Delta n_t$ 光子数达到最大值 ϕ_m，之后由于 $\Delta n < \Delta n_t$，则 ϕ 迅速减少，此时 $\Delta n = \Delta n_f$，为振荡终止后工作物质中剩余的粒子数。可见，调 Q 脉冲的峰值功率产生于激光物质反转粒子数等于阈值反转粒子数（$\Delta n = \Delta n_t$）的时刻。此外，由于谐振腔的 Q 值与损耗 δ 成反比，因此改变谐振腔的 δ 值，就可以使 Q 值发生相应的变化。谐振腔的损耗一般包括有反射损耗，衍射损耗，吸收损耗等。那么，我们用不同的方法控制不同类型的损耗变化，就可以形成不同的调 Q 技术。例如，控制反射损耗的变化有机械转镜调 Q 技术，电光调 Q 技术，控制衍射损耗的变化有声光调 Q 技术，控制吸收损耗的变化有染料调 Q 技术等。其中，机械转镜调 Q 虽然是最早发展起来的调 Q 技术，但目前仍然在使用。

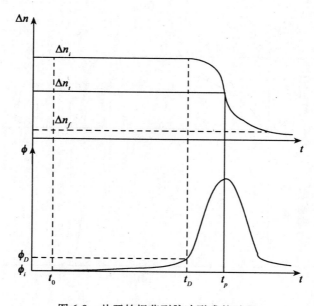

图 6-9　从开始振荡到脉冲形成的过程

4. 实现调 Q 对激光器的基本要求

(1) 由于调 Q 是把能量以激活粒子的形式存储在激光工作物质的高能态上,集中在一个极短的时间内释放出来,因此,要求工作物质必须在强泵浦下工作,即抗损伤阈值要高;其次,要求工作物质必须有较长的寿命,若激光工作物质的上能级寿命为 τ_2,上能级的反转粒子数为 n_2,则因自发辐射而减少的速率为 n_2/τ_2,这样,当泵浦速率为 W_p 时,在达到平衡的情况下,满足 $n_2/\tau_2 = W_p$,即上能级达到的最大反转粒子数 $n_2 = W_p \tau_2$。因此,为了使激光工作物质的上能级积累尽可能多的粒子数,应要求 $W_p \tau_2$ 值应大一些,但 τ_2 也不宜太大,否则会影响能量释放速度。根据上述要求,一切固体激光器的工作物质都可以满足,液体激光器也比较合适,但对有些气体激光器,如 He-Ne 激光器,因只能在低电离情况下运转,泵浦速率不能太大,所以无法实现调 Q 运转。

(2) 泵浦速率必须取决于激光上能级的自发辐射速率,即泵浦的持续时间(波形的半宽度)必须小于激光介质的上能级寿命;否则,不能实现足够多的粒子数反转。

(3) 谐振腔的 Q 值改变要快,一般应与谐振腔建立激光振荡的时间相比拟。如果 Q 开关时间太慢,会使脉冲变宽,甚至会产生多脉冲的现象。

◎ 自测练习

(1) 普通脉冲激光器输出峰值功率不高的原因是_____。
(2) 为了得到高的峰值功率和窄的单个脉冲,可用_____技术。

6.3 调 Q 激光器速率方程(三能级、固体、均匀加宽)

对调 Q 脉冲的形成过程以及各种参量对激光脉冲的影响,可以采用速率方程来进行分析。速率方程组是描述腔内振荡光子数和工作物质的反转粒子数随时间变化规律的方程组。根据这些规律,可以推断出调 Q 脉冲的峰值功率、脉冲宽度和反转粒子数的关系。

6.3.1 调 Q 的速率方程

激光形成的速率方程是根据工作物质的粒子数变化和腔内光子数变化之间的内在关系建立起来的。在激光原理中已给出了可一般激光器的三能级系统和四能级系统的速率方程,从而可以直接写出粒子反转数和腔内光子数随时间变化的方程。

三能级系统:

$$\frac{d\Delta n}{dt} = 2n_1 W_{13} - \Delta n \frac{A}{g}\phi - 2n_2 A \tag{6-3}$$

$$\frac{d\phi}{dt} = \Delta n \frac{A}{g}\phi - \delta\phi \tag{6-4}$$

四能级系统:

$$\frac{d\Delta n}{dt} = n_1 W_{14} - \Delta n \frac{A}{g}\phi - \Delta n A \tag{6-5}$$

$$\frac{d\phi}{dt} = n\frac{A}{g}\phi - \delta\phi \tag{6-6}$$

式中，Δn 为粒子反转数密度；ϕ 为腔内光子数密度；g 为腔内自发辐射波型数；W_{13} 和 W_{14} 为受激跃迁几率；A 为自发辐射几率。

从上述两组速率方程组可以看出它们是等价的，因为粒子受到外界激励在能级间跃迁的过程中，主要集中在两个能级之间实现粒子数反转。因此为了便于分析，我们常采用二能级系统的模型取代实际的三能级和四能级系统。

调 Q 激光器的速率方程是激光(振荡)器的一种特例。在 Q 突变过程中，由于激光器处于急剧变化的瞬态过程，所以泵浦激励和自发辐射两种过程的影响都可以忽略。同时，为了简单起见，在下面的分析中，认为 Q 值是阶跃式突变的，则式(6-3)、(6-4)和式(6-5)、(6-6)可以简化为

$$\frac{d\Delta n}{dt} = -2\Delta n \frac{A}{g}\phi \tag{6-7}$$

$$\frac{d\phi}{dt} = \left(\Delta n \frac{A}{g} - \delta\right)\phi \tag{6-8}$$

式中，令 $\frac{d\phi}{dt}=0$ (腔内的增益等于损耗的阈值条件)，可求得稳态振荡时阈值反转粒子数 Δn_t，则有

$$\Delta n_t = \frac{\delta}{A}g \tag{6-9}$$

将上式代入式(6-8)，得

$$\frac{d\Delta n}{dt} = -2\Delta n \frac{\Delta n}{\Delta n_t}\delta\phi \tag{6-10}$$

$$\frac{d\phi}{dt} = \left(\frac{\Delta n}{\Delta n_t} - 1\right)\delta\phi \tag{6-11}$$

式(6-11)即为调 Q 激光振荡的速率方程。

6.3.2 速率方程的求解

对上述一阶微分方程组，通常采用数值方法求解，就可以获取调 Q 脉冲的诸参数。为了求解调 Q 的速率方程，必须给出 Q 开关函数(阶跃开关函数，线性开关函数和抛物线开关函数)。而实际的 Q 开关函数往往是比较复杂的，甚至很难用一种简单的函数形式予以表达。在此，着重讨论理想的阶跃开关函数。

假定腔内损耗 δ 在时间上有一突变，即如图 6-10 所示的阶跃函数，表述为

$$\delta = \begin{cases} A(t<0) \\ B(t>0) \end{cases} \tag{6-12}$$

在 $t=0$ 以前的过程只是准备了初始反转粒子数密度 Δn_i 这个初始条件，不涉及对 Δn_t 的积累，可需考虑 $t=0$ 以后的变化过程。

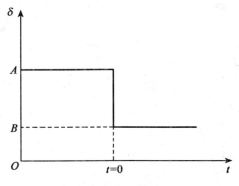

图 6-10 损耗阶跃变化

将方程(6-10)与(6-11)的等式左右两边分别相除,消去时间 t,得

$$\frac{d\phi}{d\Delta n} = \frac{1}{2}\left(\frac{\Delta n_t}{\Delta n} - 1\right) \tag{6-13}$$

在 $t=0$ 时刻,Δn 达到最大值 Δn_i,而受激辐射光子为零,即 $\phi = \phi_i = 0$,之后,ϕ 开始增加,到 t_0 时雪崩过程形成,ϕ 急剧增长,Δn 也开始剧减,这一过程持续到 t_p 时刻,这时 $\Delta n = \Delta n_t$,腔内光子数到达极大值 ϕ_m。将式(6-13)积分,并考虑到 Δn 的积分限为从 $\Delta n_i \to \Delta n_t$,有

$$\int_0^{\phi_m} d\phi = \frac{1}{2}\int_{\Delta n_i}^{\Delta n_t}\left(\frac{\Delta n_t}{\Delta n} - 1\right)d\Delta n \tag{6-14}$$

积分后得出

$$\phi_m = \frac{1}{2}\left[\Delta n_i - \Delta n_t + \Delta n_t \ln\left(\frac{\Delta n_t}{\Delta n_i}\right)\right] \tag{6-15}$$

利用台劳级数展开后,得近似式:

$$\phi_m = \frac{\Delta n_t}{4}\left(\frac{\Delta n_i}{\Delta n_t} - 1\right)^2 \tag{6-16}$$

可见,ϕ_m 与参量 $(\Delta n_i/\Delta n_t)$ 存在二次方的关系,其变化曲线如图 6-11 所示。

因此,提高初始粒子反转数 Δn_i 与阈值粒子数 Δn_t 之比,有利于腔内最大光子数 ϕ_m 的提高。

6.3.3 调 Q 脉冲的峰值功率

可以近似地认为,光子在腔内的寿命 t_c 的时间内逸出,而每个光子的能量为 $h\nu$,则激光的瞬时功率 $P = \phi h\nu/t_c$,利用式(6-15)可得

$$P = \frac{h\nu}{2t_c}\left(\Delta n_i - \Delta n + \Delta n_t \ln\frac{\Delta n}{\Delta n_i}\right) \tag{6-17}$$

当 $\Delta n = \Delta n_t$ 时,输出功率达到极大值,即峰值功率为

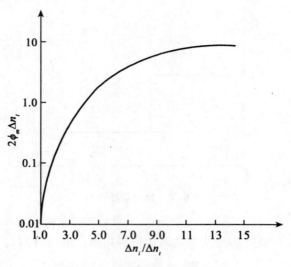

图 6-11 ϕ_m 与 $\Delta n_i/\Delta n_t$ 的关系

$$P_m = \frac{h\nu}{2t_c}\left(\Delta n_i - \Delta n_t + \Delta n_t \ln\frac{\Delta n_t}{\Delta n_i}\right) \tag{6-18}$$

如果初始反转粒子数 Δn_i 大大超过阈值反转粒子数 Δn_t（高 Q 值情况），可得

$$P \approx \frac{1}{2}\frac{\Delta n_i}{t_c}h\nu \tag{6-19}$$

6.3.4 调 Q 脉冲的能量及能量利用率

激光脉冲的能量是由消耗反转粒子数的受激辐射过程提供的，若以光子数从极大值 ϕ_m 下降到 ϕ_f 的时间作为脉冲结束，则 ϕ_f 对应的反转粒子数为 Δn_f。因此，调 Q 脉冲的总能量可由下式决定：

$$E = \frac{1}{2}(\Delta n_i - \Delta n_f)h\nu V \tag{6-20}$$

式中，V 为腔内激活介质的体积；Δn_f 为激光振荡终止时的反转粒子数密度，它可以由积分方程(6-14)解得

$$\Delta n_f = \Delta n_i \exp\left[\frac{\Delta n_i}{\Delta n_t}\left(\frac{\Delta n_f}{\Delta n_i} - 1\right)\right] \tag{6-21}$$

$$\frac{\Delta n_f}{\Delta n_i} = \exp\left(\frac{\Delta n_f - \Delta n_i}{\Delta n_t}\right) \tag{6-22}$$

通常 $\Delta n_i \gg \Delta n_f$，所以由式(6-21)可以看出，调 Q 脉冲能量随参量 $\Delta n_i/\Delta n_t$ 的变大而线性增加。

为了分析一个调 Q 脉冲从激活介质的储能中提取了多大比率的能量，并且考虑到

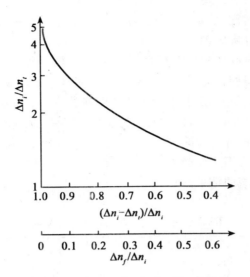

图 6-12　η 和 $\Delta n_f/\Delta n_i$ 与 $\Delta n_i/\Delta n_t$ 的关系

Δn_f 对调 Q 脉冲无贡献，它在巨脉冲结束后，以荧光形式消散掉，我们用 $(\Delta n_i - \Delta n_f)/\Delta n_i$ 来描述这一比率，称之为调 Q 脉冲的能量利用率，以 η 表示。图 6-12 表示出 η 与 $\Delta n_f/\Delta n_i$ 以及 $\Delta n_i/\Delta n_t$ 的关系。从图可以看出，η 随 $\Delta n_f/\Delta n_i$ 的增大而减小，而随 $\Delta n_i/\Delta n_t$ 的增加而增大。因此，增加 $\Delta n_i/\Delta n_t$ 能够提高调 Q 脉冲的能量利用率。当 $\Delta n_i/\Delta n_t > 3$ 时，大约有 90% 以上的能量被脉冲提取，当 $\Delta n_i/\Delta n_t = 1.5$ 时，则能量利用率只有 60%，相应的 $\Delta n_f/\Delta n_i$ 也会增大。所以，对调 Q 激光器来说，应尽量使 Q 开关函数阶跃变化大些，达到 $\Delta n_i/\Delta n_t > 3$ 以上，才能保证有较高的工作效率。

6.3.5　调 Q 脉冲的时间特性

下面讨论一下调 Q 脉冲的脉宽和波形问题。由式(6-10)可得

$$d t = -\frac{\Delta n_t}{2\Delta n \delta \phi} d\Delta n \tag{6-23}$$

将式(6-15)的 ϕ 代入，积分后得到

$$\Delta t = -\int_{\Delta n_i}^{\Delta n} \frac{d\Delta n}{2\Delta n' \delta \left[\dfrac{\phi_0}{\Delta n_t} + \dfrac{1}{2}\left(\dfrac{\Delta n_i}{\Delta n_t} - \dfrac{\Delta n'}{\Delta n_i} + \ln \dfrac{\Delta n'}{\Delta n_i} \right) \right]} \tag{6-24}$$

如果所讨论的时间 Δt 仅指激光脉冲宽度内的一段时间，那么在该时间内，初始光子数密度 ϕ_0 可忽略，则式(6-24)可写为

$$\Delta t = -\int_{\Delta n_i}^{\Delta n} \frac{d\Delta n}{\Delta n \left(\dfrac{\Delta n_i}{\Delta n_t} - \dfrac{\Delta n}{\Delta n_i} + \ln \dfrac{\Delta n}{\Delta n_i} \right)} \tag{6-25}$$

这个积分方程不宜直接得出解析解，但可以根据已给出的初始值 $\Delta n_i/\Delta n_t$，利用数

值积分来求得 Δt 的数值解,其结果列于表 6-1。其中 Δt_1 为光子数从半极大值上升到峰值所需时间(脉冲上升时间), Δt_2 为光子数从峰值下降到半极大值处的时间(脉冲下降时间),而 $\Delta t_1+\Delta t_2$ 即为脉宽 Δt。

图 6-13 给出了几种不同初始值时的计算结果。图中纵坐标为归一化光子数密度 $2\phi_m/\Delta n_t$,横坐标表示以腔内光子寿命为单位的时间参量 t/t_c(其中 t_c 为光子在腔内的寿命)。从上述速率方程的解可以看出,在调 Q 激光器中,$\Delta n_i/\Delta n_t$ 是一个极为重要的参量,它直接影响到输出功率和脉冲宽度,亦即影响到总体效率。当 $\Delta n_i/\Delta n_t$ 值增大时,峰值光子数增加,脉冲的上升时间(前沿)和下降时间(后沿)同时缩短,脉冲变窄,而且后沿变化缓慢些,这是因为受激辐射的过程在脉冲的峰值处基本上已经结束,此时间过程为腔内光子自由衰减的结果。

表 6-1　　　　　　　脉冲宽度 Δt 与参量 $\Delta n_i/\Delta n_t$ 的关系

$\dfrac{\Delta n_i}{\Delta n_t}$	$\dfrac{2\phi_m}{\Delta n_t}$	Δt_1	Δt_2	$\dfrac{\Delta n_i}{\Delta n_t}$	$\dfrac{2\phi_m}{\Delta n_t}$	Δt_1	Δt_2
1.105	0.0052	12.291	12.623	4.055	1.655	0.782	1.263
1.221	0.0214	7.960	8.437	4.482	1.982	0.702	1.186
1.350	0.0499	5.335	5.803	4.953	2.353	0.633	1.120
1.492	0.0918	3.892	4.356	5.474	2.774	0.572	1.064
1.649	0.149	3.016	3.480	6.050	3.250	0.518	1.015
1.822	0.222	2.432	2.896	6.686	3.786	0.471	0.973
2.014	0.314	2.016	2.481	7.389	4.389	0.429	0.936
2.226	0.426	1.704	2.171	8.166	5.066	0.391	0.905
2.460	0.560	1.463	1.931	9.025	5.825	0.357	0.877
2.718	0.718	1.271	1.741	9.974	6.674	0.327	0.854
3.004	0.904	1.114	1.586	11.023	7.623	0.300	0.833
3.320	1.120	0.984	1.459	12.182	8.683	0.275	0.816

所以在设计调 Q 激光器时,应尽可能地提高光泵浦的抽运速率以增大 Δn_i,同时要选择效率较高的激光工作物质和合适的谐振腔结构以减小 Δn_t 和其他损耗。

例 6.1　红宝石调 Q 激光器输出镜反射率为 $r_1=0.96$,另一镜反射率 r_2 在 $0.1\sim 1$ 之间变化,红宝石棒与腔长同为 $L=20\text{cm}$,截面积 $S=10\text{mm}^2$,红宝石发射截面 $\sigma_{21}=2.5\times 10^{-24}\text{m}^2$,设 Q 开关在反转粒子数达到 r_2 低反射率所对应的阈值时开启,求 φ_m 及 P_m(光波长 $\lambda=694.3\text{nm}$,折射率 $n=1.76$)。

解:

$$\delta_H=-\frac{1}{2}\ln r_1 r_2=-\frac{1}{2}\ln(0.96\times 0.1)=1.172$$

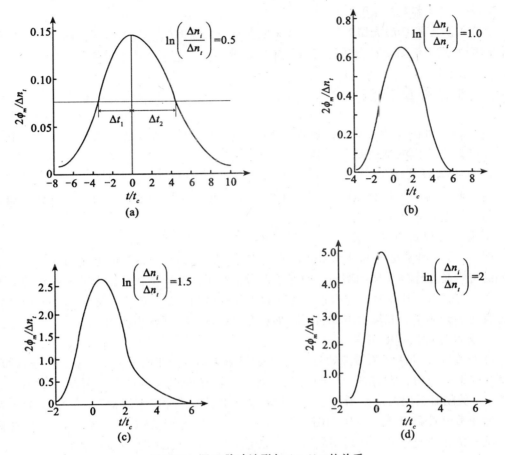

图 6-13 调 Q 脉冲波形与 $\Delta n_i/\Delta n_t$ 的关系

$$\delta = \frac{1-r_1}{2} = \frac{0.04}{2} = 0.02 \qquad \therefore \frac{\Delta n_0}{\Delta n_t} = \frac{\Delta n_t'}{\Delta n_t} = \frac{\delta'}{\delta} = \frac{1.172}{0.02} = 58.6$$

$$\Delta n_t = \frac{\delta}{\sigma_{21}L} = \frac{0.02}{2.5 \times 10^{-24} \times 0.2} = 4 \times 10^{22} \, \text{m}^{-3}$$

$$\varphi_m = \frac{1}{2}\Delta n_t\left(\frac{\Delta n_0}{\Delta n_t} - \ln\frac{\Delta n_0}{\Delta n_t} - 1\right) = \frac{1}{2} \times 4 \times 10^{22}(58.6 - \ln 58.6 - 1) = 1.07 \times 10^{24} \, \text{m}^{-3}$$

$$P_m = h\nu_0 \varphi_m \nu ST/2 = \frac{hc^2 \varphi_m ST}{2n\lambda}$$

$$= \frac{6.63 \times 10^{-34} \times (3 \times 10^8)^2 \times 1.07 \times 10^{24} \times 10 \times 10^{-6} \times 0.04}{1.76 \times 5943 \times 10^{-10}} = 1.1 \times 10^7 \, \text{W}$$

◎ 自测练习

(1) 根据量子力学测不准原理和电动力学的波包理论,电磁波的脉冲宽度与其谱线宽度成反比，谱线宽度越宽，可能获得的_____越窄。固体激光工作物质适合于作超短脉冲激光器工作物质。

（2）在设计调 Q 激光器时，应尽可能地提高光泵浦的_____速率，同时要选择效率较高的激光工作物质和合适的谐振腔结构以减小_____和其他损耗。

6.4 常见调 Q 方法

调 Q 方法有电光调 Q、声光调 Q、被动调 Q 以及转镜调 Q 等。本节重点介绍电光调 Q、声光调 Q 以及被动调 Q 三种。

1. 电光调 Q

电光调 Q 是一种广泛使用的调 Q 方法。常见的调 Q 器件结构分为脉冲反射式调 Q 开关与脉冲透射式调 Q 开关。

a. **脉冲反射式调 Q 开关**

图 6-1 是一种典型的脉冲反射式调 Q 开关结构，称为带偏振器的电光调 Q 器件，该器件的特点是工作物质储能调 Q，即能量以激活粒子的形式储存在激光工作物质的高能级上，当打开"Q"开关时，腔内很快建立起极强的激光振荡，激光上能级储存的能量转变为腔内的光能量，其输出方式是一面形成激光振荡，一面输出激光。

b. **脉冲透射式调 Q 开关**

脉冲透射式调 Q 开关器件的特点是谐振腔储能调 Q，即能量以光子（辐射场）的形式储存在谐振腔内，当打开"Q"开关时，光子只能在腔内往返振荡而无激光输出，当"Q"开关关闭时，腔内能量瞬间全部透射出去。该方法俗称"腔倒空"。图 6-14 为一典型的脉冲透射式调 Q 激光器原理图。$P_1 // P_2$，M_1、M_2 为全反镜，M_2 置于 P_2 偏振棱镜界面反射偏光的光路上。当调制晶体上未加电压时，激光工作物质在泵浦的作用下，工作物质的自发辐射光可顺利通过 P_1 和 P_2，但无输出反射镜，腔的 Q 值很低，不能形成激光振荡。当工作物质储能达到最大值时，在电光晶体上加上半波电压，此时通过 P_1 的线偏光通过晶体后偏振面将要旋转 90°，因此，不能通过偏振棱镜 P_2，但可经棱镜的界面反射到全反射镜 M_2 上，此时激光振荡迅速形成。当腔内振荡的光子数密度达到最大值时，迅速撤去晶体上的电压，此时腔内储存的最大光能量瞬时通过 P_2 耦合输出，形成巨脉冲。

2. 声光调 Q 技术

声光调 Q 技术也是一种常见的调 Q 方法。器件原理与第五章的声光调制器基本相同。基本原理是把声光调 Q 器件插入谐振腔内，在其上加电，当光束通过时，发生偏转而逸出腔外，使谐振腔处于高损耗低 Q 值状态，不能产生振荡。当加在声光晶体上的高频信号突然停止时，声光晶体中的超声场消失，于是谐振腔突变为高 Q 值而起振，输出一巨脉冲。

3. 被动调 Q 技术

电光调 Q 与声光调 Q 都是属于主动式调 Q 方法，即人为地利用材料的某些物理效应来控制激光谐振腔的损耗，使其 Q 值发生突变。被动调 Q 技术属于另一种调 Q 方式，

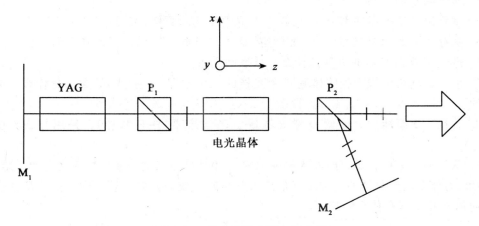

图 6-14 脉冲透射式调 Q 激光器

即被动式调 Q，该方法利用材料的可饱和吸收特性，自动改变激光谐振腔的 Q 值。

被动式调 Q 器件的核心元件是一种称为可饱和吸收体的非线性材料，该材料的吸收系数与光强有关，在较强激光的作用下，其吸收系数随光强的增加而减小直至饱和，对其中的传输光呈透明特性。常见的可饱和吸收体有半导体饱和吸收镜、单壁碳纳米管、石墨烯及染料等。可饱和吸收体的损耗与光强之间有关系：

$$a(t) = \frac{a_0}{1+I(t)/I_s} \tag{7-26}$$

式中，a_0 为非饱和损耗；$I(t)$ 为光强；I_s 为可饱和吸收体的饱和光强。可饱和吸收体的特性为其光通过率随光强的增加而增加。

基于可饱和吸收体被动式调 Q 器件的机理是在开始阶段，腔内光强很小，可饱和吸收体的光透过率很低，处于低 Q 值，不能形成振荡。随着泵浦作用的继续和反转粒子数的积累，腔内荧光逐渐变强，当光强与 I_s 可比拟时，可饱和吸收体的吸收系数变小，透过率逐渐增加。当光强达到一定值时，可饱和吸收体的吸收达到饱和，突然被"漂白"而变得透明，这时腔内 Q 值猛增，产生巨脉冲激光振荡。

◎ 自测练习

(1) 脉冲反射式调 Q 开关的特点是_____储能。

(2) 脉冲透射式调 Q 开关的特点是_____储能。该方法俗称_____。

(3) 当可饱和吸收体的吸收被"漂白"时，其对腔内激光_____。

◎ 本章思考题

1. 普通脉冲激光器的峰值功率不高的主要原因是什么？
2. 为什么调 Q 时增大激光器的损耗的同时能造成上能级粒子数的积累？

3. 简述调 Q 技术的基本思想。

4. 试画出带偏振器的 KDP 电光调 Q 激光器结构示意图,并简述其工作原理。

5. 脉冲透射式调 Q 技术又称"腔倒空"技术,请解释"腔倒空",并举例说明。

6. 声光调 Q 激光器的机理是什么?试举例说明。

7. 请解释利用可饱和吸收体调 Q 激光器的工作原理,"漂白"的含义是什么?试举例说明。

8. 若在一次泵浦中,使调 Q 激光器输出多个脉冲(序列脉冲),采用什么方法实现?

9. 从原理上分析,延迟时间太早或太晚,对调 Q 激光器的输出特性会有什么影响?

10. 为什么电光晶体的 x 轴或 y 轴与入射偏振光振动方向必须一致?如果调整有误差,对激光器工作有什么影响?

◎ **练习六**

1. 若调 Q 激光器的腔长 L 大于工作物质长 l,η 及 η' 分别为工作物质及腔中其余部分的折射率,试求峰值输出功率 P_m 表示式。

2. 图 6-15 所示 Nd:YAG 激光器的两面反射镜的透过率分别为 $T_2=0$,$T_1=0.1$,$2\omega_0=1$mm,$l=7.5$cm,$L=50$cm,Nd:YAG 发射截面 $\sigma=8.8\times10^{-19}$cm^2,工作物质单通损耗 $T_i=6\%$,折射率 $\eta=1.836$,所加泵浦功率为不加 Q 开关时阈值泵浦功率的二倍,Q 开关为快速开关。试求其峰值功率、脉冲宽度、光脉冲输出能量和能量利用率。

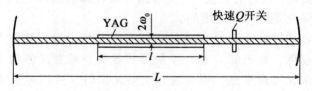

图 6-15 题 6.2 图

3. Q 开关红宝石激光器中,红宝石棒截面积 $S=1$cm^2,棒长 $l=15$cm,折射率为 1.76,腔长 $L=20$cm,铬离子浓度 $N=1.58\times10^{19}$cm^3,受激发射截面 $\sigma=1.27\times10^{-20}$cm^2,光泵浦使激光上能级的初始粒子数密度 $n_{2i}=10^{19}$cm^{-3},假设泵浦吸收带的中心波长 $\lambda=0.45\mu$m,E_2 能级的寿命 $\tau_2=3$ms,两平面反射镜的反射率与透射率分别为 $r_1=0.95$,$T_1=0$,$r_2=0.7$,$T_2=0.3$。试求:

(1) 使 E_2 能级保持 $n_{2i}=10^{19}$cm^{-3} 所需的泵浦功率 P_p;

(2) Q 开关接通前自发辐射功率 P;

(3) 脉冲输出峰值功率 P_m;

(4) 输出脉冲能量 E;

(5) 脉冲宽度 τ(粗略估算)。

4. 若有一四能级调 Q 激光器，有严重的瓶颈效应（即在巨脉冲持续的时间内，激光低能级积累的粒子数不能清除）。已知比值 $\Delta n_i/\Delta n_t = 2$，试求脉冲终了时，激光高能级和低能级的粒子数 n_2 和 n_1（假设 Q 开关接通前，低能级是空的）。

5. 某气体激光器 Q 开关打开后，阈值反转粒子数及初始与阈值反转粒子数比分别为 $\Delta n_t = 3.2 \times 10^{20} \text{m}^{-3}$、$\Delta n_0/\Delta n_t = 4$，试求 ϕ_m。

6. 为使调 Q 激光器的能量利用率达到 60%，试求反转粒子数比参数 $\Delta n_0/\Delta n_t$。

7. 求腔长 1m 的调 Q 激光器所能获得的最小脉宽。

8. 红宝石调 Q 激光器输出镜的透射率为 $T_1 = 3\%$，另一镜的透射率 T_2 在 12% 至 0 之间变化，红宝石棒长与谐振腔长都为 $L = 15\text{cm}$，截面积 $S = 10\text{mm}^2$，发射截面为 $\sigma = 2.5 \times 10^{-24} \text{m}^2$。设 Q 开关在反转粒子数刚好达到 T_2 的高透射率所对应的阈值时开启，试求此激光器的最大光子数密度 N_m 及输出峰值功率 P_m。（其他损耗不考虑，光波长 $0.6943\mu\text{m}$，折射率 1.76）。

第七章　超短脉冲技术

产生超短脉冲激光的技术常称为锁模技术,所产生超短脉冲的脉宽为皮秒、飞秒(10^{-15}s)量级。本章以单壁碳纳米管被动锁模光纤激光器实验为例,介绍锁模机理、锁模方法、超短脉冲压缩与测量方法以及超短脉冲放大技术。学习本章之后,读者应知道:

(1)单壁碳纳米管被动锁模光纤激光器的实验研究过程;
(2)多模激光器的输出特性;
(3)锁模原理(频域描述);
(4)常见锁模方法;
(5)超短脉冲压缩方法;
(6)超短脉冲测量方法;
(7)超短脉冲放大技术。

7.1　单壁碳纳米管被动锁模光纤激光器实验

被动锁模光纤激光器是迄今为止的最好脉冲光源,其中的一个关键器件是锁模器(即饱和吸收体),如半导体饱和吸收体,非线性偏振开关,非线性光环形镜(NOLM)等。在上述锁模器中,基于半导体的多量子阱(MQW)器件(常指半导体饱和吸收镜SESAM)是商用被动锁模激光器中的主要器件。但这类器件存在着恢复时间较长(大约几个纳秒)及光损伤阈值很低等缺点。

2003年3月,日本的S. Y. Set等人首次制作出了一种新型的可饱和吸收体——基于单墙碳纳米管的饱和吸收体,并成功制作出首例被动锁模光纤激光器。单壁碳纳米管饱和吸收体具有超快恢复时间(~100fs),宽带宽,小尺寸,低背景损耗,偏振不敏感,能工作在传输、反射以及双向模式,较高的化学稳定性和较高的光损伤阈值。单墙碳纳米管的饱和吸收体一出现就引起了广泛关注,迄今为止已研制出线性腔、环形腔等腔结构的被动锁模光纤激光器与波导激光器。此外,该类饱和吸收体还具有拟制噪声的作用。

7.1.1　谐振腔结构

1. 线性腔结构

线性腔是一种常见的激光腔结构。2003年3月,日本的S. Y. Set等人提出了如图7-1所示的线性腔。此结构中的锁模器是夹在两块1mm厚,且外表面镀增透膜的石英衬底之间的厚度为~1μm的纯单墙碳纳米管，该可饱和吸收体工作在反射模式，反射式的单墙碳纳米管饱和吸收体作为腔的一端，腔的另一端是以补偿腔的双折射的法拉第镜。激光器工作波长为1.5μm，3dB谱宽为~13.6nm(~1700GHz)，重复频率为9.85MHz，脉冲宽度为318fs，时间-带宽乘积为0.54。当泵浦功率为25mW时，输出的平均光功率为1mW。为了使增益带宽最大化，该结构没有使用带通滤波器。

在2004年的激光与电光国际会议(CLEO)上，日本的S.Yamashita等人提出了一种短腔结构，如图7-2所示，这种激光器由2cm长Er:Yb掺杂光纤、抛光端面镀有~99.87%高反膜的单模光纤以及位于左高反镜与Er:Yb掺杂光纤之间的碳纳米管饱和吸收体组成。碳纳米管饱和吸收体为厚度小于1μm的单墙碳纳米管。泵浦光通过一个WDM耦合器进入谐振腔，激光通过WDM耦合器及隔离器输出。在60mW的泵浦功率下，得到了脉冲宽度为0.68ps，重复频率为5.18GHz的激光输出。

2007年，S.Yamashita又与美国亚利桑那大学的N.Peyghambarian合作，制作出重复频率为10GHz，输出功率高达30mW的被动锁模激光器。

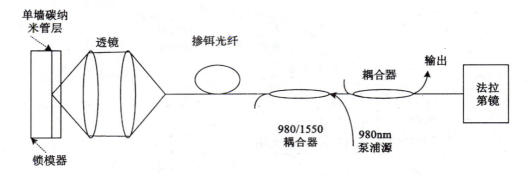

图7-1 线性腔掺铒光纤激光器

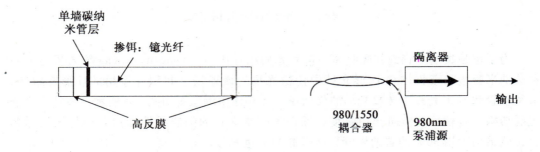

图7-2 碳纳米管基光纤FP腔被动锁模激光器

2. 环行腔结构

基于碳纳米管被动锁模掺铒光纤环形腔激光器结构如图7-3所示。这种环形腔由掺铒光纤、2个隔离器、单模光纤、碳纳米管基锁模器组成，碳纳米管饱和吸收体工作在传输模式。泵浦光的输入及激光的输出分别通过一个 WDM 耦合器完成。

2003 年 3 月，日本的 S. Y. Set 等人在 OFC2003 上报道了他们的研究工作，采用图 7-3 所示的环形腔结构，在 18mW 泵浦功率作用下，激光器开始锁模并产生多脉冲，当泵浦功率下降到 14mW 时，激光器维持 6.1MHz 重复频率工作，输出平均光功率为 −5.8dBm，3dB 谱宽为 ~3.7nm，观察到 1.1ps 的传输脉宽，时间-带宽乘积为 0.52，工作波长 1.5μm。实验表明：该激光器对偏振不敏感。通过在腔内插入 1m 长的色散位移光纤，可获得 50.4MHz 重复频率，输出平均光功率为 −7dBm，3dB 谱宽为 ~3nm，观察到 0.9ps 的传输脉宽，时间-带宽乘积为 0.34 的脉冲序列。此外，Y. Sakakibara 等人、M. Nakazawa 等人及 A. G. Rozhin 利用其他方法制作出的碳纳米管饱和吸收体，采用环形腔结构，均获得了理想的激光脉冲。最近，N. Nishizawa 等人提出了一种保偏超短脉冲光纤激光器，获得了 41.3MHz 重复频率，输出平均光功率为 4.8mW，脉冲宽度为 314fs 激光输出。

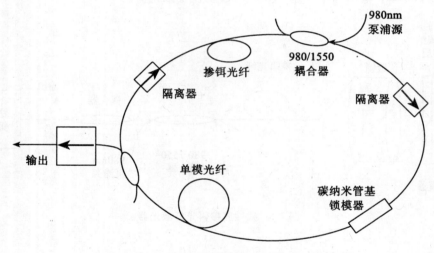

图 7-3 环形腔结构简图

为了增强碳纳米管饱和吸收体与信号光的相互作用，Yong-Won Song 等人提出了一种碳纳米管饱和吸收体和 D 形光纤中传输光场的倏逝场之间相互作用的环形腔结构，碳纳米管和 D 形光纤中传输光场的倏逝场的相互作用示意图如图 7-4 所示，该结构为全光纤结构，有较长的横向作用长度，保证了碳纳米管的强非线性作用。和传统结构相比，该结构少用 30% 的碳纳米管，所得脉冲的重复频率为 5.88MHz，脉宽为 470fs，中心波长为 1556.2nm，3dB 谱宽为 3.7nm，时间带宽乘积为 0.216。2007 年 1 月，日本东京大学的 Song 等人报道了利用碳纳米管和锥形光纤中传输光场的倏逝场的相互作用，验证了一种非块状锁模器。其中随机碳纳米管分布对称横截面保证了其脉冲形成操作的偏振无关性。为了减小散射，碳纳米管涂覆在劈尖的周围(2mm)，所得脉冲的重复频率是 7.3MHz，脉宽为 829fs。

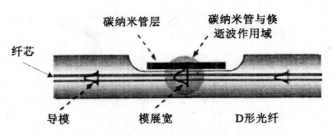

图 7-4　碳纳米管与 D-形光纤结构简图

7.1.2　实验结果

1. 单壁碳纳米管传输谱

图 7-5 为平均直径为 1.35nm 的单壁碳纳米管传输谱，图 7-6 为平均直径为 1.2nm 的单壁碳纳米管传输谱。

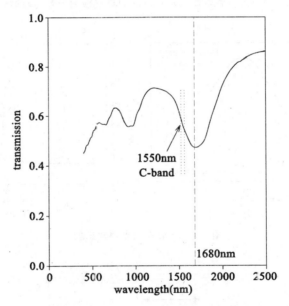

图 7-5　平均直径为 1.35nm 的单壁碳纳米管传输谱

图 7-7 为环形腔结构激光器输出特性，图 7-7(a) 为光谱，图 7-7(b) 为脉宽自相关测量波形。图 7-8 为激光器输出脉冲序列，重复频率为 5GHz。

例 7.1　图 7-7 与图 7-8 中的三条关系曲线分别是用什么仪器测量得到的？

解：图 7-7 中的 (a) 图是光谱仪得到的光谱图，用于测量超短脉冲的光谱宽度；

图 7-7 中的 (b) 图是自相关仪测量的脉冲波形，用于测量脉冲宽度，从而求出输出脉冲的时间-带宽积；

图 7-8 是示波器测量的锁模脉冲序列，用于测量锁模脉冲的重复频率。

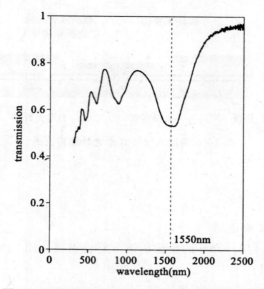

图 7-6　平均直径为 1.2nm 的单壁碳纳米管传输谱

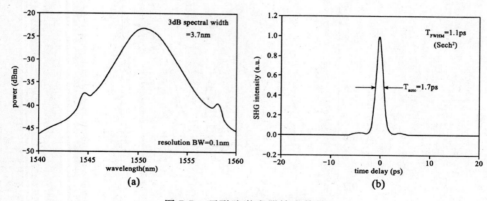

图 7-7　环形腔激光器输出特性

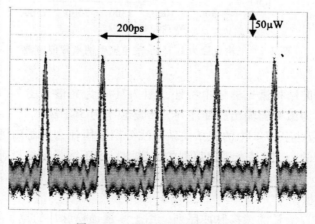

图 7-8　环形腔激光器时域波形

◎ 自测练习

（1）单壁碳纳米管被动锁模光纤激光器研究报告给出的图形有_____、_____、_____、_____以及_____。

（2）单壁碳纳米管被动锁模光纤激光器研究报告中所测量的参数有_____、_____与_____。

7.2 多模激光器的输出特性

图7-9为多模激光器光谱与纵模分布示意图。工作物质的增益谱宽为$\Delta\omega_L$，纵模间隔$\Delta\nu_q$为

$$\Delta\nu_q = \frac{c}{2nL} \tag{7-1}$$

式中，c为真空中的光速；n腔内介质折射率；L为腔长。

$$\Delta\omega_q = 2\pi\Delta\nu_q \tag{7-2}$$

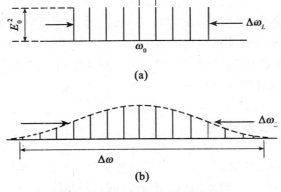

图7-9 多模激光器光谱与纵模

腔内起振模式数N由$\Delta\omega$和$\Delta\nu_q$决定，且有

$$N = \frac{\Delta\omega_L}{\Delta\omega_q} \tag{7-3}$$

图7-10为51个纵模振荡激光器的强度随时间的变化关系曲线。这些模式的相位和振幅都是随机的，激光输出是它们无规则叠加的结果，是一种时间平均的统计值。

设每个模式的振幅为E_0，N个模式非相干叠加有其输出能量$\propto NE_0^2$。

例7.2 一锁模氩离子激光器，腔长1m，多普勒线宽为6000MHz。试求起振纵模数。

解： 相邻纵模的频率间隔为

$$\Delta\nu_q = c/2L = 1.5 \times 10^8 \text{Hz}$$

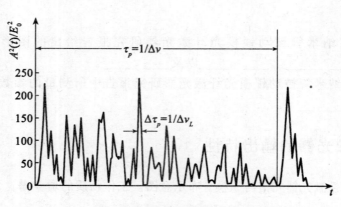

图 7-10 多模振荡激光器的强度随时间的变化关系

起振纵模数为

$$N = \Delta\nu_D / \Delta\nu_q = 40$$

◎ 自测练习

(1) 某一多模激光器，其起振纵模数为 400，多普勒线宽为 6000MHz，则其腔长为_____。(假设激光物质的折射率为 1)

(2) 某一多模激光器有 40 个纵模同时起振，平均输出功率为 3W。假设每个纵模的强度相同，那么每个模式的能量约为_____。

7.3 锁模原理(频域描述)

锁模的基本思想是采用某种方法，使得各模式间的相位差恒定，激光输出为多模相干叠加的结果。设有 $2n+1$ 个模式起振，各模式的振幅相同(为 E_0)，输出光束中各模式的相位 φ_l 按下式锁定

$$\varphi_l - \varphi_{l-1} = \varphi \tag{7-4}$$

式中，φ 为常数。

输出光束中，任意给定点的连续波电场可表示为

$$E(t) = \sum_{l=-n}^{+n} E_0 \exp[jl(\Delta\omega_q t + \varphi) + j\omega_0 t] \tag{7-5}$$

为简单起见，已假设中心频率模式的初相为 0。

合场强为

$$E(t) = A(t)\exp(j\omega_0 t) \tag{7-6}$$

$$A(t) = \sum_{-n}^{+n} E_0 \exp[jl(\Delta\omega_q t + \varphi)] \tag{7-7}$$

令 $\Delta\omega_q t' = \Delta\omega_q t + \varphi$,则

$$A(t') = \sum_{-n}^{+n} E_0 \exp[jl\Delta\omega_q t'] \tag{7-8}$$

$$A(t') = E_0 \frac{\sin\left((2n+1)\frac{\Delta\omega_q t'}{2}\right)}{\sin\left(\frac{\Delta\omega_q t'}{2}\right)} \tag{7-9}$$

图 7-11 是 $N = 2n+1 = 7$ 个纵模锁模的示意图。

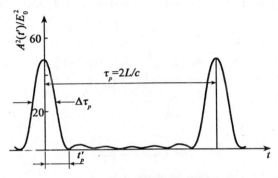

图 7-11 7 个纵模锁模示意图

设腔内介质的折射率为 1。得出如下结论：
(1) 激光器的输出是间隔为 $\tau_p = 2L/c$ 的规则脉冲序列。重复频率为 $f = 1/\tau_p$。
(2) 每个脉冲的宽度为

$$\Delta\tau_F = \frac{1}{2n+1}\frac{1}{\Delta\nu_q} = \frac{1}{\Delta\nu_L} \tag{7-10}$$

式中，$\Delta\nu_L = (2n+1)\Delta\nu_q$ 为激光器振荡线宽。
(3) 输出脉冲的峰值功率正比于 $E_0^2(2n+1)^2$。
(4) 多模激光器锁模后，各振荡模发生功率耦合而不再独立，每个模的功率应看成是所有振荡模提供的。
(5) 时间-带宽乘积。

光场振幅由光谱振幅的傅里叶变换给出。在不存在啁啾情况下，脉宽 $\Delta\tau_p$ 与激光谱宽 $\Delta\nu_L$ 之间的关系为

$$\Delta\tau_p \Delta\nu_L = \beta \tag{7-11}$$

式中，β 是与脉冲形状有关的因子。(7-11) 式称为脉冲变换极限。对高斯脉冲有 $\beta = 0.441$，对双正割脉冲有 $\beta = 0.315$。

例 7.3 求高斯脉冲的时间带宽积。

解：高斯脉冲场分布为

$$U(0, T) = \exp\left(-\frac{T^2}{2T_0^2}\right)$$

式中，T_0 为脉冲半宽度（在强度峰值的 $1/e$ 处）。光强为

$$I \propto U^2 = \exp\left(-\frac{T^2}{T_0^2}\right)$$

半极大全宽度（FWHM）为

$$\frac{1}{2} = \exp\left(-\frac{T^2}{T_0^2}\right), \quad T = \sqrt{\ln 2}\, T_0,$$

$$T_{\text{FWHM}} = 2\sqrt{\ln 2}\, T_0 \approx 1.665 T_0 \tag{7-12}$$

高斯脉冲场的傅里叶变换为

$$\widetilde{U}(0, \omega) = \int_{-\infty}^{\infty} U(0, T) \exp(i\omega T)\, dT = \sqrt{2\pi}\, T_0 \exp\left(-\frac{1}{2} T_0^2 \omega^2\right)$$

功率谱

$$I \propto |\widetilde{U}(0, \omega)|^2 = 2\pi T_0^2 \exp(-T_0^2 \omega^2)$$

$$1/2 = \exp(-T_0^2 \omega^2)$$

$$\Delta \omega = \frac{\sqrt{\ln 2}}{T_0},$$

$$\Delta \omega \big|_{\text{FWHM}} = 2\frac{\sqrt{\ln 2}}{T_0} \tag{7-13}$$

(7-12)与(7-13)式的乘积，即时间-带宽积为

$$T_{\text{FWHM}} \times \Delta\omega \big|_{\text{FWHM}} = 2\sqrt{\ln 2}\, T_0 \times \frac{2\sqrt{\ln 2}}{T_0} = 4\ln 2 = 2.7726$$

$$T_{\text{FWHM}} \times \Delta\nu \big|_{\text{FWHM}} = \frac{2.7726}{2\pi} = 0.441 \tag{7-14}$$

例 7.4 He-Ne 激光器的谐振腔长 $L = 1.5\text{m}$，截面积 $S = 1\text{mm}^2$，输出镜透过率为 $T = 0.01$，激活介质的多普勒线宽为 950MHz，饱和参数为 $I_s = 50\text{W/mm}^2$，现将此激光器激活，激发参数 $\beta = 2$，求：（1）满足起振条件的模式数；（2）总输出功率（无模式竞争，各模式输出功率均按中心频率输出功率计）；（3）锁模后的光脉冲峰值功率、重复周期、脉宽。

解：(1) $\Delta\nu_L = \sqrt{\dfrac{\ln\beta}{\ln 2}}\, \Delta\nu_F = 950\text{MHz}$，$\Delta\nu_q = \dfrac{c}{2L} = 100\text{MHz}$，$N = 10$

(2) $I_{\nu_0} = I_s(\beta^2 - 1) = 150\text{W/mm}^2$

$$P_{\nu_0} = \frac{1}{2} S T I_{\nu_0} = 0.75\text{W}$$

$$P = N P_{\nu_0} = 7.5\text{W}$$

(3) $P_m = N^2 P_{\nu_0} = 75\text{W}$

$T = 2L/c = 10^{-8}\text{s}$，$\tau = T/N = 1/\Delta\nu_F = 10^{-9}\text{s}$

◎ 自测练习

（1）一锁模 He-Ne 激光器振荡带宽为 600MHz，输出谱线形状近似于高斯函数，则

其相应的脉冲宽度为_____。

(2)碳纳米管是一种新型的可饱和吸收材料。基于碳纳米管饱和吸收体被动锁模激光器是近年来超短脉冲激光器的研究热点。图 7-12 和图 7-13 是某实验的结果,从图上可看出:(1)该锁模激光器的重复频率是_____。(2)脉冲激光的 3-dB 光谱带宽约为_____。(3)如利用双光子吸收自相关仪测得的脉宽约为 0.47ps,则该激光脉冲的时间-带宽乘积是_____。

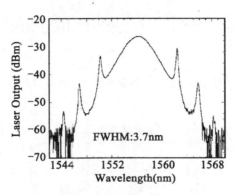

图 7-12　实验结果(一)

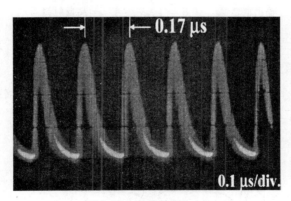

图 7-13　实验结果(二)

(3)高斯脉冲 $U(t) = \exp\left(-\dfrac{t^2}{2T_0^2}\right)$ 的时域宽度(FWHM)为:_____。(已知 $T_0 = 50\text{ps}$)

(A)83.25ps　　　(B)50ps　　　(C)30ps　　　(D)10ps

7.4　锁模方法

产生超短脉冲激光的技术常称为锁模技术。这是因为一台自由运转的激光器中往往会有很多个不同模式或频率的激光脉冲同时存在如图 7-14 所示,而只有在这些激光模式相互间的相位锁定时,才能产生激光超短脉冲。实现锁模的方法有很多种,但一般可以分成两大类:即主动锁模和被动锁模。如图 7-15 所示。

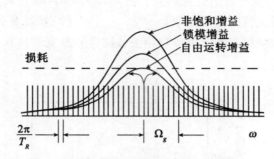

图 7-14 锁模自由运转激光器频谱示意图

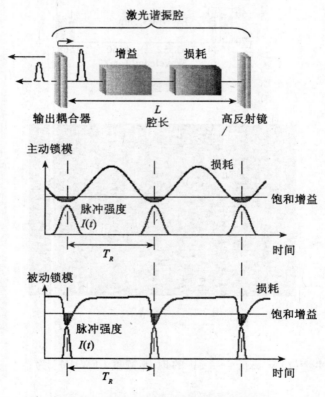

图 7-15 主动锁模与被动锁模原理示意图

(1)主动锁模,在谐振腔内插入频率为 $c/2L$ 的调制器,对光束进行振幅或相位调制。

(2)被动锁模,利用插入腔内的饱和吸收体来实现锁模。

此外,还有自锁模和同步泵浦锁模等。所谓自锁模是指激光介质本身的非线性效应能够保持各个纵模频率的等间距分布，并有确定的初相位关系，不需要在谐振腔内插入任何调制元件，就可以实现纵模锁定的方法。同步泵浦锁模是指通过周期性地调制谐振腔的增益来实现锁模。方法是采用一台主动锁模激光器的脉冲序列泵浦另一台激光器来实现，这种方法可以获得比泵浦脉冲宽度小得多的脉冲，且其频率在一定波长范围内连续可调。

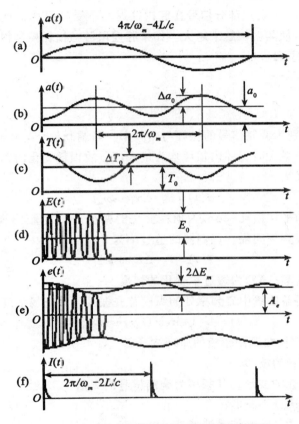

图 7-16 时域内振幅调制锁模的原理波形图

7.4.1 主动锁模方法

主动锁模是指在谐振腔内插入一个调制器，其调制频率等于腔内纵模间隔，得到重复频率为 $c/2L$ 的锁模脉冲序列。根据调制的原理，可分为振幅（或称损耗）调制与相位调制两种。

1. 振幅（损耗）调制锁模

损耗调制的频率为 $c/2L$，调制的周期等于光脉冲在腔内往返一次所需时间。腔内往返运行的激光束在它通过调制器的过程中，总是处在相同的调制周期部分。

振幅调制锁模的工作原理，可以从时域和频域两方面加以讨论。

a. 从时域角度分析

将调制器放在腔内一侧并靠近反射镜。设在 t_1 时刻通过调制器的光信号受到的损耗 $a(t_1)$，光脉冲在腔内往返一周后，在 t_1+2L/c 时刻，此光信号通过调制器时，将受到同样的损耗，即损耗

$$a(t_1+2L/c)=a(t_1)$$

（1）损耗 $a(t_1)\neq 0$，则这部分信号在腔内往返一次就受到依次损耗，如损耗大于腔内增益，这部分光波最后就会消失。

（2）损耗 $a(t_1)=0$，则这部分信号在腔内往返均不受到损耗，且其在通过激光物质时会不断得到放大，使其振幅越来越大。如果腔内增益与损耗控制得当，就会形成周期为 $2L/c$ 的超短脉冲序列。

假设调制信号为

$$a=A_m\sin\left(\frac{1}{2}\omega_m t\right) \tag{7-15}$$

式中，A_m、$\omega_m/2$ 分别为调制信号的振幅与角频率。当调制信号为 0 时，腔内损耗最小；当调制信号等于正负最大时，腔内损耗均为最大值。故损耗变化的频率为调制信号频率的 2 倍，损耗率定义为

$$\alpha(t)=\alpha_0-\Delta\alpha_0\cos\omega_m t \tag{7-16}$$

式中，α_0 为调制器的平均损耗；$\Delta\alpha_0$ 为损耗变化的幅度；ω_m 为腔内损耗变化的角频率，其频率等于腔内纵模频率间隔。调制器的透过率为

$$T(t)=T_0-\Delta T_0\cos\omega_m t \tag{7-17}$$

式中，T_0 为平均透过率；ΔT_0 为透过率变化的幅度。

如果激光器中增益曲线中心频率处的纵模首先振荡，其电场强度为

$$E_0(t)=A_0(1+M\cos\Omega_M t)\cos(\omega_0 t+\varphi_0) \tag{7-18}$$

图 7-16 为时域内振幅调制锁模的原理波形图。

图（a）为调制信号的波形；

图（b）为腔内损耗的波形，其频率为调制信号的 2 倍；

图（c）为调制器透过率波形；

图（d）为腔内未调制的光信号波形；

图（e）为腔内调制的光信号波形；

图（f）为锁模激光器输出的光脉冲波形。

b. 从频域角度分析

将（7-18）式展开有

$$E_0(t)=A_0\cos(\omega_0 t+\varphi_0)+\frac{MA_0}{2}\cos[(\omega_0+\Omega_M)t+\varphi_0]$$

$$+\frac{MA_0}{2}\cos[(\omega_0-\Omega_M)t+\varphi_0] \tag{7-19}$$

可见，调制的结果使中心纵模振荡不仅包含原有角频率 ω_0 的成分，还含有角频率为 $\omega_0\pm\Omega_M$ 的两个边带。频谱如图 7-17 所示。

因调制角频率正好等于相邻纵模间隔，$\omega_0\pm\Omega_M$ 正好等于相邻纵模的角频率。即在激

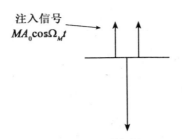

图 7-17 主动锁模频谱示意图

光器中，一旦在增益曲线的某个角频率 ω_0 形成振荡，将同时激起两个相邻模式的振荡。并且，这两个相邻模式幅度调制的结果又将激发新的边模——$\omega_0 \pm 2\Omega_M$ 振荡。如此继续，相邻纵模间的能量耦合使所有纵模都具有相同的初相，即各纵模的相位锁定，于是各纵模相干叠加产生超短脉冲。振幅调制的纵模耦合过程如图 7-18 所示。

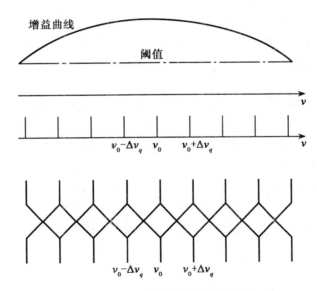

图 7-18 振幅调制的纵模耦合过程

2. 振幅调制激光器

a. 激光器结构

在自由运转激光器的谐振腔中插入一个调制器，即构成了最简单的振幅调制锁模激光器，其结构如图 7-19 所示。

b. 调制器类型

调制器是振幅调制锁模激光器中的关键部件。调制器主要有声光调制器和电光调制器两种。由于声光调制器具有调制对比度高、功耗低、热稳定性好等优点，而得到广泛应用。

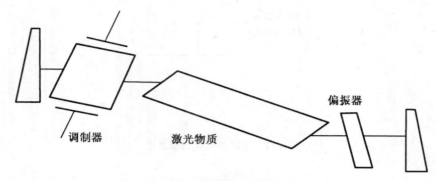

图 7-19 振幅锁模激光器结构

c. 调制器的位置和尺寸

为获得最好的调制效果,调制器应尽量放置在靠近谐振腔反射镜的地方,且调制器在通光方向的尺寸应尽量小。

d. 对锁模激光器的要求

激光器共振腔腔长必须保持稳定,以确保纵模间隔稳定。稳定腔长的措施主要有防震、隔热、设计稳定腔、采用电子反馈系统监测腔长的变化,并予以补偿。

3. 相位调制锁模

相位调制锁模的原理是利用晶体的电光效应。当电光介质的折射率按照外加调制信号作周期性变化时,光波在不同时刻通过该介质,便会产生不同的相位延迟。即在调制信号的作用下,电光晶体的折射率发生周期性变化,导致光波通过该介质后,产生对应的相位延迟。下面以铌酸锂(LN)晶体相位调制器为例予以说明。

设光波沿 x 方向传播,沿 z 方向施加调制信号电压为

$$U_z(t) = U_0\cos\omega_m t, \quad E_z(t) = U_z(t)/d$$

式中,d 为调制器宽度,即采用横向调制方式。晶体的折射率变化为

$$\Delta n(t) = \frac{1}{2}n_e^3\gamma_{33}E_z = \frac{U_0 n_e^3 \gamma_{33}}{2d}\cos\omega_m t \tag{7-20}$$

光波通过晶体后产生的相位延迟为

$$\Delta\varphi(t) = \frac{2\pi}{\lambda}l\Delta n(t) = \frac{\pi l U_0 n_e^3 \gamma_{33}}{\lambda d}\cos\omega_m t \tag{7-21}$$

$$\Delta\omega(t) = \frac{d[\Delta\varphi(t)]}{dt} = -\frac{\pi l U_0 n_e^3 \gamma_{33} \omega_m}{\lambda d}\sin\omega_m t \tag{7-22}$$

图 7-20 描述了晶体折射率变化、光波相位延迟及频率变化情况。相位调制器的作用可理解为一种频移,使光波的频率发生向大(或小)的方向移动。脉冲每经过调制器一次,就发生一次频移,最后移到增益曲线之外。类似于损耗调制器,这部分光波就从腔内消失。只有那些相位变化的极值点(极大或极小)相对应的时刻,通过调制器的光信号,其频率不发生变化,才能在腔内保存下来,不断得到放大,从而形成周期为 $2L/c$ 的脉冲序列。

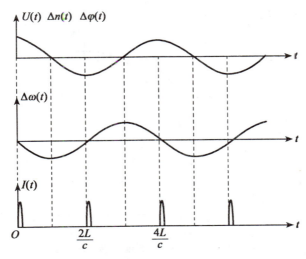

图 7-20 相位锁模原理示意图

由图 7-20 可知,每个周期内存在两个频率不变点,这增加了锁模脉冲位置的相位不稳定性。由于这两种可能性间的相位差为 π,故又称为 180°自发相位开关。锁模激光器在不采取必要措施时,其输出脉冲可从一列自发跳变为另一列。

7.4.2 被动锁模方法

由于被动锁模技术能产生 fs 量级的超短脉冲且其系统结构简单而备受青睐。被动锁模是利用材料的非线性吸收或非线性相变的特性来产生激光超短脉冲,常见的非线性材料有半导体饱和吸收镜、单壁碳纳米管、石墨烯等。可饱和吸收体(称为锁模器)是实现锁模的关键器件,可分为快速与慢速可饱和吸收体两种。

可饱和吸收体的损耗与光强之间有关系:

$$a(t)=\frac{a_0}{1+I(t)/I_s} \tag{7-23}$$

式中,a_0 为非饱和损耗;$I(t)$ 为光强;I_s 为可饱和吸收体的饱和光强。可饱和吸收体的特性为其光通过率随光强的增加而增加。图 7-21 为可饱和吸收体的透过率随光强变化特性曲线。

如果饱和较弱,(7-23)式可表示成

$$a(t)=\left(1-\frac{I(t)}{I_{\mathrm{sat}}}\right)a_0 \tag{7-24}$$

令可饱和吸收体内信号光的归一化功率为 $|u(t)|^2$,(7-24)式可写成:

$$a(t)=a_0-\gamma\,|u(t)|^2 \tag{7-25}$$

式中,$\gamma=a_0/(I_{\mathrm{sat}}A_{\mathrm{eff}})$,称为自振幅调制(SAM)系数。

快速可饱和吸收体的锁模方程为

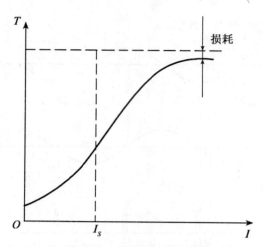

图 7-21 可饱和吸收体的透过率随光强变化特性

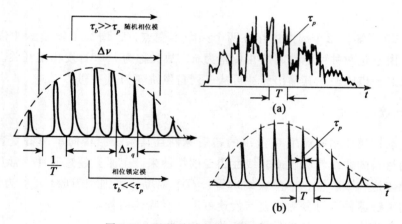

图 7-22 锁模脉冲与调 Q 脉冲的比较

$$\frac{1}{T_R}\frac{\partial}{\partial T}u(T,\ t)=(g-l)u(T,\ t)+\frac{g}{\Omega_g^2}\frac{\partial^2}{\partial t^2}u(T,\ t)+\gamma\ |u(T,\ t)|^2u(T,\ t) \quad (7-26)$$

式中，T_R 为光在谐振腔内往返一周所需时间；Ω_g 是介质增益光谱半宽；g 为增益；l 为损耗。方程(7-26)有双曲正割简单解，即

$$a_0 = A_0\,\text{sech}(t/\tau) \quad (7-27)$$

同时：

$$\frac{1}{\tau^2}=\frac{\gamma A_0^2\Omega_g^2}{2g} \quad (7-28)$$

$$l-g=\frac{g}{\Omega_g^2\tau^2} \quad (7-29)$$

锁模对可饱和吸收体有以下要求：

(1) 吸收谱线与激光波长相匹配；

(2) 吸收谱线的线宽大于或等于激光振荡线宽；

(3) 可饱和吸收体的弛豫时间 τ_b 应远小于锁模脉冲的脉宽 τ_p（正是可饱和吸收体锁模与调 Q 的区别之所在）。可饱和吸收体的弛豫时间（又称恢复时间）对锁模脉冲的形成发挥重要作用。锁模脉冲与调 Q 脉冲的比较如图 7-22 所示。

◎ 自测练习

(1) 可饱和吸收体（称为锁模器）是实现锁模的关键器件，可分为_____与_____可饱和吸收体两种。

(2) 利用可饱和吸收体锁模的激光器，称为_____激光器。

7.5 超短脉冲压缩技术*

为了获得更短的超短脉冲，可采用压缩的方法。

1. 非线性效应的影响

当超短光脉冲在介质中传输时，可引起非线性效应，如自相位调制效应、自聚焦效应和光感应双折射效应等。在这些非线性效应中，折射率的非线性效应是最基本的。光场引起的附加折射率的变化为

$$\Delta n = n - n_0 = n_2 I(t) \tag{7-30}$$

式中，n_2 为非线性折射率系数；$I(t)$ 为光脉冲光强；n_0 为与光强无关的折射率。

考虑折射率的非线性效应后，光脉冲不同部位所引起的折射率变化不同。两种情况：

a. n_2 的弛豫时间远比脉冲宽度短

这是一瞬态响应过程，有

$$\Delta n(t) = n_2 I(t) \tag{7-31}$$

脉冲各个部位引起的附加相位变化为

$$\Delta \phi(t) = kL\Delta n(t) = kLn_2 I(t) \tag{7-32}$$

式中，$k = 2\pi/\lambda$；L 为光脉冲在介质中的传输长度。脉冲不同部位的瞬时频率为

$$\omega(t) = \omega_0(t) + \Delta\omega(t) \tag{7-33}$$

$$\Delta\omega(t) = -\frac{\partial \Delta\phi(t)}{\partial t} = -\frac{\partial}{\partial t}[kLn_2 I(t)] \tag{7-34}$$

式中，ω_0 为没有考虑自相位调制时的瞬时频率；$\Delta\omega(t)$ 为自相位调制引起的附加频率。$\Delta\omega(t)$ 的引入使得脉冲包络的不同部位具有不同的瞬时频率，这种现象称为啁啾效应，用下式来描述：

$$C(t) = \frac{\partial \omega(t)}{\partial t} = -\frac{\partial^2}{\partial t^2}[kLn_2 I(t)] \tag{7-35}$$

$C(t) > 0$ 为正啁啾，$C(t) < 0$ 为负啁啾。自相位调制效应使脉冲包络的不同部位具有不同

的瞬时频率,脉冲的前后沿具有负啁啾,脉冲中间部分具有正啁啾,由于自相位调制效应,谱宽加宽,而且是向脉冲中心频率的高端和低端同时扩展。

  b. n_2 的弛豫时间远比脉冲宽度长

此时,考虑脉冲部位 t 时刻的折射率,必须考虑 t 时刻之前 t' 时刻所引起的折射率弛豫到 t 时刻的剩余部分。由于自相位调制效应,脉冲不同部位具有不同的瞬时频率,脉冲的前半部和后半部分具有相反符号啁啾,脉冲频谱的扩展只是向低频端扩展。

2. 色散的影响

带有啁啾的脉冲通过色散介质时,其各部位的传播速度不同,导致脉冲的不同部位具有展宽或变窄的效应。当啁啾和色散同号时展宽,啁啾和色散异号时变窄。当介质具有正色散时,以负啁啾为特征的脉冲前沿和后沿被压缩,而以正啁啾为特征的脉冲中间部分被展宽,脉冲波形逐渐变成方波;当介质具有负色散时,具有负啁啾的脉冲前沿和后沿被展宽,而脉冲中间部分被压缩,导致整个脉冲波形变窄。

综上所述,只要选择具有负色散的介质就可以使超短脉冲进一步压缩。

3. 常见超短脉冲压缩技术

常见超短脉冲压缩技术有:激光腔内插入色散元件法和光纤-光栅对法。

a. 激光腔内插入色散元件法

在自锁模激光器中,光脉冲通过激光介质时会产生很强的二阶正群速度色散(GVD)和三阶色散,不利于进一步压缩脉宽,需要插入负色散元件进行补偿,才能获得最窄的脉冲宽度。

超短脉冲在介质中传输满足广义非线性薛定谔方程:

$$\frac{\partial A}{\partial z}+\frac{\alpha}{2}A+\frac{i\beta_2}{2}\frac{\partial^2 A}{\partial T^2}-\frac{\beta_3}{6}\frac{\partial^3 A}{\partial T^3}=i\gamma\left[|A|^2 A+\frac{i}{\omega_0}\left(|A|^2 A-T_R A\frac{\partial |A|^2}{\partial T}\right)\right] \quad (7\text{-}36)$$

式中,A 为光场振幅;α 为损耗系数;T_R 为与拉曼效应有关的响应函数的一次矩,对光纤来说,在 $1.55\mu m$ 波长处,$T_R=3ps$;γ 为非线性系数;β 为模传播常数。且

$$\beta(\omega)=n(\omega)\frac{\omega}{c}=\beta_0+\beta_1(\omega-\omega_0)+\frac{1}{2}\beta_2(\omega-\omega_0)^2+\cdots \quad (7\text{-}37)$$

T 为以群速度移动参照系中的值:

$$T=t-\frac{z}{v_g}\equiv t-\beta_1 z \quad (7\text{-}38)$$

(1)二阶色散对脉冲的影响。

假设 $\alpha=0$,忽略非线性效应($\gamma=0$),对于脉宽大于100fs的脉冲,只考虑二阶色散,方程(7-36)可化简为

$$i\frac{\partial A}{\partial z}=\frac{\beta_2}{2}\frac{\partial^2 A}{\partial T^2} \quad (7\text{-}39)$$

方程(7-39)可用傅里叶变换求解。

$$A(z,T)=\frac{1}{2\pi}\int_{-\infty}^{\infty}\tilde{A}(z,\omega)\exp(-i\omega T)d\omega \quad (7\text{-}40)$$

代入(7-39)有

$$i\frac{\partial \tilde{A}}{\partial z} = -\frac{1}{2}\beta_2\omega^2 \tilde{A} \tag{7-41}$$

其解为

$$\tilde{A}(z, \omega) = \tilde{A}(0, \omega)\exp\left(\frac{i}{2}\beta_2\omega^2 z\right) \tag{7-42}$$

方程(7-42)表明 GVD 改变了脉冲的每个频谱分量的相位，这一改变依赖于频率与传输距离。尽管这种相位变化不影响脉冲频谱，但却能改变脉冲形状。GVD 使脉冲展宽，这一点可从(7-42)式的傅里叶变换看出

$$A(z, T) = \frac{1}{2\pi}\int_{-\infty}^{\infty} \tilde{A}(0, \omega)\exp\left(\frac{i}{2}\beta_2\omega^2 z - i\omega T\right)d\omega \tag{7-43}$$

式中，$\tilde{A}(0, \omega)$ 入射场($z=0$)的傅里叶变换：

$$\tilde{A}(0, \omega) = \int_{-\infty}^{\infty} A(0, T)\exp(i\omega T)dT \tag{7-44}$$

例如，初始入射场为高斯脉冲：

$$A(0, T) = \exp\left(-\frac{T^2}{2T_0^2}\right) \tag{7-45}$$

式中，T_0 为高斯脉冲的 $1/e$ 半宽。实际中用半高全宽(FWHM)代替 T_0，对于高斯脉冲，两者之间的关系为

$$T_{\text{FWHM}} = 2(\ln 2)^{1/2}T_0 \approx 1.665 T_0 \tag{7-46}$$

将方程(7-45)代入(7-44)、(7-43)，利用积分

$$\int_{-\infty}^{\infty}\exp(-ax^2 + bx)dx = \sqrt{\frac{\pi}{a}}\exp\left(-\frac{b^2}{4a}\right) \tag{7-47}$$

可得

$$A(z, T) = \frac{T_0}{(T_0^2 - i\beta_2 z)^{1/2}}\exp\left[-\frac{T^2}{2(T_0^2 - i\beta_2 z)}\right] \tag{7-48}$$

由(7-48)式可知，高斯脉冲在传输过程中其形状不变，但其脉冲宽度 T_1 随传输距离的增加而增大。

$$T_1(z, T) = T_0\left[1 + (z/L_D)^2\right]^{1/2} \tag{7-49}$$

式中，

$$L_D = \frac{T_0^2}{|\beta_2|} \tag{7-50}$$

称为色散长度。可见，脉冲的加宽与传输距离、初始脉宽及色散参量有关。

比较方程(7-45)与(7-49)可得，虽然入射脉冲不带啁啾(无相位调制)，但经传输后变为啁啾脉冲。这一点可以将 $A(z, T)$ 写成如下形式看出

$$A(z, T) = |A(z, T)|\exp[i\phi(z, T)] \tag{7-51}$$

式中，

$$\phi(z, T) = -\frac{\text{sgn}(\beta_2)(z/L_D)}{1 + (z/L_D)^2}\frac{T^2}{2T_0^2} + \frac{1}{2}\arctan\left(\frac{z}{L_D}\right) \tag{7-52}$$

频率变化 $\delta\omega$ 为

$$\delta\omega(T) = -\frac{\partial \phi}{\partial T} = \frac{\text{sgn}(\beta_2)(z/L_D)}{1+(z/L_D)^2} \frac{T}{T_0^2} \tag{7-53}$$

例 7.5 啁啾脉冲在光纤中的传输。

解：假设初始脉冲为

$$U(0, T) = \exp\left[-\frac{(1+iC)}{2} \frac{T^2}{T_0^2}\right]$$

式中，C 为啁啾参数，可正、可负。瞬时频率增加 $C>0$，瞬时频率减小 $C<0$。

$$\tilde{U}(0, \omega) = \left(\frac{2\pi T_0^2}{1+iC}\right)^{1/2} \exp\left[-\frac{\omega^2 T_0^2}{2(1+iC)}\right]$$

光谱 1/e 半宽为

$$\Delta\omega = (1+C^2)^{1/2}/T_0$$

当 $C=0$ 时，谱宽的传输极限满足 $\Delta\omega T_0 = 1$。显然，在线性啁啾的情况下，脉冲的谱宽增加因子 $(1+C^2)^{1/2}$。通过 $\Delta\omega$ 和 T_0 的测量值，可以估算 $|C|$。

$$U(z, T) = \frac{T_0}{[T_0^2 - i\beta_2 z(1+iC)]^{1/2}} \exp\left(-\frac{(1+iC)T^2}{2[T_0^2 - i\beta_2 z(1+iC)]}\right)$$

$$\frac{T_1}{T_0} = \left[\left(1+\frac{C\beta_2 z}{T_0^2}\right)^2 + \left(\frac{\beta_2 z}{T_0^2}\right)^2\right]^{1/2}$$

$$C_1(z) = C + (1+C^2)\frac{\beta_2 z}{T_0^2}$$

$$T_1^{\min} = \frac{T_0}{(1+C^2)^{1/2}}$$

(2) 高阶色散对脉冲的影响。

当脉宽小于 100fs 时，其包含的光谱成分已很宽，$\Delta\omega/\omega$ 不能忽略，必须考虑三阶色散，其传输方程变为

$$\frac{\partial A}{\partial z} + \frac{i\beta_2}{2}\frac{\partial^2 A}{\partial T^2} - \frac{\beta_3}{6}\frac{\partial^3 A}{\partial T^3} = 0 \tag{7-54}$$

该方程的解为

$$A(z, T) = \frac{1}{2\pi}\int_{-\infty}^{\infty} \tilde{A}(0, \omega) \exp\left(\frac{i}{2}\beta_2\omega^2 z + \frac{i}{6}\beta_3\omega^3 z - i\omega T\right) d\omega \tag{7-55}$$

由(7-55)式可知，高阶色散使脉冲宽度变宽，而且，它使得脉冲的前沿 ($\beta_3<0$) 或脉冲的后沿 ($\beta_3>0$) 出现振荡，从而改变脉冲形状。

(3) 自锁模脉冲的压缩。

掺钛蓝宝石自锁模激光器中，当光脉冲通过激光介质时，由于自相位调制效应，使脉冲变为啁啾脉冲，同时产生很强的二阶正群速度色散（GVD）和三阶色散，要使啁啾脉冲的宽度进一步压缩，必须插入负色散元件进行补偿，才能获得最窄的脉冲宽度。

产生负群速度色散的方法有衍射光栅、干涉仪，但它们的插入损耗较大，而且，衍射光栅的色散量不容易在正负之间调节。目前常用的方法是在激光腔内插入两块高色散

的 SF14 玻璃棱镜，其结构如图 7-23 所示。

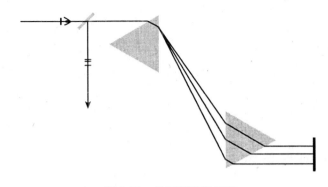

图 7-23 双石英棱镜系统

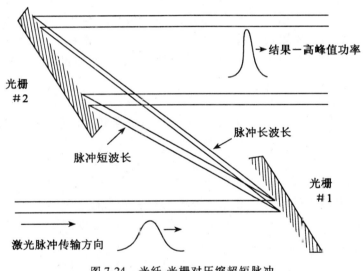

图 7-24 光纤-光栅对压缩超短脉冲

  光脉冲的光线对于棱镜的入射角和出射角都为布鲁斯特角和最小偏向角，以便最大限度地减小棱镜的插入损耗。当光脉冲通过棱镜时，不同频率分量的相移不同。选择适当的棱镜间距，使腔内二阶色散与工作物质的自相位调制效应平衡，采用合适的棱镜材料，使其三阶色散尽量减少，则可获得接近傅里叶变换极限的自锁模脉冲。

  b. 光纤-光栅对法

  光纤-光栅对超短脉冲进行压缩是在腔外进行的，压缩过程如图 7-24 所示。当激光脉冲入射到光纤介质后，光纤的折射率由式(7-30)决定。由非线性折射率导致光脉冲的附加相移为

$$\Delta\varphi(t) = \frac{l}{\lambda} n_2 I(t) \tag{7-56}$$

式中，λ 为真空中的波长；l 为光纤长度。上式表示了光纤中的自相位调制，通过的光

脉冲产生啁啾效应。啁啾脉冲具有可压缩特性。目前，采用这种技术，已获得 6fs 的超短光脉冲。

◎ **自测练习**

(1) 为了获得更短的超短脉冲，可采用_____的方法。
(2) 超短脉冲压缩常利用光纤的_____和_____特性。
(3) 常见超短脉冲压缩方法有_____和_____等。

7.6 超短脉冲测量技术

测量超短脉冲的宽度是超短脉冲激光器研制及其应用的关键。主要的测量方法有直接测量法和相关测量法。直接测量法包括光电探测器加上快速响应示波器直接观察及条纹照相法等；相关测量法包含双光子荧光及二次谐波法。本书主要介绍相关测量法。

相关测量法是目前应用较广的一种方法。它是一种间接测量方法，即利用相关函数进行测试，得到相关函数曲线（不是脉冲的实际波形），再通过换算，可得到脉宽的近似值。目前，fs 超短脉冲一般都采用相关测量法。

1. 二阶相关函数

设被测量光场为 $E(t)$，光强 $I(t) \propto |E(t)|^2$，二阶相关函数的归一化形式为

$$G^2(\tau) = \frac{\langle I(t) \cdot I(t+\tau) \rangle}{\langle I^2(t) \rangle} = \frac{\langle E^2(t) \cdot E^2(t+\tau) \rangle}{\langle E^4(t) \rangle} \tag{7-57}$$

式中，$\langle \rangle$ 表示时间平均值；τ 为时间延迟。如果光脉冲的测量与 $G^2(\tau)$ 有关，则称为非线性光学测量。由(7-69)式可以看出，不管 $I(t)$ 是否对称，$G^2(\tau)$ 总是对称的。因此，采用二阶相关函数还测不出实际波形的非对称性，为了精确测定 $I(t)$，还必须采用更高阶相关函数。n 相关函数的归一化形式为

$$G^n(\tau_1, \tau_2, \cdots, \tau_{n-1}) = \frac{\langle I(t) \cdot I(t+\tau_1) \cdots I(t+\tau_{n-1}) \rangle}{\langle I^n(t) \rangle} \tag{7-58}$$

数学上已表明，只要确切地知道了 G^2 和 G^3，就足以描述所有的高阶相关函数，从而描述脉冲本身。

2. 双光子荧光法

双光子荧光法的基本原理是基于物质的荧光效应。一般来说，荧光波长比泵浦光波长要长。但在泵浦光功率较高的情况下，物质能同时吸收两个光子，从基态跃迁到激发态，称为双光子吸收。这是一种非线性效应。例如，若丹明 6G 丙酮溶液在强光作用下吸收两个 $1.06\mu m$ 光子产生 $0.55\mu m$ 的双光子荧光，如图 7-25 所示。

测量装置如图 7-24。分光镜将入射光脉冲分为强度相等的两束光束，再利用反射镜 M_1、M_2 反射，使其从双向进入染料溶液，便在染料溶液中的两脉冲通路上发出均匀的弱荧光。但在两脉冲重叠处，则会产生双光子吸收而发出极亮的强荧光。若用高感度的胶卷拍摄下荧光亮度的空间分布，置曝光底片于显微密度计上，就可根据底片上的光密

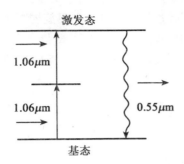

图 7-25 有机染料的双光子吸收能级图

度的空间分布求出脉宽，也可用 CCD 阵列直接测出脉宽。

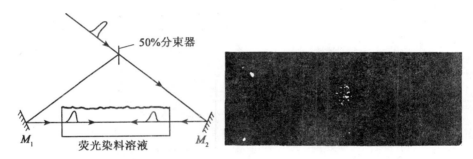

图 7-26 双光子荧光法与照片

双光子吸收是一种与光强度平方成正比的非线性现象。它是一种由观测双光子吸收产生的荧光，进而测定两个光脉冲的相互关系，再由光脉冲的相关函数获得脉宽数据的方法，属于强度相关测量。它不仅与脉冲的强度有关，而且还与构成超短脉冲束的谐波分量间的相位关系有关。该方法较麻烦，因为入射光若是有规则的脉冲群或存在不规则的噪声时，都会产生相似的荧光图。两脉冲完全重叠时的荧光与背景光之比为 3∶1。利用接收到的荧光强度 $F(\tau)$ 求脉宽的计算如下：

在双光子荧光图中，其脉宽 Δz 是空间坐标长度，换算成时间为 $\Delta\tau_p = \Delta z n/c$，$n$ 是染料溶液的折射率，c 为真空中的光速。而脉冲宽度 Δt_0 与实际测量脉宽 $\Delta\tau_p$ 之比为 $\Delta t_0/\Delta\tau_p = \alpha$，$\alpha$ 为脉宽的波形系数，一般取 $\sqrt{2} \sim 2$。这样由 Δz 就可以求得实际锁模激光脉冲宽度。

3. 二次谐波法

当两束频率为 ω 的光通过非线性晶体时，如果满足一定的相位匹配条件，能产生频率为 2ω 的倍频光（二次谐波），产生二次谐波的强度与基频光的强度平方成正比。图 7-25 为美国 Femtochrome Research 公司生产的 FR-103 自相关仪系列产品测量超短脉冲的原理示意图。

迈克耳逊干涉仪把基频光分成相等的两束，改变两束光在非线性晶体中的重合程度，得到不同强度的二次谐波,它属于二阶相关的测量方法。与双光子吸收相似,两脉冲完全重叠时得到的二次谐波与背景光之比为 3:1。利用旋转平面镜对,即可使两光脉冲相对延迟,从而改变了二次谐波的强度。利用探测器测量二次谐波相关信号。二次谐波法的实质是把时间的测量转换成长度的测量。脉冲宽度的数值 $\Delta t_0 = 2\Delta l/(\beta c)$,式中,$2\Delta l$ 为光程差,β 为脉宽的波形系数,一般取 $\sqrt{2} \sim 2$,如洛伦兹形脉冲,$\beta = 2$,高斯形脉冲,$\beta = \sqrt{2}$。图 7-7(b) 为单壁碳纳米管饱和吸收体锁模激光器的输出脉冲自相关曲线。

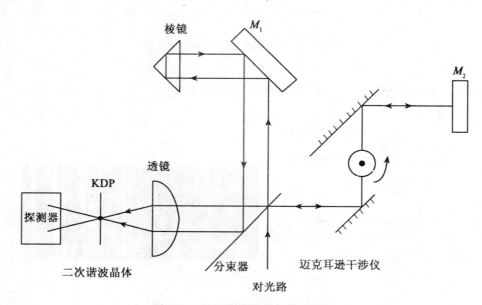

图 7-27 超短脉冲测量原理示意图

附录:美国 FR-103 型自相关仪/Autocorrelator 相关说明
产家:美国 Femtochrome Research 公司　　　　　分辨率:<5fs
测量波长范围 Wavelength range:410~1800nm　　Minimum Pulse Width:<5fs
测量脉宽范围 Measurable range:>50ps,　　　　 Maximum Pulse Width:20ps
用于高重复频率超短激光脉冲脉宽测量

二次谐波法测脉宽对于连续波锁模测量较为方便,因测量的是规则的脉冲序列,无须对测量结果归一化。但对于脉冲式锁模,由于一列脉冲序列中各脉冲之间有差别,还须进行归一化。

◎ 自测练习

(1)超短脉冲宽度的测量方法有_____测量法和_____测量法。直接测量法包括光电探测器加上快速响应示波器直接观察及条纹照相法等;相关测量法包含_____及_____法。

(2)相关测量法是目前应用较广的一种方法。它是一种间接测量方法,即利用_____进行测试,得到相关函数曲线(不是脉冲的实际波形),再通过换算,可得到_____的近似值。

(3)在相关测量法中,设被测光场的光强为 $I(t)$,则二阶相关函数的定义为_____。

7.7 超短脉冲放大技术*

超短脉冲的常见放大技术为啁啾放大(CPA)技术。原理为先将超短脉冲展宽(引入啁啾),然后放大,最后压缩。图 7-28 为超短脉冲放大实验装置图。从超短脉冲激光器发出的超短脉冲经光栅对展宽以降低其峰值功率,然后将展宽脉冲进行功率放大,放大后的脉冲用光栅对进行压缩,以获得高能量超短脉冲。

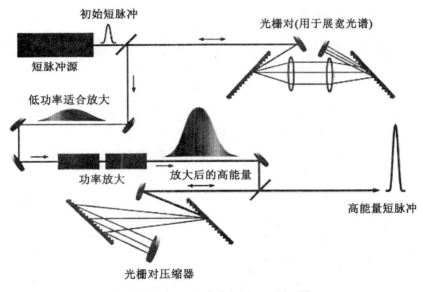

图 7-28 啁啾脉冲放大(CPA)原理图

◎ **本章思考题**

1. 基于单壁碳纳米管、石墨烯饱和吸收体的光子器件是目前的研究热点,通过网络查询,你有何建议?
2. 以单壁碳纳米管饱和吸收体被动锁模光纤激光器为例,说明被动锁模激光器的研究过程。
3. 以单壁碳纳米管饱和吸收体被动锁模光纤激光器为例,说明被动锁模激光器研究报告的基本组成元素。
4. 何谓超短脉冲的脉冲变换极限?有何实际意义?
5. 简述主动锁模与相位调制锁模的工作原理。

6. 可饱和吸收体可压缩输入的脉冲信号，试说明其机理。

7. 简述超短脉冲压缩方法。

8. 简述利用双光子吸收法测量超短脉冲脉宽的基本方法。

9. 简述利用二次谐波法测量超短脉冲脉宽的基本方法。

10. 何谓啁啾脉冲放大？如何利用此技术产生高能量压缩脉冲？

◎ 练习七

1. 掺 Nd：YAG 激光器的光学长度围 40cm，单程总损耗系数 $\delta=0.1$，由损耗调制锁模，调制深度 $m=0.2$，已知增益线宽 190GHz，试求相应的脉冲宽度。

2. 红宝石激光器荧光线宽 $\Delta\nu_F=2\times10^5$ MHz，当光泵激励的激发参数为 $\beta=1.25$ 时，试求：(1) 振荡带宽；(2) 若对满足起振条件的模式进行锁模，求每个脉冲的脉宽。(按均匀加宽计算，不考虑模式竞争)

3. He-Ne 激光器的谐振腔长 $L=1$m，截面积 $S=1.2$mm^2，输出镜透过率为 $T=0.04$，激活介质的多普勒线宽为 $\nu_D=1000$MHz，饱和参数为 $I_s=25$w/mm^2，现将此激光器激活，激发参数 $\beta=4$。试求：(1) 满足起振条件的模式数；(2) 每一个模式的输出功率(按中心频率处模式的输出功率计算)；(3) 总输出功率(无模式竞争，各模式输出功率相等)；(4) 若对该激光器进行锁模，求锁模后的光脉冲峰值功率、脉宽、重复频率。

4. 一锁模氩离子激光器，腔长 1m，多普勒线宽为 6000MHz，未锁模时的平均输出功率为 3W。试粗略估算该锁模激光器输出脉冲的峰值功率、脉冲宽度及脉冲间隔时间。

5. 考虑腔内的 N 个纵模，每两个相邻纵模的相位差为一常数，推导输出强度的表达式。当光纤激光器中有 10000 个模式以此种方式锁定时，估计脉冲宽度。

6. 一锁模 He-Ne 激光器振荡带宽为 600MHz，输出谱线形状近似于高斯函数，试计算其相应的脉冲宽度。

7. 证明：对任意宽度的双正割脉冲 $U(t)=\mathrm{sech}\left(-\dfrac{t}{T_0}\right)$，乘积 $\Delta\nu\Delta t\approx0.315$。$\Delta t$ 和 $\Delta\nu$ 分别代表脉冲的时域与频域宽度(FWHM)。$\left(\text{提示：}\mathrm{sech}(x)=\dfrac{2}{e^x+e^{-x}}\right)$

8. 有一多纵模激光器纵模个数是 1000 个，激光器的腔长为 1.5m，输出的平均功率为 1W，认为各纵模振幅相等。试求：

(1) 在锁模情况下，超短脉冲的重复频率、宽度和峰值功率。

(2) 采用声光损耗调制锁模时，调制器上加电压 $V(t)=V_m\cos(\omega_m t)$，试问电压的频率是多少？

第八章 激光放大器

激光放大器,常称为光放大器,主要用于补偿信号传输衰减。掺铒光纤放大器在 20 世纪 90 年代初期被发明,在光通信史上具有里程碑式的意义。本章主要介绍掺铒光纤放大器与掺铒波导放大器。学习本章之后,读者应知道:
(1)光放大器的基本原理;
(2)掺铒光纤放大器基本原理、结构、特性与应用;
(3)掺铒波导放大器结构、特性与应用。

8.1 引言

光放大器和激光器是紧密相关的,光放大器即为去掉谐振腔的激光器。光放大器通过抑制光的反射来阻止光的自振荡,而激光器则通过加强光反射来产生振荡。两种装置的其他基本原理都是相同的。本章主要介绍掺铒光纤放大器(EDFA)。

掺铒光纤放大器常用作功率放大器、在线放大器和前置放大器。在发射机的终端,如果光信号经过外部调制或被分割成多个信道,则发射机的输出功率则会衰减。衰减的光功率在进入光纤前会被功率放大器放大。

掺铒光纤放大器的最重要应用之一是在中继站中。信号在光纤通信线中的长距离传输需要中继器,不然,信号会变得十分低,以至于无法探测。光纤放大器的使用使得中继器的设计得到极大简化,避免了光-电、电-光转换。当光缆被用于海底信号传输时,中继器的简单性和可靠性便显得尤为重要。

掺铒光纤放大器的另一种应用是在接收机中作为前置放大器。接收到的信号在直接探测之前被一个光放大器提前放大,以提高接收机的灵敏度。

8.1.1 光放大器的种类

根据增益介质的不同,目前主要有两类光放大器:一类是利用受激辐射机制实现光放大,如半导体光放大器与掺稀土元素(Nd、Sm、Ho、Er、Pr、Tm、Yb 等)光放大器;另一类是基于材料的非线性效应,利用受激散射机制实现光放大,如拉曼放大器与布里渊放大器。图 8-1 为光纤放大器和半导体激光放大器结构示意图。

在光纤放大器中,一根掺杂的纤芯被用来作为放大介质(见图 8-1(a))。EDFA 工作在光纤的最低损耗窗口 $1.55\mu m$ 波段,掺镨光纤放大器(PDFA)工作光纤的最小色散窗口 $1.32\mu m$ 波段。制作掺铒光纤的步骤是先将纤芯浸泡在含有 $ErCl_3$ 的酒精中,待酒精挥发完后,$ErCl_3$ 就留在了纤芯中,然后将纤芯保护层覆盖在纤芯上,就形成了掺杂光纤。

图 8-1(b)为半导体激光放大器(SLA)结构示意图。半导体光放大器除了抑制了端面反射之外与二极管激光器基本相同,它通过加入电流来获得原子数反转。

每一种放大器都各有优劣。由于掺铒光纤放大器本身就是光纤,因此很容易与其他的光纤耦合,适合光纤系统。而在集成光学系统中,半导体激光放大器能直接与基片融合,因此它是一种优等的放大器。

两种放大器的泵浦原理不同。EDFA 需要用光来泵浦,通常泵浦光来自二极管激光器的输出光。为了使泵浦光进入光纤,需要有一个连接器,同时在光纤尾部需要有一个光隔离器以阻止泵浦光逸出放大器。相比之下,SLA 中的泵浦要简单得多。在 SLA 中,通过电流的输入变很容易得到泵浦。

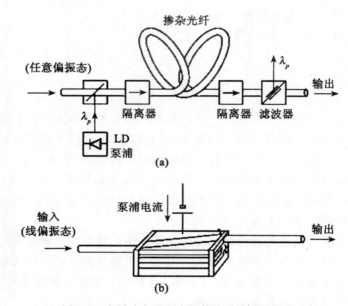

图 8-1　光纤放大器和半导体光放大器的结构

在 EDFA 中,实际波长为 $1.53 \sim 1.55 \mu m$,这与最低光纤传输损耗的波长相匹配。对于一根给定的光纤,波长并不是可以选择的。用 SLA 就可以获得更大的波长范围。

光偏振对于两种放大器的影响不同。信号光的偏振对 EDFA 没有影响,但对 SLA 则不然。甚至当 SLA 的有源区域为矩形时,E 场与波导表面平行的 TE 模放大增益要比 TM 模高,即 SLA 与光偏振有关。

EDFA 和 SLA 都有着固有的被放大了的自发发射噪声。EDFA 的增益一般为 30dB,比增益为 20dB 的 SLA 高。EDFA 的能量饱和级为 20dB,也比能量饱和级为 15dB 的 SLA 高。EDFA 的信号畸变最小,即使在增益压缩的区域,也一般不存在畸变。

在任何放大器中,自振荡的出现都会使系统变得不稳定,自振荡是由反射引起的光反馈引入的。在连续光纤系统中,光纤内部不存在反射,并且自振对放大器几乎没有影响。然而在 SLA 中，自振会对系统产生很大影响，在设计 SLA 时就必须采取相应的措施。这两种放大器都会受到因多系统元件互连而引起反射的影响。用隔离器可以消除因外部元件反射的放大光而产生的自振。

8.1.2 光放大器的基本原理

激光物质是发荧光的，荧光物质对于我们理解激光器和光放大器都很重要。实际上，在搜寻一种新的激光物质时，我们首先要考察该物质是否具有荧光特性。荧光物质就是当光照时能够发光且发出光的颜色随着照射光的颜色变化而变化的物质。我们把照射光称为泵浦光。尽管荧光是随着泵浦光的进入而产生的，然而，当去除泵浦光时，荧光会继续保持下去。荧光有着特定的寿命。荧光的另一个特点是它的颜色是很特殊的，然而泵浦光的颜色没必要是特定的。

图 8-2 为三能级模型放大器的能级结构。在能级 E_1 和 E_3 之间进行泵浦，设 ν_{31} 为泵浦光的频率，则有 $h\nu_{31}=E_3-E_1$。荧光出现在能级 E_2 和 E_1 之间。若 ν_{21} 为荧光的频率，则有 $h\nu_1=E_2-E_1$。

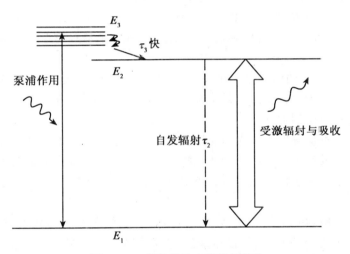

图 8-2　三能级光放大器能级结构

能级 E_3 实际上由许多个相近的分立能级组成，而不是一个分立能级。当加入泵浦光后，会产生向上的由能级 E_1 到 E_3 的跃迁。几乎是同时地，在相近的分立能级之间产生了由 E_3 到相邻的 E_2 能级的向下跃迁。由于 E_3 和 E_2 间距很窄，能级之间的跃迁最初与声子及非辐射跃迁相关，且跃迁时间很快从飞秒量级变为纳秒量级。放出的能量会转变为晶格振动或能量为 $h\nu_{声子}=E_{n+1}-E_n$ 的声子。

从图 8-1 中可以看到，在 E_2 和 E_1 之间有一个大的能量间距，这就意味着与能级相关的是光子而不是声子。向下的从 E_2 到 E_1 的跃迁导致了荧光的产生。我们特别感兴趣的能级 E_2 是一个亚稳态，这就意味着向下的从 E_2 到 E_1 的跃迁有着从几毫秒到几小时的生命。因此，$\tau_2>\tau_3$，并且当关掉泵浦后，荧光依然能持续较长的时间。

在 1.6 节我们了解到光辐射中有一个称为受激辐射的机制。为了解释受激辐射，可以再一次用到图 8-2 中的模型。泵浦光引起了能级 E_3 上原子数量的增加。但是，由于能级 E_3 的能量很快地向 E_2 衰减，使能量向 E_2 转移，最终因为很长的 τ_2 导致了能级 E_2 上原子数的增加。当能级 E_2 上存在原子数的增加时，若物质被频率为 ν_{21} 的光照射，则可以观测到频率为 ν_{21} 的光的光强急剧增加。

受激发射是激光器和光放大器的基本原理。在激光器中，受激辐射的光子多次往返通过激光腔，每次通过激光腔时都会引起有着相同能量的光子逸出。产生了一束与入射光一致、有着窄带频率的光。在光放大器中，能够引起受激发射的光子（由信号光所提供）只通过激光物质一次。信号光在经过放大器时功率因受激发射而得到放大。

辐射和吸收是两个互逆的过程，可以解释为发射在能级 E_2 和 E_1 之间的一种共振现象。只要有向下的从 E_2 到 E_1 的跃迁产生，系统就会有一个光子逸出；反之，当有向上的从 E_1 到 E_2 的跃迁时，系统就会吸收一个光子。此外，发生向上跃迁和向下跃迁的概率是等同的。

为什么受激发射会有放大作用？受激吸收不是能抵消受激辐射吗？这些问题与能级 E_1 和 E_2 上的原子数有关。在正常情况下，能级 E_1 上的原子数更加密集一些，受激吸收占主导地位。当能级 E_2 的原子数多于能级 E_1 上的原子数时，我们把这种情况称为原子数反转，在这种情况下，受激辐射占主导地位。在三能级模型中，能级 E_1 和 E_2 之间存在原子数反转。

如果没有频率为 ν_{21} 的信号光，则发射主要为自发辐射。当同时具备原子数反转和合适频率的输入信号光时，受激发射引起的输出光的能量正比于入射信号光的强度（将原子反转数作为一个比例常量）。

在放大器中，不仅有用于放大的受激发射，还有削弱放大器质量的自发发射。自发发射与输入信号光没有关系，而且会产生噪声。其实，这种噪声源是在使用光放大器时要考虑的主要问题。由于自发辐射的概率是 $1/\tau_{21}$，故选择有着寿命长的放大介质便显得十分重要。

符合三能级模型的一个例子是掺铒光纤放大器，这种放大器用于波长 $\lambda = 1.55\mu m$ 的入射光。但并不是所有的放大器都是三能级模型，比如掺钕光纤放大器用于波长 $\lambda = 1.06$ 和 $1.32\mu m$ 的入射光，它基于四能级模型。

然而，对于三能级模型来说，能级 E_1 上的原子数取决于泵浦的强弱且原子数可以发生转移。因此，能级 E_1 和 E_2 之间的原子数反转要更加依赖泵浦光功率一些，同样，放大器的增益也更依赖于光功率的大小。

◎ 自测练习

（1）EDFA 的工作在光纤的最低损耗窗口_____波段，掺错光纤放大器工作在光纤的最小色散窗口_____波段。

（2）制作掺铒光纤的步骤是先将纤芯浸泡在含有_____的酒精中，待酒精挥发完后，$ErCl_3$ 就留在了纤芯中，然后将纤芯保护层覆盖在_____上，就形成了掺杂光纤。

(3)掺铒光纤放大器常用作_____、_____和_____。

8.2 光纤放大器的增益

光放大器的增益表达式(见(4-33)式)仅仅取决于原子数反转中所涉及的两能级之间的跃迁,这个结论对三能级模型和四能级模型都是成立的。在最开始的对荧光的讨论中,原子数反转只涉及了已经界定好的能级。然而,我们很容易把它描述为两能带间原子数的反转,半导体材料经常都是这种情况。能带之间是原子、分子、离子、还是电子的跃迁取决于激光物质。为了概括这些概念,可以用"载流子"一词来表示在特定能级上的原子、分子、离子或者电子。

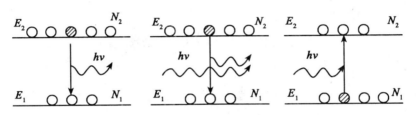

图 8-3 自发辐射、受激辐射、受激吸收

若我们不管泵浦能级 E_3,再来看看图 8-3 所示的 E_2 和 E_1 两个能级。当载流子向下跃迁时会释放出能量,向上跃迁时会吸收能量。在向上和向下两个方向同时存在着受激跃迁,即由外部光子的出现而激发的跃迁。在受激吸收中,向上跃迁时会吸收外部光子;在受激辐射中,当向下跃迁时,外部光子会引起系统释放有着相同能量的光子。自发发射就是在没有任何外部影响时,在向下跃迁中系统自发发射光子的现象,并不存在自发吸收或者自发向上跃迁。由于只有一种吸收,修饰语"受激的"经常会被省去,这个过程被简单地称为"吸收"。

当处于能级 E_2 的原子跃迁到能级 E_1 时,就会发射频率为 $\nu_0=(E_2-E_1)/h$ 的光子。每次发射持续的时间是有限的,如图 8-4 所示。这种有限的持续发射会加宽光的能量谱。如果这种脉冲的发射是完全随机的,一系列脉冲的傅里叶变换的强度与单个脉冲强度乘以脉冲个数的积相等。

假设光强以强度衰减常量 γ 呈指数衰减,或者以振幅衰减常量 $\gamma/2$ 呈指数衰减。由洛伦兹线型函数描述,见式(3-33)。这种线型加宽是由于每次辐射持续时间的有限性而产生的,它在介质不均匀的情况下也能产生,被称为均匀加宽。还有一种加宽是由于介质的非均匀性产生的,被称为非均匀加宽。这两种加宽的综合作用决定线型。总的线宽由这里的 $g(\nu)$ 所决定。函数 $g(\nu)$ 有时近似于一个常量 g_t,即 $g(\nu)=g_t$,有:$g_t\Delta\nu_t=1$,线型函数见图 8-5。激光介质的发射截面 σ_s 如图 8-6 所示,σ_s 的值取决于主体的材料和波长。σ_s 的峰值处在 1540nm 附近,并且在 1540±40nm。考虑自发辐射后,将式(4-33)代入式(3-59),令 $f_1=f_2$,得

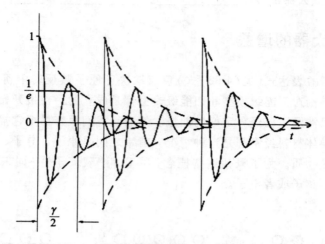

图 8-4　各个不同时间跃迁发射的脉冲振幅

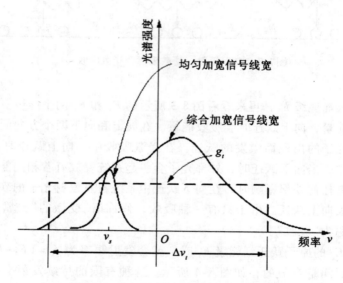

图 8-5　$g(\nu)$ 与频率函数之 g_t 间的关系

$$\frac{dI}{dz} = (N_2 - N_1)\sigma_s I + A_{21} h\nu N_2 \tag{8-1}$$

令输入光强为 I_0，则有

$$I = GI_0 + (G-1)\frac{N_2}{N_2 - N_1}\frac{A_{21} h\nu}{\sigma_s} \tag{8-2}$$

式中，G 为放大器的单程增益。

$$G = \exp(gL) \tag{8-3}$$

写成功率的形式为

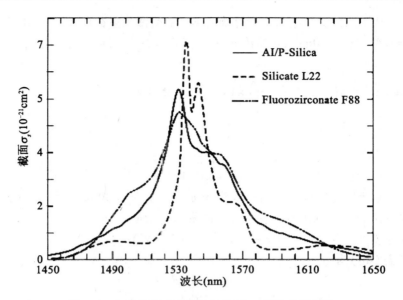

图 8-6 各种掺铒玻璃的信号截面 σ_s 是波长的函数

$$P = GP_0 + (G-1)n_{spon}m_t h\nu \Delta \nu_t \tag{8-4}$$

式中，P 与 P_0 分别为信号光的输出与输入功率；对光纤来说 $m_t = 2$，式（8-4）中的第一项是放大的信号能量，第二项是放大的自发辐射噪声；n_{spon} 为粒子数反转因子。

$$n_{spon} = \frac{N_2}{N_2 - N_1} \tag{8-5}$$

放大器的增益系数 g 可以通过增加粒子数差 N_2-N_1 来提高。自发辐射噪声可以通过减小 n_{spon} 来降低，但是不能通过令 $N_2=0$ 来使 n_{spon} 变为零，因为这样放大也会随之消失。当 $N_1=0$，$N_2=N$ 即 $N=N_1+N_2$ 时，n_{spon} 有一个更加合适的最小值是单位 1，当所有 E_1 能级的粒子被清空后，这种情况就会发生。即使是在无损耗的情况下，n_{spon} 的值也不可能比单位 1 更小。从式（8-4）可以看出，此噪声被放大到 $(G-1)$，和信号的放大增益几乎相同。给一个光放大器安装滤光镜来排除自发辐射噪声是很有必要的。由式（8-4）得到的等效电路如图 8-7 所示。

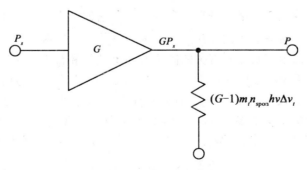

图 8-7 光放大器等效电路

例 8.1 从下面的测量结果,计算确定 Er^{3+} 的受激辐射截面 σ_s。$\lambda = 1.55\mu m$,$\Delta\lambda_t = 50nm$,$n_1 = 1.46$,$\tau_{21} = 10ms$。未滤波的 ASE 噪声谱用与测量 $\Delta\lambda_t$,它是 ASE 谱的全宽半功率点。

解: $\Delta\nu = 3\times10^8\times\left(\dfrac{1}{1.525}-\dfrac{1}{1.575}\right)\times10^6 = 6.2\times10^{12}Hz$

$$g_t = \dfrac{1}{\Delta\nu} = 1.6\times10^{-13}Hz^{-1}$$

$$\sigma_s = \dfrac{\lambda^2 g_t}{8\pi n_1^2 \tau_{21}}, \quad \sigma_s = \dfrac{(1.55\times10^{-6})^2(1.6\times10^{-13})}{8\pi(1.46)^2(10^{-2})} = 7.2\times10^{-21}cm^2$$

例 8.2 某掺铒光纤放大器的长度为 30m,为了获得 30dB 的增益,计算需要多少反转粒子 N_2-N_1?利用在上例中获得的受激发射截面值。

解: 增益为 $\qquad G = e^{gL}, \qquad g = (N_2-N_1)\sigma_s$

增益(dB)为

$$G(dB) = 10gL\log e$$

$$g = \dfrac{G(dB)}{10L\log e}$$

$$= \dfrac{(30)}{10(30)(0.434)}$$

$$= 0.230 m^{-1}$$

$$(N_2-N_1) = \dfrac{g}{\sigma_s} = \dfrac{0.230}{7.2\times10^{-25}}$$

$$(N_2-N_1) = 3.2\times10^{17}cm^{-3}$$

◎ **自测练习**

(1)放大器输出信号光由_____与_____两部分构成。

(2)掺铒光纤放大器属_____系统。

8.3 Er^{3+} 的三能级系统速率方程

在前面一节对放大器的增益进行了一些描述,它们都来源于两个能级 E_2 和 E_1 粒子数反转的速率方程。这一节我们探讨一个三能级系统三个能级速率方程组的解。做这个分析的目的是为了揭示与泵浦光有关的阈值和与增益饱和行为,所选择的例子是掺铒光纤放大器的三能级系统,如图 8-8 所示。这幅图标明了以下一些量:能级 E_i 中单位体积内的粒子数 N_i;自发跃迁寿命 τ_{ij},它是粒子从第 i 能级向第 j 能级跃迁几率的倒数(这里 $i>j$);E_3 能级与 E_1 能级之间的受激跃迁几率 W_p,$W_p(\nu_p) = \sigma_p I_p/(h\nu_p)$;$E_2$ 能级与 E_1 能级之间的受激跃迁几率 W_s,$W_s(\nu_s) = \sigma_s I_s/(h\nu_s)$,三个能级的粒子数变化率为

$$\dfrac{dN_3}{dt} = W_p(N_1-N_3) - \dfrac{N_3}{\tau_3} \tag{8-6}$$

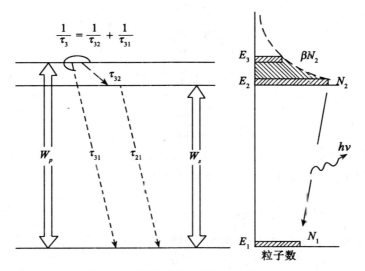

图 8-8　掺铒光纤放大器的三能级模型

$$\frac{dN_2}{dt}=\frac{N_3}{\tau_{32}}-\frac{N_2}{\tau_{21}}-W_s(N_2-N_1) \tag{8-7}$$

$$\frac{dN_1}{dt}=-W_p(N_1-N_3)+\frac{N_2}{\tau_{21}}+W_s(N_2-N_1) \tag{8-8}$$

这里

$$\frac{1}{\tau_3}=\frac{1}{\tau_{32}}+\frac{1}{\tau_{31}} \tag{8-9}$$

参数 ν_s 和 ν_p 被隐去了。

利用

$$\frac{dN}{dt}=0 \tag{8-10}$$

可以解出速率方程的稳态解。

8.3.1　归一化的稳态粒子数差

E_1 能级和 E_2 能级的粒子数差决定放大器的增益。因为 $\tau_{31}\gg\tau_{32}$，式(8-6)变为

$$W_p(N_1-N_3)=\frac{N_3}{\tau_{32}} \tag{8-11}$$

将式(8-11)代入式(8-7)得到

$$0=W_p(N_1-N_3)-\frac{N_2}{\tau_{21}}-W_s(N_2-N_1) \tag{8-12}$$

在 $1.48\mu m$ 光波泵浦下，掺铒光纤放大器的 E_2 和 E_3 是非常靠近的。由于快速的弛豫过程，两能级间的粒子数比很快达到玻耳兹曼粒子数比：

$$\beta = \frac{N_3}{N_2} = \exp\left(-\frac{\Delta E}{kT}\right) \tag{8-13}$$

室温下，$\beta = 0.38$。将式(8-13)代入式(8-12)得

$$\frac{N_2}{N_1} = \frac{W_p + W_s}{\beta W_p + 1/\tau_{21} + W_s} \tag{8-14}$$

经过简单运算有

$$\frac{N_2 - N_1}{N_2 + N_1} = \frac{(1-\beta)W_p\tau_{21} - 1}{(1+\beta)W_p\tau_{21} + 2W_s\tau_{21} + 1} \tag{8-15}$$

式中，$W_p\tau_{21}$ 称为归一化泵浦速率。W_s 和 W_p 分别是描述信号光和泵浦光强度的量，$N_2 - N_1$ 描述了增益因子，式(8-15)是一个重要的等式，它将信号功率和泵浦功率与放大器增益联系起来。

例8.3 下面的逻辑是正确还是错误？

如图8-3所示，向上跃迁 1→2 的粒子只有受激跃迁，而向下跃迁 2→1 的粒子，既有受激跃迁又有自发跃迁。结果，总的向下跃迁 2→1 几率总是比向上跃迁的大，故向下跃迁的净粒子总是存在。

解：总有向下跃迁的净粒子数的结论是错误的，但对于玻耳兹曼的理论，这或许是正确的。粒子数被忽略了，通过式(8-13)可知，在平衡状态下，高能级的粒子数 N_2 比低能级粒子数 N_1 少。

8.3.2 放大器增益

从光放大器的增益系数 g 的表示中可以得到，是否有增益的标准是：

$$\frac{N_2 - N_1}{N_2 + N_1} = \begin{cases} > 0 \text{ 增益} \\ = 0 \text{ 透明} \\ < 0 \text{ 损耗} \end{cases} \tag{8-16}$$

当一种媒质开始有增益时，我们就说该媒质被激活了。从方程(8-15)可得阈值条件：

$$W_p^{th}\tau_{21} = \frac{1}{1-\beta} \tag{8-17}$$

这个阈值是一定的，与信号功率的大小无关。在方程(8-17)中，若 $\beta = 0$，则这个方程可简化为：

$$W_p^{th} = \frac{1}{\tau_{21}}$$

因此阈值条件可以理解为泵浦光功率恰好可以维持载流子自发辐射是的情况。

从方程(8-17)可以看到亚稳态铒的寿命越长，泵浦功率阈值越小，这是除了先前提到的可以减少自发辐射噪声这个优点之外的另一个优点。

从方程(8-15)可以看到粒子数差达到最大值的条件为

$$2W_s\tau = 0 \tag{8-18}$$

我们可从方程(8-15)和(8-18)来定义最大粒子数差：

$$\frac{\Delta N_{\max}}{N} = \frac{(1-\beta)W_p\tau - 1}{(1+\beta)W_p\tau + 1} \tag{8-19}$$

式中，$N = N_1 + N_2$。我们定义当粒子数差减小到其最大值一半时，$W_s\tau_{21}$（信号光功率）定义为 W_s^{sat}，则将(8-19)式代入(8-15)式得

$$\frac{N_2 - N_1}{N} = \frac{\Delta N_{\max}}{N} \frac{(1+\beta)W_p\tau_{21} + 1}{(1+\beta)W_p\tau_{21} + 2W_s\tau_{21} + 1} \tag{8-20}$$

或

$$\frac{N_2 - N_1}{N} = \frac{\Delta N_{\max}}{N} \frac{1}{1 + \dfrac{2W_s\tau_{21}}{(1+\beta)W_p\tau_{21} + 1}} \tag{8-21}$$

或

$$\frac{N_2 - N_1}{N} = \frac{\Delta N_{\max}}{N} \frac{1}{1 + \dfrac{W_s}{W_s^{\text{sat}}}} \tag{8-22}$$

这里，

$$W_s^{\text{sat}} = \frac{1}{2}\left[(1+\beta)W_p + \frac{1}{\tau_{21}}\right] \tag{8-23}$$

联系方程(8-17)和(8-23)变为

$$W_s^{\text{sat}} = \frac{1}{2\tau_{21}}\left[1 + \frac{(1+\beta)W_p}{(1-\beta)W_p^{th}}\right] \tag{8-24}$$

方程(8-22)可重写为

$$\frac{N_2 - N_1}{N} = \frac{\Delta N_{\max}}{N} \frac{1}{1 + I_s/I_s^{\text{sat}}} \tag{8-25}$$

方程(8-25)可用图8-9描述。从图上可以看出

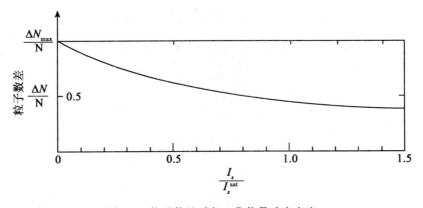

图 8-9　粒子数差对归一化信号功率密度

以上的简单分析揭示了几个重要的结论。回想一下，放大器得到增益系数和粒子数差成比例。增加泵浦光功率不仅会使饱和信号光强增加，而且使得放大器的增益也增

加。随着信号功率的增加，放大器的增益逐渐减小，直到最后减小到 0。

例 8.4 计算 1480nm 泵浦的掺铒光纤放大器的阈值光强。利用以下数据：$\sigma_p = 0.42 \times 10^{-21} \text{cm}^2$，$\tau = 10\text{ms}$，$\beta = 0.38$，$h = 6.63 \times 10^{-34} \text{Js}$，$s = 12.6 \mu\text{m}^2$，$\Gamma = 0.4$。$\Gamma$ 为与纤芯形状有关的泵浦光分布限制因子，它用与量化泵浦光耦合的情况，如图 8-10 所示。信号场并没有完全限制在有源区(光纤纤芯)。只有中心部分的光线是在有源区并参与放大。实际增益由于限制因子的作用应减少。Γ 定义为：在纤芯中的功率比上全部区域的功率：

$$\Gamma = \frac{\int_0^a |E(r)|^2 r \mathrm{d}r}{\int_0^\infty |E(r)|^2 r \mathrm{d}r} \tag{8-26}$$

由于不同信号波长不同，所以信号的限制因子 Γ 也不一定相同。

解： $W_p = \sigma_p \dfrac{I_p}{h\nu_p} = 0.312 \times 10^{-6} I_p$

在阈值时 $\qquad W_p^{th} = 0.312 \times 10^{-6} I_p^{th}$

另一方面，由 (8-17) 式有

$$W_p^{th} = \frac{1}{(1-\beta)\tau_{21}} = 161 \text{s}^{-1}$$

于是 $I_p^{th} = \dfrac{W_p^{th}}{0.312 \times 10^{-6}} = 0.516 \text{mW}/\mu\text{m}^2$

限制因子 $\Gamma = 0.4$，光纤的截面积为 $12.6 \mu\text{m}^2$。阈值泵浦功率是

$$P_p^{th} = 0.516 \times (1/0.4) \times 12.6 = 16.3 \text{mW},$$

这和实验测量值吻合。

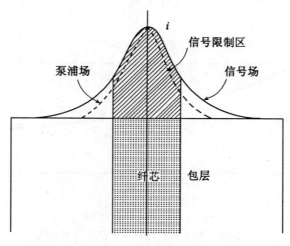

图 8-10 光限制区域与纤芯

例 8.5 计算在 80mW 泵浦功率下，$1.48\mu\text{m}$ 泵浦掺铒光纤放大器的最大增益 G。

最大增益是接近零信号增益。当输出光功率 $P=1\text{mW}$ 时,增益是多少?相关的已知参数是:$\lambda_p=1.48\mu\text{m}$, $\lambda_s=1.55\mu\text{m}$, $\sigma_p=0.42\times10^{-21}\text{cm}^2$, $\tau=10\text{ms}$, $\sigma_s=3.6\times10^{-21}\text{cm}^2$, $\beta=0.38$, $s=12.6\mu\text{m}^2$, $\Gamma_p=\Gamma_s=0.4$, $L=35\text{m}$, $N=2.0\times10^{18}\text{cm}^{-3}$。忽略传输损耗。

解:
$$W_p=\sigma_p\frac{1}{h\nu_p}\frac{P_p}{s}\Gamma_p=793\text{s}^{-1},$$

由(8-19)式有最大粒子束差 $(\Delta N)_{\max}=6.56\times10^{23}\text{m}^{-3}$

最大的增益系数为 $g_{\max}=\sigma_s(\Delta N_{\max})=0.24\text{m}^{-1}$

最大增益(以 dB 为单位) $G(\text{dB})=10\log e^{0.24\times35}=36.5\text{dB}$

下面计算非零信号光输出区域光纤中的增益。

信号功率沿光纤不是均匀分布的,但用于计算的输出信号功率为 1mW。见(8-20)式。

$$W_s=\sigma_s\frac{1}{h\nu_s}\frac{P_s}{s}\Gamma_s=88.9\text{s}^{-1}$$

注意:W_s 比 W_p 小一个数量级。由(8-20)式有 $\dfrac{N_2-N_1}{N}=\dfrac{\Delta N_{\max}}{N}0.87$,$N_2-N_1$ 比最大值降低了 13%,因此,
$$g=0.24\times0.87=0.21\text{m}^{-1},\quad G(\text{dB})=31.9\text{dB}$$

8.3.3　1.48μm 和 0.98μm 波长泵浦

图 8-11(a)显示 Er^{3+} 的能级图。在该图中已经标明了可以用作泵浦光源的激光器。图 8-11(b)显示了 Er^{3+} 的吸收光谱,有关跃迁显示在图 8-11(a)中。吸收系数越高,吸收截面越大,因而越容易泵浦。不幸的是高吸收谱线大都集中在低 540nm 的波段,因此固体泵浦激光器无法使用。从可靠性、寿命、尺寸的角度看,只有固态器件适用于光通信,这就意味着备选的泵浦光只有 800nm、980nm 和 1480nm。然而用 800nm 的光泵浦时,由于激发态吸收(ESA)的原因(见图 8-12),而使泵浦效率很低。在 E_2 能级上的粒子将有可能在泵浦光的作用下被泵浦到 E_4 能级。因为 $E_3-E_1=E_4-E_2$。那么现在最有可能被选的泵浦光只有 980nm 和 1480nm。利用上节得到的速率方程,我们可对这两个泵浦波长进行比较。

首先,考虑这两种泵浦波长 β 值。1480nm 泵浦光的 β 值主要由 N_3/N_2 决定,这时的粒子数分布服从玻耳兹曼分布,因 1540nm 信号的能级太接近 1480nm 的泵浦光的能级,在室温下,β 为 0.38。相反,对于 980nm 的泵浦光,此时的 β 几乎为 0。这造成了 980nm 和 1480nm 波长泵浦光的差异。从方程(8-15)可以看到,对一个归一化的泵浦速率,可获得的最大粒子数差为

$$\left(\frac{N_2-N_1}{N}\right)_{\max}=\frac{1-\beta}{1+\beta} \tag{8-27}$$

对于 1480nm 的泵浦光,取 $\beta=0.38$,代入公式(8-27)可得

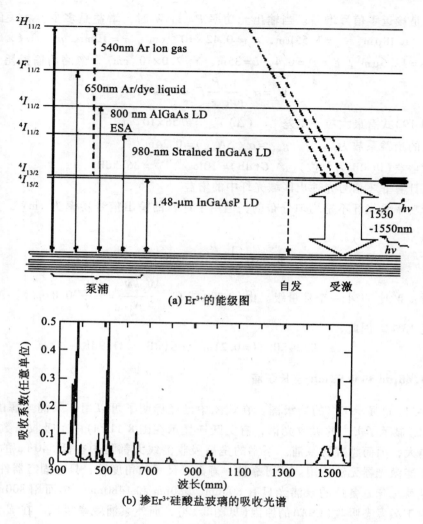

(a) Er³⁺的能级图

(b) 掺Er³⁺硅酸盐玻璃的吸收光谱

图 8-11　Er³⁺的能级图和吸收谱线

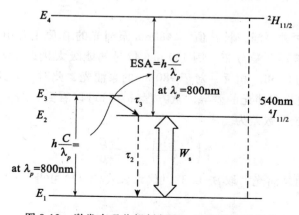

图 8-12　激发态吸收损耗解释：逐步双光子吸收

$$\left(\frac{N_2-N_1}{N}\right)_{\max,1.48\text{-}\mu m\ pump} = 0.45 \tag{8-28}$$

对于980nm泵浦光,根据方程(8-27)得:

$$\left(\frac{N_2-N_1}{N}\right)_{\max,0.98\text{-}\mu m\ pump} = 1 \tag{8-29}$$

因此,在增益方面,980nm 泵浦光放大器优于 1480nm 泵浦的光放大器。

此外,$0.98\mu m$ 泵浦的放大器的自发噪声也优于 $1.48\mu m$ 泵浦的放大器。从(8-4)式可知,放大自发辐射噪声与(8-5)式成比例,由(8-15)式可得

$$n_{spon} = \frac{W_p + W_s}{(1-\beta)W_p - 1/\tau_{21}} \tag{8-30}$$

增加泵浦功率可降低 n_{spon},并接近极限:

$$n_{spon} = \frac{1}{1-\beta} \tag{8-31}$$

用980nm 泵浦可以使 n_{spon} 最终减小到 1,而 1480nm 的只能减小到 1.61。

当比较泵浦效率时,我们用消耗每毫瓦泵浦光获得的增益(dB)来衡量,这时 980nm 泵浦光放大器也优于 1480nm 的泵浦光放大器。方程(8-17)给出了阈值泵浦功率的表达式。对于 1480nm 泵浦波长,阈值为 $W_p^{th}\tau_{21} = 1.61$,而相同条件下 980nm 泵浦波长的阈值为 $W_p^{th}\tau_{21} = 1$。这种差异表现在泵浦激光能量的利用效率上。每单位泵浦功率的放大增益对 980nm 泵浦来说为 10 分贝/毫瓦,而对 1480nm 泵浦来说,则是 5dB/mW。

对于饱和信号功率强度,方程(8-23)包含了一个 $(1+\beta)$ 因子。对于同样的泵浦功率 W_p,1480nm 泵浦的饱和信号功率强度 W_s^{sat} 高些。因此,在这方面 1480nm 泵浦要比 980nm 泵浦好些。

与980nm 泵浦相关的困难之一是其泵浦跃迁的线宽要比 1480nm 的窄,需要严格控制 $0.98\mu m$ 泵浦激光二极管的发射波长。

总之,$0.98\mu m$ 泵浦在单位泵浦功率增益、ASE 噪声和阈值泵浦功率方面要比 1480nm 泵浦有优势,而 $1.48\mu m$ 泵浦则在饱和信号功率和泵浦光波长允许范围上比 980nm 泵浦有优势。这些结论列入表8-1中。

表 8-1　　　　　　　　　　**1480nm 和 980nm 泵浦的 EDFA 的比较**

特　征	1480nm 泵浦	980nm 泵浦
泵浦激光器材料	InGaAs/InP	StrainedInGaAs
泵浦激光器输出功率	20～100mW	10～20mW
每 mW 泵浦光增益	5dB/mW	10dB/mW
饱和信号功率	20dBm	5dBm
泵浦频带线宽	20nm	2.5nm
噪声系数	5dB	3dB

8.3.4 与时间相关的速率方程的近似解

一个短脉冲能否被放大,取决于放大器增益的短时间内的行为。换言之,必须找到与时间相关的 N_2 和 N_1,求解与时间相关的速率方程。

寿命 τ_3 的小于 1ns 但是 N_3 很大,那就是说 $-N/\tau_3$ 是一个很大的负数,这就意味着 N_3 在不到 1ns 内达到稳定状态,因此我们假设在 1ns 后

$$\frac{dN_3}{dt}=0 \tag{8-32}$$

即在 1ns 后,N_3 没有明显变化。这一假设简化了解决方案,得到的答案非常接近未经假设获得的答案。从 (8-7) 与 (8-8) 式,可得时间相关速率方程:

$$\dot{N}_1 = -W_p(N_1-\beta N_2)+\frac{N_2}{\tau}+W_s(N_2-N_1) \tag{8-33}$$

$$\dot{N}_2 = W_p(N_1-\beta N_2)-\frac{N_2}{\tau}-W_s(N_2-N_1) \tag{8-34}$$

式中,$\tau=\tau_{21}$。重写方程 (8-33) 和 (8-34) 为

$$\dot{N}_1 = -aN_1+bN_2 \tag{8-35}$$

$$\dot{N}_2 = aN_1-bN_2 \tag{8-36}$$

这里,

$$a = W_p+W_s \qquad b = \beta W_p+W_s+\frac{1}{\tau} \tag{8-37}$$

符号上面的点代表的是对时间 t 的导数。由式 (8-35) 与 (8-36) 可得

$$\ddot{N}_2+(a+b)\dot{N}_2=0 \tag{8-38}$$

我们可以得到同一形式关于 N_1 的微分方程。

假设 N_2 的解为

$$N_2 = C_1 e^{\gamma t}+C_2 \tag{8-39}$$

可以把方程 (8-39) 代入 (8-38) 从而得到

$$\gamma=0 \text{ 和 } \gamma=-(a+b) \tag{8-40}$$

$N_2(t)$ 的一般解的形式为

$$N_2(t) = C_1 e^{-(a+b)t}+C_2 \tag{8-41}$$

利用初始值 $N_2(0)$ 和 $\ddot{N}_2(0)$,可得 C_1 和 C_2。所得结果是

$$N_2(t) = N_2(0)+\frac{\dot{N}_2(0)}{a+b}(1-e^{-t/\tau_{\text{eff}}}) \tag{8-42}$$

这里,

$$\tau_{\text{eff}} = \frac{1}{a+b} \tag{8-43}$$

利用粒子数守恒,$N=N_1(t)+N_2(t)$,则时间相关反转粒子数变为

$$\frac{N_2(t)-N_1(t)}{N} = 2\frac{N_2(t)}{N}-1 \tag{8-44}$$

从方程(8-44)可以得到与时间相关的放大器增益表达式。

把方程(8-37)代入方程(8-43)，可以得到有效时间常数：

$$\tau_{\text{eff}} = \frac{\tau}{(1+\beta)W\tau_p + 2W_s\tau + 1} \tag{8-45}$$

由(8-17)与(8-23)两式，式(8-45)可以写为

$$\tau_{\text{eff}} = \frac{\tau}{\dfrac{W_p}{W_p^{th}}\left(\dfrac{1+\beta}{1-\beta}\right) + \dfrac{W_s}{W_s^{\text{sat}}}\left(1 + \dfrac{W_p}{W_p^{th}}\left(\dfrac{1+\beta}{1-\beta}\right)\right) + 1} \tag{8-46}$$

放大器的增益系数与反转粒子数成正比。方程(8-39)到方程(8-46)告诉我们，放大器增益对条件变化反应很快，例如，一个高强度的输入脉冲将导致 $N_2(t)$ 迅速减小。

Er^{3+} 的寿命比较长，$\tau = 10\text{ms}$。式(8-46)表明 τ_{eff} 对 W_s 和 W_p 均缓变函数，即使在极端的情况下 $W_s/W_s^{th} = W_p/W_p^{th} = 5(=7\text{dB})$，有效寿命 τ_{eff} 也只有 $14\mu\text{s} \sim 0.28\text{ms}$，依赖于 β，是非常慢的。这意味着，只要输入脉冲的上升时间比 τ_{eff} 快，放大器的增益就没有变化，这个脉冲可以无失真的放大。无失真放大是掺铒光纤放大器的一个重要的特点。对于归零码来说，尽管信号速率高于 $1/(0.28\times 10^{-3}) = 35.7\text{kb/s}$，但不产生失真。任何比特率低于 35.7kb/s 的信号，传输过程中增益会发生变化，因此信号也会发生失真。在饱和功率水平上的无失真放大用于获得放大器的稳态工作点。将所设置工作点功率超出饱和功率水平几个分贝的优点是即使输入信号功率由于系统不明原因在很短的时间突然减少，放大器的增益变化也很小。这对信号突然增加的情形也是正确的。

通常在多信道系统情形，工作功率水平设置在增益饱和以下，以避免信道间的串扰。考虑两个波长略有不同的两个独立信道合在一起，并经过同一放大器放大。假设信道 A 是信号信道，信道 B 只是提供工作点。如果信道 B 不随着时间变化，那么信道 A 以恒定增益放大，且无失真。然而，如果信道 B 也随时间变化，那么信道 A 的工作点也随时间变化，信道 A 的增益也将随工作点的波动而变化。信道 A 的输出受信道 B 的影响，那么信道 A 和信道 B 之间便发生串扰。在掺铒光纤放大器情形，如果偏置点的运动足够快，那么增益将不会改变，即使从通道间串扰来看，EDFA 要比 SLA 有优势。

◎ 自测练习

(1) 限制因子 Γ 的含义是_____。

(2) $0.98\mu\text{m}$ 泵浦在单位泵浦功率增益、_____和_____方面要比 1480nm 泵浦有优势，而 $1.48\mu\text{m}$ 泵浦则在_____和泵浦光_____比 980nm 泵浦有优势。

8.4 泵浦结构

泵浦光可以从掺铒光纤的前向或者后向注入。双包层光纤用于高功率放大器。

8.4.1 前向泵浦 vs 后向泵浦

所谓前向泵浦是信号光与泵浦在光纤内同向传输，后向泵浦是指信号光与泵浦在光纤内反向传输。当然也有双向泵浦，就是前泵浦和后泵浦的结合。图 8-13 为以上几种泵浦结构示意图。使用不同结构的原因是泵浦光在光纤中的分布不同。当泵浦光在光纤内传输时，其能量是衰减的。

在前向泵浦情形，如图 8-13(a)所示，在光纤的输入端，$(N_2-N_1)/N$ 最强，这就意味着粒子数反转因子 n_{spon} 较小，因此，ASE 噪声在输入端要比输出端要小。当两个具有不同噪声指数的放大器级连时，当把低噪声指数的放大器置于高噪声指数放大器前面时，总的噪声性能较好。因此，前向泵浦比后向泵浦显示出更好的噪声性能。

在后向泵浦情形下，如图 8-13(b)所示，饱和信号光功率高于前向泵浦。在放大器末端，信号强度变得很高、接近饱和。然而，饱和信号强度随着泵浦功率的增加而增加（见式(8-24)）。对后向泵浦，泵浦光功率在光纤末端最大，此时高强度用于提高饱和光信号的功率。不仅饱和信号功率增加了，而且放大器总增益也增加了。因此，后向泵浦有利于获得高饱和功率和高的增益。双向泵浦(见图 8-13(c))综合了两者的优点。

泵浦光从 $1.48\mu m$ 的激光器二极管出来，与 $1.55\mu m$ 的信号光用耦合器耦合。耦合器透射 $1.55\mu m$ 的光，反射 $1.48\mu m$ 的光。对光极化不敏感，对光传播方向很敏感的光隔离器，安装在光纤的两端，防止反射光的反射回来。光滤波器安置在光放大器的尾部，滤波器有利于阻止泵浦光从放大器中溢出，而且有利于消除探测器中的 ASE 噪声。从滤除 ASE 噪声方面考虑，需要用一窄带滤波器。

图 8-13(d)为一种简单的前向泵浦 EDFA，在此结构中，增益的目的是克服传播中的损耗和补偿信号探测中的损耗。这种构造有利于管理人口密集的城域网。

8.4.2 双包层光纤泵浦

对于高功率光纤放大器来说，将信号光和泵浦光都限制在 $5\mu m$ 的纤芯范围之内(见图 8-10)是不切实际的，因为高功率处理能力(纤芯中的非线性效应)。双包层光纤把包层分为内包层与外层包层区域。信号光以单模形式在光纤纤芯传输，泵浦光则以多模形式在包层中传输。图 8-14 给出了几种双包层光纤的几何结构。

◎ **自测练习**

(1)所谓前向泵浦是信号光与泵浦在光纤内_____传输，后向泵浦是指信号光与泵浦在光纤内_____传输。当然也有双向泵浦，就是前泵浦和后泵浦的结合。

(2)双包层光纤常用于高功率放大，信号光以_____形式在光纤纤芯传输，泵浦光则以_____形式在包层中传输。

第八章 激光放大器

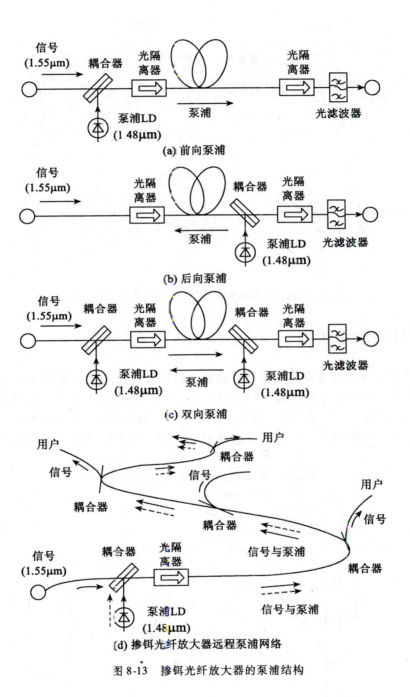

图 8-13 掺铒光纤放大器的泵浦结构

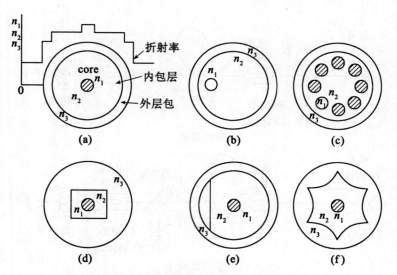

图 8-14　高能光纤放大器双包层光纤的不同几何结构

8.5　光纤的最佳长度

图 8-15 给出了掺铒光纤放大器增益随着光纤长度变化的实验结果。最大增益优化长度依赖于泵浦光功率。随着泵浦功率的增加，最佳光纤长度和最大增益同时增加。如果光纤太长，就有一个区域泵浦功率很小，信号达到饱和强度，增益降低。在选光纤长度时，也要考虑 ASE 噪声。当光纤长度增加时，ASE 噪声也增加，而信号光饱和，直

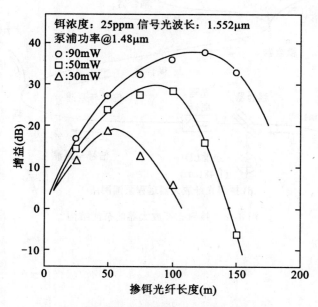

图 8-15　信号增益随掺铒光纤长度的变化曲线

到 ASE 噪声变得和信号具有相同功率水平。从这些结论出发,理想的光纤长度是在 20~150m 范围之内。掺铒光纤放大器在光纤通信系统的主要应用是作为光电探测器的前置放大器和增加信息传输距离的中继放大器。

8.6 当掺铒光纤作为前置放大器时的电噪声

如图 8-16 所示。当入射到光电探测器上的信号光包含 ASE 噪声时,来自探测器的输出电流就包含一些除探测器的散粒噪声和热噪声之外的其他噪声。

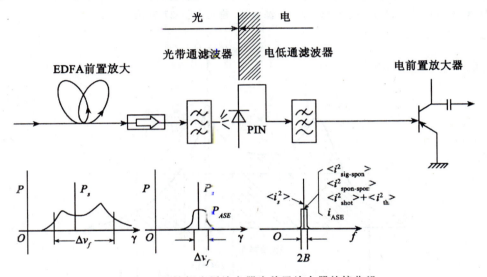

图 8-16 以掺铒光纤放大器为前置放大器的接收机

图 8-17 表示了测量所得的 ASE 噪声,图 8-18 比较了 ASE 噪声的频带宽度 ν_t 和光学滤波器的传输频带宽度 ν_f 和电信号带宽 $2B$。为了减小 ASE 噪声的影响,这个带通滤波器应该安置在掺铒光纤的前端,如图 8-16 所示。如果 ASE 噪声在噪声频带之外是均匀地分布的,那么来自掺铒光纤放大器的光输出 P 通过通频带为 ν_f 的带通滤波器的光功率为(见(8-4)式):

$$P = GP_s + GP_{ASE} \tag{8-47}$$

式中,$P_{ASE} = m_t n_{spon} h\nu \Delta\nu_f$; $G-1 \approx G$。信号光振幅 E_s 和光功率 GP_s 间有关系式:

$$GP_s = \frac{1}{2}\frac{E_s^2}{\eta_0}s \tag{8-48}$$

式中,η_0 是空气的固有阻抗而非光电二极管介质的阻抗;s 是光电二极管的表面积。
入射到光电二极管上的信号光振幅为

$$E_s = \sqrt{\frac{2\eta_0}{s}GP_s} \tag{8-49}$$

将 ASE 谱分成 N 等份,如图 8-19 所示,则每一噪声谱的振幅为

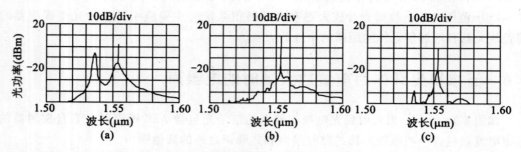

图 8-17 掺铒光纤放大器的噪声光谱 (a) 为饱和区域(输入信号,-27.3dBm);(b)饱和区域(输入信号,-4.1dBm);(c)用 1nm 滤波器(输入信号-27.3dBm)

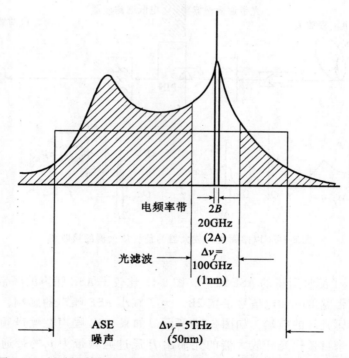

图 8-18 相对频率范围比较:ASE 滤波器,光学滤波器,电频带宽度

$$E_n = \sqrt{\frac{2\eta_0}{s}\frac{GP_{ASE}}{N}} \tag{8-50}$$

光电二极管使信号光和 ASE 噪声混合。PIN 光电管的瞬时输出电流 $i(t)$ 为

$$i(t) = \frac{\eta e}{h\nu}\frac{s}{\eta_0}\left(E_s\cos(2\pi\nu_s t + \phi_s) + \sum_{n=1}^{N} E_n\cos(2\pi\nu_n t + \phi_n)\right)^2 \tag{8-51}$$

第一部分是信号光,第二部分是 N 个离散的 ASE 噪声光谱线。平方操作产生了一些不同拍频,属于以下三类:

(1)信号电流。

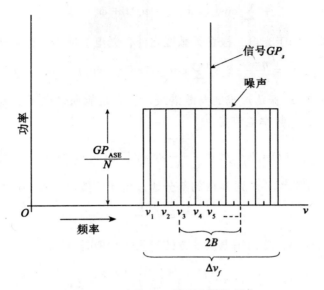

图 8-19 连续 ASE 噪声光谱的划分

(2) 信号-ASE 拍噪声。
(3) ASE 噪声谱线之间形成的拍噪声，称作 ASE 拍噪声。
三类噪声的计算如下：
a. 信号电流 $i(t)$

$$i(t) = \frac{\eta e}{h\nu} \frac{s}{\eta_0} E_s^2 \cos^2(2\pi\nu_s t + \phi_s)$$

$$= \frac{\eta e}{h\nu} \frac{s}{\eta_0} E_s^2 \frac{1}{2}[1 + \cos 2(2\pi\nu_s t + \phi_s)] \quad (8\text{-}52)$$

光电二极管对 $2\nu_s$ 频率成分不敏感，所以公式(8-52)的第二部分可以忽略。利用公式(8-48)和(8-52)变换为

$$i(t) = \frac{\eta e}{h\nu} GP_s \quad (8\text{-}53)$$

电信号功率 S 变为

$$S = \left(\frac{\eta e}{h\nu} GP_s\right)^2 R_L \quad (8\text{-}54)$$

式中，R_L 为光电管的负载阻抗。
b. 信号-ASE 拍噪声 $i_{\text{sig-spon}}(t)$

$$i_{\text{sig-spon}}(t) = 2\frac{\eta e}{h\nu}\frac{s}{\eta_0} E_s E_n \sum_{n=1}^{N} \cos(2\pi\nu_s t + \phi_s)\cos(2\pi\nu_n t + \phi_n)$$

$$= \frac{\eta e}{h\nu}\frac{s}{\eta_0} E_s E_n \left(\sum_{n=1}^{N} \cos[(2\pi(\nu_n - \nu_s)t + \phi_n - \phi_s)]\right.$$

$$+ \sum_{n=1}^{N} \cos[(2\pi(\nu_n + \nu_s)t + \phi_n + \phi_s)]\bigg) \tag{8-55}$$

大括号里的第二部分处于光电二极管灵敏度之外，光电管输出电流分量为

$$i_{\text{sig-spon}}(t) = \frac{\eta e}{h\nu} \frac{s}{\eta_0} E_s E_n \sum_{n=1}^{N} \cos[(2\pi(\nu_n - \nu_s)t + \phi_n - \phi_s)] \tag{8-56}$$

$i_{\text{sig-spon}}(t)$ 有 N 个 ν_n 和 ν_s 振荡形成的离散谱线，它们是能通过电子滤波器的分量，由公式(8-49)和(8-50)，k_{th} 频率电流是

$$i_{\text{sig-spon},k}(t) = 2\frac{\eta e}{h\nu}\sqrt{GP_s}\sqrt{\frac{GP_s}{N}} \times \cos[(2\pi(\nu_k-\nu_s)t+\phi_k-\phi_s)] \tag{8-57}$$

式(8-56)中 $i_{\text{sig-spont}}$ 的频率在-B到B内的部分通过电子前置放大器的频率分量数为

$$N' = N\frac{2B}{\Delta\nu_f} \tag{8-58}$$

每个频谱有相同的振幅，总的拍电流平方的时间平均值是 N' 次，且

$$\langle i_{\text{sig-spon},k}^2(t)\rangle = 4\left(\frac{\eta e}{h\nu}\right)^2 GP_s P_{\text{ASE}} \frac{B}{\Delta\nu_f} \tag{8-59}$$

电流 $i_{\text{sig-spon},k}^2(t)>$ 正比于输出光信号功率和 ASE 噪声功率的乘积。

c. 自发辐射拍噪声 $i_{\text{spon-spon}}(t)$

$$i_{\text{sig-spon},k}(t) = \frac{\eta e}{h\nu}\frac{s}{\eta_0}(E_1\cos 2\pi\nu_1 t + E_2\cos 2\pi\nu_2 t + E_3\cos 2\pi\nu_3 t + \cdots) \times \tag{8-60}$$
$$(E_1\cos 2\pi\nu_1 t + E_2\cos 2\pi\nu_2 t + E_3\cos 2\pi\nu_3 t + \cdots)$$

总的直流电流为

$$i_{\text{sig-spon}}\big|_{\text{DC}} = \frac{\eta e}{h\nu}(GP_{\text{ASE}}/N)N \tag{8-61}$$

$$i_{\text{sig-spon}}\big|_{\text{DC}} = GI_{\text{ASE}} \tag{8-62}$$

$$I_{\text{ASE}} = \frac{\eta e}{h\nu}P_{\text{ASE}} \tag{8-63}$$

经过复杂运算，可得

$$\langle i_{\text{spon-spon}}^2\rangle = G^2 I_{\text{ASE}}^2 \cdot \left(2 - \frac{B}{\Delta\nu_f}\right)\frac{B}{\Delta\nu_f} \tag{8-64}$$

小结：

$$\langle i_{\text{sig-spon}}^2\rangle = 4GI_s \cdot GI_{\text{ASE}} \cdot \frac{B}{\Delta\nu_f}$$

$$\langle i_{\text{spon-spon}}^2\rangle = G^2 I_{\text{ASE}}^2 \cdot \left(2 - \frac{B}{\Delta\nu_f}\right)\frac{B}{\Delta\nu_f}$$

式中，$I_s = \frac{\eta e}{h\nu}P_s$。

在有光放大器作前置放大系统中，接收机的信噪比除了上述放大器产生的噪声外，还有散粒噪声和热噪声。PIN管的散粒噪声是由于电子流的不规则引起的，散粒噪声功率为

$$N_{shot} = 2eI_t B \tag{8-65}$$

式中，e 为电子电荷；I_t 为总的平均电流；B 为噪声功率带宽；R_L 为 PIN 光电管的负载阻抗。

热噪声功率为

$$N_{th} = \frac{4kTB}{R_L} \tag{8-66}$$

从式(8-59)、(8-64)、(8-65)、(8-66)可得 PIN 管的输出信噪比为

$$\frac{S}{N} = \frac{(GI_s)^2}{4G^2 I_s I_{ASE}\frac{B}{\Delta\nu_f} + G^2 I_{ASE}^2 \cdot \left(2 - \frac{B}{\Delta\nu_f}\right)\frac{B}{\Delta\nu_f} + 2e\left[G(I_s + I_{ASE}) + I_d\right]B + \frac{4kTB}{R_L}} \tag{8-67}$$

(8-67)式的分子与分母同时除以 G^2，得

$$\frac{S}{N} = \frac{I_s^2}{4I_s I_{ASE}\frac{B}{\Delta\nu_f} + I_{ASE}^2 \cdot \left(2 - \frac{B}{\Delta\nu_f}\right)\frac{B}{\Delta\nu_f} + 2e\left[\frac{1}{G}(I_s + I_{ASE}) + \frac{I_d}{G^2}\right]B + \frac{4kTB}{G^2 R_L}} \tag{8-68}$$

当 G 较大时，S/N 变为

$$\frac{S}{N} = \frac{I_s}{\left[4 + \frac{I_{ASE}}{I_s} \cdot \left(2 - \frac{B}{\Delta\nu_f}\right)\right] I_{ASE}\frac{B}{\Delta\nu_f}} \tag{8-69}$$

当 $I_s \gg I_{ASE}$ 时，方程(8-69)可写成

$$\frac{S}{N} = \frac{I_s}{4I_{ASE}\frac{B}{\Delta\nu_f}} \tag{8-70}$$

或

$$\frac{S}{N} = \frac{P_s}{4m_t n_{spon} h\nu B} \tag{8-71}$$

式(8-69)可重写为

$$\frac{S}{N} = \frac{P_s}{\left[4 + \frac{m_t n_{spon} h\nu \Delta\nu_f}{P_s} \cdot \left(2 - \frac{B}{\Delta\nu_f}\right)\right] m_t n_{spon} h\nu B} \tag{8-72}$$

例 8.6 计算 EDFA 的 ASE 噪声功率。光滤波器的带宽是 0.1nm，$m_t = 2$。

解：$GP_{ASE} = 2n_{spon}(G-1)h\nu\Delta\nu f$

$$n_{spon} = \frac{W_p + W_s}{W_p(1-\beta) - 1/\tau}$$

由前面例题，有 $W_p = 793 \text{s}^{-1}$，$W_s = 88.9 \text{s}^{-1}$

频率间隔为

$$\Delta\nu = \frac{3 \times 10^8}{10^{-6}}\left(\frac{1}{1.55} - \frac{1}{1.5501}\right) = 1.25 \times 10^{10} \text{Hz}$$

$$N_{spon} = \frac{793+88.9}{793(1-0.38)-100} = 2.25$$

$$GP_{ASE} = 2 \times (1556-1)(2.25)(6.63 \times 10^{-34})(1.94 \times 10^{14})(1.25 \times 10^{10}) = 11.3 \mu W_{\circ}$$

8.7 放大器的噪声指数

信噪比 S/N 与噪声指数 F 是在设计光通信系统中应考虑的重要参数。放大器的噪声指数是描述放大器噪声性能的参数，定义为输入前的信噪比与输出后的信噪比之比：

$$F = \frac{(S/N)_i}{(S/N)_o} \tag{8-73}$$

式中，$(S/N)_i$ 与 $(S/N)_o$ 分别为输入与输出信噪比。输入信噪比为

$$(S/N)_i = \frac{I_s}{2eB} \tag{8-74}$$

由式(8-69)与式(8-74)，得

$$F = \left[4 + \frac{I_{ASE}}{I_s} \cdot \left(2 - \frac{B}{\Delta \nu_f}\right)\right] I_{ASE} \frac{1}{2e\Delta \nu_f} \tag{8-75}$$

或用功率表示为

$$F = \frac{\eta}{2} \left[4 + \frac{m_t n_{spon} h\nu \Delta \nu_f}{P_s} \cdot \left(2 - \frac{B}{\Delta \nu_f}\right)\right] m_t n_{spon} \tag{8-76}$$

8.8 掺铒磷酸盐玻璃光波导放大器*

掺稀土元素光波导放大器是继半导体激光放大器、掺铒光纤放大器研制成功以来又一新型光放大器。较之 EDFA，它能在同一衬底上提供无源的和有源的集成光路，具有损耗低、单位长度增益高、体积小、低成本、低噪声系数、很小的极化相关性以及不存在通道间的串扰等特点，可用作末端放大器、前置放大器、在线放大器、功率放大器以及光纤到家(FTTH)和光纤到路边(FTTC)网络中的无损分路器等，由于其增益的限制，它主要应用于城域网和局域网。21世纪初，法国 Teem Photonics 公司的副总裁 Denis barbier 教授曾预言掺铒光波导放大器将推动光网络的演变。

图 8-20 是 2002 年 10 月 Teem 公司推出的一款光波导放大器产品——Metro EDWA 模块，该放大模块里面含有一个微型 LD 泵浦源，它能提供 10~15dBm 的功率输出。其性能参数为：工作波长 1530~1560nm，封装尺寸 81mm×35mm×12mm。

光波导放大器属行波放大器，即波导在对信号光和泵浦光导引的同时，信号光得到放大。光波导放大器理论模型与掺铒光纤放大器一致。本节利用速率方程理论对掺铒光波导放大器进行研究，分别讨论了掺铒磷酸盐玻璃光波导放大器以及 Er-Yb 共掺磷酸盐玻璃光波导放大器特性。

图 8-20　Metro EDWA 模块

8.8.1　掺铒波导放大器

1. 低铒离子掺杂浓度情况

在低铒离子掺杂浓度的情况下，可不考虑上转换效应，在 980nm 波段光正向泵浦下，忽略 ESA，描述掺铒光波导放大器的传输速率方程可表示为

$$\frac{\sigma_{ap}\Gamma_p P(z)}{Ah\nu_p}n_1(z) + \frac{\sigma_{as}\Gamma_s P_s(z)}{Ah\nu_s}n_1(z) - \frac{\sigma_{es}\Gamma_s P_s(z)}{Ah\nu_s}n_2(z) - \frac{1}{\tau_{21}}n_2 = 0 \quad (8\text{-}77)$$

信号光与泵浦光的传输方程为

$$\frac{\mathrm{d}P_p(z)}{\mathrm{d}z} = -\Gamma_p \sigma_{ap} n_1(z) P_p(z) \quad (8\text{-}78)$$

$$\frac{\mathrm{d}P_s(z)}{\mathrm{d}z} = [\sigma_{es} n_2(z) - \sigma_{as} n_1(z)] \Gamma_s P_s(z) \quad (8\text{-}79)$$

由式 (8-77) ~ (8-79) 有

$$[G(z)]^\gamma \exp(-\gamma \Gamma_s \sigma_{es} \rho z) = 1 - \frac{\nu_p P_{s0}}{\nu_s P_{p0}}[G(z) - 1] - \frac{[\ln G(z) + \Gamma_s \sigma_{as}\rho z]Ah\nu_p}{\tau_{21} P_{p0} \Gamma_s(\sigma_{as} + \sigma_{es})} \quad (8\text{-}80)$$

式中：

$$\gamma = \frac{\Gamma_p \sigma_{ap}}{\Gamma_s (\sigma_{as} + \sigma_{es})} \quad (8\text{-}81)$$

$$G(z) = P_s(z)/P_{s0} \quad (8\text{-}82)$$

(8-80) 式即为光波导放大器增益特性的隐式解析式。

在泵浦阈值下，信号光通过长度为 L 的波导后功率保持不变，即 $G(L) = 1$，由式 (8-80) 有

$$P_{\mathrm{pth}} = \frac{Ah\nu_p \sigma_{as}\rho L}{\tau_{21}(\sigma_{as} + \sigma_{es})[1 - \exp(\gamma \Gamma_s \sigma_{es} \rho L)]} \quad (8\text{-}83)$$

(8-83) 式即为泵浦阈值功率的表达式。可见，在忽略上转换效应和放大自发辐射的情况下，掺铒光波导放大器的泵浦阈值功率和掺铒光纤放大器一样，与信号光的光强无关。

在计算中所用掺 Er^{3+} 磷酸盐玻璃参数如表 8-2 所示。假设波导横截面面积为 $3.0 \times 10^{-12} m^2$，$\Gamma_p = \Gamma_s = 0.6$，普朗克常数 $h = 6.626 \times 10^{-34} J \cdot s$。

表 8-2　　　　　　　　　　　掺 Er^{3+} 磷酸盐玻璃参数

参数(unit)	数值
Er^{3+} 泵浦光吸收截面 σ_{ap}(980nm)　$\times 10^{-25} m^2$	2.58
Er^{3+} 信号光吸收截面 σ_{as}(1532nm)　$\times 10^{-25} m^2$	5.36
Er^{3+} 信号光发射截面 σ_{es}(1532nm)　$\times 10^{-25} m^2$	5.41
Er^{3+} 亚稳态粒子寿命 τ_{21}　ms	10
Er^{3+} 离子浓度 ρ　$\times 10^{26}/m^3$	1.0

2. 高铒离子掺杂浓度情况

在较高 Er 离子掺杂浓度下,考虑亚稳态能级上的上转换效应(假设上转换系数与铒离子浓度无关),速率方程可写为

$$\frac{\sigma_{as}}{h\nu_s}I_s(z)n_1(z)\Gamma_s + \frac{\sigma_{ap}}{h\nu_p}I_p(z)n_1(z)\Gamma_p - \frac{n_2(z)}{\tau_{21}} - \frac{\sigma_{es}}{h\nu_s}I_s(z)n_2(z)\Gamma_s - C_{up}n_2^2 = 0 \quad (8\text{-}84)$$

设羟基的浓度为 $0.8\times 10^{19} cm^{-3}$,上转换系数 C_{up} 为 $8\times 10^{-24} m^3/s$,波导长度为 4cm,其他参数如表 8-2 所示。研究结算结果表明,Er^{3+} 掺杂浓度较高时,上转换占主要优势,羟基的去除对信号光增益的影响较小。因此关注获得较低的上转换比试图去除羟基杂质尤为重要。上转系数的大小对增益阈值的影响较大。这说明寻找具有尽可能低的上转换基质是非常重要的。然而上转系数很难控制,它依赖于 $^4I_{13/2}$ 到 $^4I_{15/2}$ 和 $^4I_{13/2}$ 到 $^4I_{9/2}$ 跃迁的光谱重叠及基质光谱。如果所用玻璃的发射谱较窄,可减少这一光谱重叠。此外,降低 Er^{3+} 浓度也可以减小上转换系数。

在一定泵浦功率下,考虑上转换的情况,铒的掺杂浓度存在一个最佳值,超过此浓度,放大器的增益不但不增加,反而减小。

8.8.2 铒-镱共掺光波导放大器

光波导放大器的最大增益有光波导长度与铒掺杂浓度的乘积决定。为了确保光波导器件的紧凑性和在较短长度上获得足够的光学增益,EDWA 中元素铒的浓度要尽量高,一般情况 Er^{3+} 的浓度为 0.1～1at.%。如此高的 Er 浓度使得 Er^{3+} 离子间的距离变得很小,从而产生严重的离子聚集或称"团簇"现象。"团簇"单元中的 Er^{3+} 离子之间发生电偶极子相互作用,这种电偶极子相互作用会导致许多降低 Er^{3+} 的发光效率过程的发生。例如,协同上转换、激发态吸收等,造成 Er^{3+} 的浓度猝灭。为了克服上述困难,可用 Yb^{3+} 与之共掺。Er-Yb 共掺磷酸盐玻璃光波导放大器速率方程须采用数值计算方法进行求解。

输入到铒-镱共掺光波导放大器(EYCDWA)的光脉冲信号光的光子数具有统计特性,其经过铒-镱共掺光波导放大器后得到线性放大,并产生附加的自发辐射噪声,其输出的光子数也具有统计特性。噪声指数(NF)的定义是:输入前的信噪比与输出后的信噪比之比,即

$$NF = \frac{SNR(z=0)}{SNR(z=l)} \tag{8-85}$$

式中：

$$SNR(z=0) = \frac{P_s^2(z=0)}{\sigma^2(z=0)}$$
$$SNR(z=l) = \frac{P_s^2(z=l)}{\sigma^2(z=l)} \tag{8-86}$$

式中，$\sigma^2(z=0)$、$\sigma^2(z=l)$ 分别为输入、输出信号光功率的方差。EYCDWA 的噪声指数反映了信号光经放大器后信噪比下降的程度。当光信号沿 EYCDWA 传输时，EYCDWA 放大过程中伴随着 ASE 噪声，由于光子及 $Er^{3+}(Yb^{3+})$ 相互作用的随机性信噪比将沿途劣化，因而有 $SNR(z=l) < SNR(z=0)$，可见光放大器的噪声指数总是大于或等于 3dB，即放大器并不能改善光信号的信噪比。设 EYCDWA 的增益为 G，噪声指数可表示为

$$NF = \frac{1 + 2n_{sp}(G-1)}{G} \tag{8-87}$$

式中，n_{sp} 为自发辐射因子。或者表示为

$$NF(z) = \frac{1}{G(z)} + \frac{P_{ASE+}(z, \nu_s)}{G(z) h\nu_s \Delta\nu_s} \tag{8-88}$$

式中，ν_s 为信号光频率；$\Delta\nu_s$ 为计算 ASE 噪声所用的频带宽度（在信号光处）。放大器增益 $G(z) = 10\log_{10}(p_s(z)/P_{s0})$ 为位置 z 处的信号光功率与入射信号光功率之比。

在高增益极限当 $G \gg 1$ 时，NF 可简化为

$$NF(G \gg 1) = 2n_{sp} \tag{8-89}$$

n_{sp} 的极小值为 1，噪声指数的极限为 $NF_{min} = 2$（或 3dB）。在实际情况下，不可能实现粒子数完全反转，因而总有 $n_{sp} > 1$，或 $NF > 3dB$。NF 的值一般由实验测得。EYCDWA 系统的典型值为 4.5 以下。

对于 0 泵浦功率，放大器的吸收损耗为

$$Loss = \sigma_{as}\rho L(10\log_{10}(e)) \tag{8-90}$$

式中，$e = 2.71828$。这一损耗与模场分布及 Yb 浓度无关。对大功率泵浦源及 Er 离子均匀分布的玻璃来说，可以假设所有 Er 离子都激发到亚稳态能级，放大器的增益可表示为

$$G = \sigma_{es}\rho L(10\log_{10}(e)) \tag{8-91}$$

这一上限增益也与模场分布及 Yb 浓度无关。

◎ 本章思考题

1. 光放大器分哪几类？
2. 简述掺铒光纤放大器的工作原理。
3. 简述粒子数反转因子 n_{spon} 的含义。
4. 试写出掺铒光纤放大器的速率方程。

5. 980nm 和 1480nm 泵浦系统特性有何不同？
6. 掺铒光纤放大器的泵浦方式有哪些？各种方式对器件性能的影响如何？
7. 光纤放大器为何存在一个最佳长度？
8. 在以掺铒光纤放大器为前置放大器的通信系统中，接收机的噪声由哪些因素构成？
9. 光放大器噪声指数的极限（最小）值为多少？
10. 简述掺铒波导激光放大器的研究原理及意义。

◎ 练习八

1. 某掺铒光纤放大器的相关的参数是：$N_1 = 1.8 \times 10^{17} \text{cm}^{-3}$，$N_2 = 4.8 \times 10^{17} \text{cm}^{-3}$，$\sigma_s = 7.0 \times 10^{-25} \text{m}^2$，$m_t = 1$，$\lambda_s = 1.55 \mu\text{m}$，$\Delta\nu_f = 100\text{GHz}$，$h = 6.63 \times 10^{-34} \text{Js}$。计算：

（1）如要获得 35dB 增益，放大器长度为多少？
（2）放大器的 ASE 噪声功率为多少？

2. 某掺铒光纤放大器的相关的参数是：$\sigma_p = 0.42 \times 10^{-21} \text{cm}^2$，$\beta = 0.38$，$\Gamma = 0.4$，$r = 2\mu\text{m}$（纤芯半径），$\lambda_p = 1.48 \mu\text{m}$。如泵浦阈值功率为 20mW。试求 Er^{3+} 上能级寿命。

3. EDFA 用作前置放大器，用于提高 PIN 的信噪比。所用参数为：输入光功率 $P_s = 3.2 \mu\text{W}$，波长 $1.55 \mu\text{m}$，光滤波器带宽 $\Delta\nu_f = 12.4\text{GHz}$，EDFA 增益 $G = 1097$，正交模数目 $m_t = 2$，粒子数反转因子 $n_{spon} = 2.25$，PIN 管响应率 $\eta e/h\nu = 0.5$，PIN 管暗电流 $I_d = 0$，PIN 负载 $R_L = 50$，室温 $T = 300\text{K}$，电信号带宽 $B = 6.2\text{GHz}$。试求：

（1）比较不同噪声电流平方分量的大小；
（2）计算有无 EDFA 时接收机的 S/N。

第九章　模式选择、稳频与倍频技术

本章介绍模式选择技术(即选模技术)、稳频技术与倍频技术。学习本章之后,读者应知道:
(1)提高激光束质量的方法、技术与途径;
(2)稳频方法;
(3)倍频方法及应用。

9.1　模式选择技术

利用选模方法可以提高激光的光束质量(即方向性、单色性)。选模技术分为横模选择技术与纵模选择技术两种。横模选择技术是指从振荡模式中选出基模 TEM_{00} 模,抑制其他高阶模振荡。基模衍射损耗最小,能量集中在腔轴附近,使光束发散角得到压缩,从而改变其方向性。纵模选择技术是指限制多纵模中的振荡模式数,选出单纵模振荡,改善光束的单色性。

人们常用激光的 M^2 参数来描述其光束质量。M^2 参数的定义是

$$M^2 = \frac{\text{实际光束的腰斑直径} \times \text{实际光束的远场发散角}}{\text{基模高斯光束的腰斑直径} \times \text{基模高斯光束的远模高散角}} \tag{9-1}$$

即为实际光束与基模高斯光束的比较,表示实际光束偏离基模高斯光束的程度。定义的基础是利用二阶矩方法定义光束近场光斑大小和远场发散角,利用光场分布的均方差值来表示一般光束的近场光斑大小和远场发散角。

基模高斯光束的腰斑与远场发散角的乘积为 $4\lambda/\pi$。实际光束通过线性光学系统后,M^2 参数不变。光束质量不可能通过简单的线性光学系统得到改善。

9.1.1　横模选择技术

1. 横模选择原理

激光器谐振腔中,只要某一模的单程增益大于其单程损耗,即满足激光振荡条件,该模式就有可能被激发而起振。

设谐振腔两端反射镜的反射率分别为 r_1、r_2,单程损耗为 δ,单程增益系数为 G,激光工作物质长度为 L,激光振荡阈值条件为

$$r_1 r_2 (1-\delta)^2 \exp(2GL) \geq 1 \tag{9-2}$$

现考虑两个最低阶次的横模 TEM_{00} 和 TEM_{10},它们的单程损耗分别为 δ_{00} 和 δ_{10},假设增益介质对各横模的增益系数相同,单横模运转条件:

$$r_1 r_2 (1-\delta_{00})^2 \exp(2GL) > 1 \tag{9-3}$$

$$r_1 r_2 (1-\delta_{10})^2 \exp(2GL) < 1 \tag{9-4}$$

如何满足上述条件呢？谐振腔对不同阶数的横模有不同衍射损耗，这一性能是实现横模选择的基础，选择适当菲涅耳数（$N=a^2/(\lambda L)$），使之满足(9-2)和(9-3)两式，就可以实现单横模运转的目的。

为了有效地选择横模，还必须考虑两个问题：

(1) 横模选择除了考虑各横模衍射损耗的绝对值大小外，还应考虑横模的鉴别能力，即基模与较高横模的衍射损耗的差别必须足够大，才能有效地把两个模区分开来。

(2) 衍射损耗在模的总损耗中必须占有重要地位，达到能与其他非选择性损耗相比拟的程度。

2. 横模选择方法

横模选择方法分为两类：

(1) 改变谐振腔的结构和参数以获得各模衍射损耗的较大差别，提高谐振腔的选模能力；如气体激光器。

(2) 在谐振腔内插入附加选模元件来提高选模性能。如固体激光器。

常见的方法有：谐振腔参数 g 和 N 的选择法；小孔光阑法；腔内插入透镜法；非稳腔选模等。

9.1.2 纵模选择技术

选频或称纵模选择，就是在实现 TEM_{00} 模运转的激光器中，选定其中某一个纵模使之稳定振荡，以实现单一频率激光输出，从而获得高单色性的激光。这对精密干涉计量、全息照相、光外差通讯、高分辨率激光光谱学等许多方面都是非常重要的。

如果增益介质可能产生激光的上、下能级不止一对时，它可以发射多条不同的激光谱线。例如，He-Ne 激光器主要谱线 $0.6328\mu m$，$1.15\mu m$ 和 $3.39\mu m$ 等。因此在选频之前按具体情况可以用窄带介质膜反射镜作为色散棱镜、光栅等手段将不需要的谱线抑制掉，只剩下一条激光谱线振荡，然后通过横模选择，选出 TEM_{00} 模，在此基础上再进行纵模选择。

1. 短腔法选纵模

它是获得单纵模运转最简单的方法之一。如果在损耗线以上增益曲线的频率宽度（振荡线宽）为 $\Delta\nu_{osc}$，谐振腔的纵模间隔为 $\Delta\nu_q = c/2L$，则可能起振的纵模数目为

$$\frac{\Delta\nu_{osc}}{\Delta\nu_q} = \frac{\Delta\nu_{osc}}{c/2L} \tag{9-5}$$

因此，缩短腔长 L，从而增大纵模间隔，可使在振荡线宽 $\Delta\nu_{osc}$ 中只有一个纵模振荡。例如 He-Ne 激光器，当 $L=1m$ 时，纵模间隔为 $\Delta\nu_q=150MHz$，如振荡线宽 $\Delta\nu_{osc}=1500MHz$，可能有 10 个纵模起振；当 $L=10cm$ 时，可能只有单纵模振荡。

这种方法由于腔长短，使得单程增益减小，常常得不到足够的输出。因而短腔法选纵模只适用于荧光线宽较窄、激光功率要求不高的激光器，不适用于荧光线宽较宽的激光器（如固体激光器、氩离子激光器等）。

2. 腔内插入标准具法选择纵模

在激光器中插入一个由玻璃或石英玻璃材料制成并镀有多种介质膜具有合适反射率的 F-P 标准具就构成所谓选择纵模的内含式干涉腔。F-P 标准具的作用相当于一个滤光片。入射于标准具的光束在它的两个面上产生多次反射和透射，各反射光束叠加后的总强度，取决于各个分振幅波在表面反射和内部传播时产生的相位变化。透射光的情况也是一样。

在光学中已经证明，透射率的表达式：

$$T(\lambda) = \frac{1}{1 + F\sin^2\left(\frac{2\pi d}{\lambda}\right)} \tag{9-6}$$

式中：

$$F = \frac{4R}{(1-R)^2} \tag{9-7}$$

则(9-6)式可以改写为

$$T(\nu) = \frac{I_t}{I_i} = \frac{(1-R)^2}{(1-R)^2 + 4R\sin^2\delta/2} \tag{9-8}$$

式中，δ 为 F-P 腔的两个相邻透射波的相差。即

$$\delta = \frac{4\pi\eta d}{\lambda}\cos\theta \tag{9-9}$$

式中，R 为 F-P 的表面反射率；η 为 F-P 材料的折射率；d 为厚度；θ 为标准具中光线与法线的夹角。当 $\delta = 2m\pi$（m 则是任意整数）时，可求出相应强度极大值处的特定频率或波长：

$$\nu_m = m\frac{c}{2\eta d\cos\theta} \tag{9-10}$$

$$\lambda_m = \frac{2\eta d\cos\theta}{m} \tag{9-11}$$

满足(9-10)式的相邻频率间隔称为标准具的自由光谱范围。表达式为

$$\Delta\nu_m = \frac{c}{2\eta d\cos\theta} \tag{9-12}$$

由于 $d \ll L$（腔长），因此它的自由光谱范围远比谐振腔的纵模间隔 $c/2L$ 大得多。一般选择 d 使得 $\Delta\nu_m$ 与增益介质的谱线宽度差不多大小，从而在整个谱线内只有一个 ν_m 具有最大透射率。如果再适当调节 θ 角，就可以改变 ν_m。于是，可以获得各种不同的频率（这些频率都位于增益曲线的振荡线宽范围内）的单纵模振荡。

在谐振腔中插入 F-P 标准具的选模方法比腔内放置色散棱镜或光栅的选模能力强得多。另外，由于 d 一般都比较小，对增益线宽很宽的 YAG，A^+ 离子激光器也能获得输出功率很大的单纵模输出。

3. 晶体双折射选纵模

利用双折射滤光片选模的原理如图 9-1 所示，偏振片使激光束变成线偏振光。双折射晶片的光轴与晶面平行与偏振片的偏振方向成 45°角。当线偏振光通过晶片后，被分

成寻常光(o光)和非常光(e光)，它们的偏振方向互相垂直，其相位差为

$$\delta = \frac{2\pi d}{\lambda}(n_o - n_e) \tag{9-13}$$

式中，d是晶片的厚度；n_o和n_e分别为o光和e光在晶片中的折射率；λ为真空中的波长。

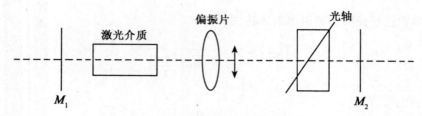

图 9-1 双折射滤光片选模原理图

当光束经反射返回到晶片时，只有返回的光是线偏振光且其偏振方向与原来的偏振方向相同时，谐振腔的损耗才为最小值。在这种情况下，光束通过晶片一个往返后，o光和e光的相位差应满足：

$$\frac{4\pi}{\lambda}d(n_o - n_e) = 2q\pi \quad (q = 0, 1, 2, \cdots) \tag{9-14}$$

相应的频率：

$$\nu = q\frac{c}{2d(n_o - n_e)} \tag{9-15}$$

相邻两频率的间隔为

$$\Delta\nu = \frac{c}{2d(n_o - n_e)} \tag{9-16}$$

上式表明，满足谐振腔损耗为极小值的频率是一系列分立值。其频率间隔与晶片厚度d成反比。适当地减小晶片厚度，使$\Delta\nu$与增益介质的谱线宽度相当，即可实现单纵模振荡。

例 9.1 激光工作物质是钕玻璃，其荧光线宽 $\Delta\nu_F = 24.0$ nm，折射率 $\eta = 1.50$，能用短腔选单纵模吗？

解：谐振腔纵模间隔：

$$\Delta\nu_q = \frac{c}{2\eta L}$$

$$\Delta\lambda_q = \frac{\lambda^2}{2\eta L}$$

所以若能用短腔选单纵模，则最大腔长应该为

$$L = \frac{\lambda^2}{2\eta\Delta\lambda} \approx 15.6\mu m$$

所以说，这个时候用短腔选单纵模是不可能的。

◎ **自测练习**

(1)"光束质量"常用 M^2 参数来描述，其物理实质是将实际光束与_____进行比较。

(2)基模高斯光束的腰斑直径与其远场发散角的乘积为_____。

(3)利用选模方法可以提高激光的_____。选模技术分为_____选择技术与纵模选择技术两种。

(4)如果增益介质可能产生激光的上、下能级不止一对时，它可以发射多条不同的激光谱线。其选模顺序是先选_____，再选_____，最后选_____。

(5)谐振腔对不同阶数的横模有不同_____损耗，这一性能是实现横模选择的基础。

(6)激光器的振荡频率范围是由工作物质的_____决定。

(7)为了有效地选择横模，衍射损耗在模的总损耗中必须_____。

9.2 激光器调谐

有些激光器(如固态激光器)的增益线宽非常宽，在一些应用中，需要调谐激光器的输出波长，从中心移到谱线边缘；而在另一些场合，有些激光器表现出许多跃迁谱线(如 CO_2 或 Al_2O_3)，而且希望调谐到非最大谱线的振荡。在上述两种情形下，我们需要在腔内放置一个波长选择元件。

在中红外(如 CO_2 激光器)，我们常使用衍射光栅，如图 9-2(a)所示，作为一个腔

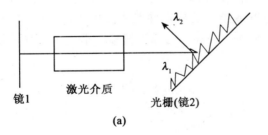

(a)

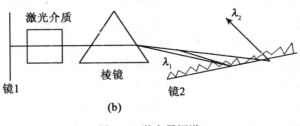

(b)

图 9-2 激光器调谐

镜，在这种结构中，对一给定角位置，有一个特定波长(λ_1)被反射到腔内，波长调谐通过旋转光栅来实现。而在可见光或近红外光谱区，通常使用色散棱镜，偏向激光束的布鲁斯特角(λ_1)从镜子返回谐振腔，然后通过镜或棱镜的旋转来实现调谐。此外，还有腔内放置双折射滤波器进行调谐方案。

9.3 稳频技术

激光具有良好的单色性，从4.8节我们了解到自发辐射噪声会导致激光线宽极限，但激光器中的不稳定因素造成的频率漂移会远远大于这一极限。在激光的实际应用中，如光通信、光纤陀螺、精密测量等应用领域，激光的波长作为一个"标尺"，频率的准确度和稳定性直接会影响应用的质量，因此需要频率稳定的激光。

9.3.1 频率抖动

为讨论频率抖动，现考虑腔长为L，腔内激光介质的折射率与长度分别为n_m与l的情形。激光器的有效腔长为$Le = n_a(L-l) + n_m l$，其中n_a是空气的折射率。模式频率的变化可分成两类：①长时间漂移，n_a或L的变化在1s以上，这主要是由温度漂移或激光器周围空气压强缓慢变化造成；②短时间漂移，这主要是由于镜子的声振动导致腔长变化，声压波调制n_a，n_m的抖动是由于气体激光器放电电流的波动或染料激光器注入流中的空气泡产生的。在光泵浦固态激光器中，泵浦功率的抖动引起温度变化导致折射率变化而使谐振腔光学长度发生变化。

为了精确地表征频率抖动，我们把输出光束的电场写成：

$$E(t) = E_0 \sin[2\pi\nu_L t + \varphi_n(t)] \tag{9-17}$$

式中，ν_L为激光中心频率；ϕ_n为相位噪声抖动。瞬时频率可写成$\nu(t) = \nu_L + \nu_n(t)$，这里$\nu_n(t)$是频率噪声，它与线宽或频率的稳定性有关。用于表征频率抖动特性的是测量频率噪声的功率谱密度，用$S_\nu(\nu_m)$描述，ν_m称为偏移频率，用于描述噪声对相位的调制。对于洛伦兹线型谱线，有

$$S_\nu(\nu_m) = \frac{\Delta\nu_L}{\pi} \tag{9-18}$$

式中，$\Delta\nu_L$为激光线宽。

9.3.2 稳频技术

早期出现的一种稳频方法是利用光学元件稳定激光频率，例如，通过各类干涉仪作为激光稳频标准，使用最多的光学元件是法布里-珀罗球面共焦干涉仪。这种干涉仪具有较高的精细度，分辨率和集光能力，不需要严格的模式匹配，利用干涉仪透过率曲线的峰值点对应的频率作为参考频率，由于干涉仪内部没有等离子管等发热元件和增益介质，体积可以做得很小，机械和热稳定性可以做得较高，所以用于稳频可以得到10^{-9}量级的短期稳定性。这种方法的优点是透过峰值可以调节，因此可以将激光频率稳定在激光增益曲线内的任何一点。缺点是即使采取恒温、隔震等措施，干涉仪透过峰频率长期

漂移也是不可避免的，所以长期稳定度不高。

目前，我们所说的激光稳频技术是采用电子伺服控制系统的稳频技术，即主动稳频技术。该技术的主要原理是，选取一个稳定的参考标准频率，当激光频率偏离标准频率时，鉴频器给出误差信号，通过伺服系统和压电元件控制腔长，使激光频率自动回到标准频率上。通常频率稳定特性包含频率稳定性和频率复现性，频率稳定性描述激光频率在参考标准频率 ν 附近变化，而频率复现性是指参考标准频率 ν 本身的变化。因此，参考标准频率的选择就尤为重要。其条件要求为：①参考频率要具有较高的稳定度和复现性；②线宽窄；③有足够的信噪比；④与受控激光频率匹配。

主动稳频的方法大致可以分为两类：一类是利用原子谱线中心频率作为鉴别器进行稳频，如兰姆凹陷稳频法；另一类是利用外界参考频率作为鉴别器标准进行稳频，如饱和吸收稳频法。兰姆凹陷稳频装置简单，是较早的一种激光稳频方法，其稳定度为 10^{-9} 量级，由于气压频移导致其复现性差，仅为 10^{-9} 量级，这限制了它在更高精度测量中的应用。1966 年以后发展了饱和吸收稳频的方法，其方法是利用饱和吸收线作为参考频率，基态的吸收线避免了放电扰动，低压气体减小了压力加宽，而且能级寿命长，自然加宽小，这样使得吸收线变窄，因而提高了频率的稳定度，常用的饱和吸收分子是碘和甲烷。

1. 兰姆凹陷稳频

兰姆凹陷稳频是以增益曲线中心频率 ν_0 为标准稳定激光频率。电子伺服控制系统通过压电陶瓷控制激光器的腔长，使频率稳定在 ν_0。对于气体激光器，增益曲线的中心频率一般具有 10^{-8} 以上的稳定度，而腔频的稳定度只有 10^{-6} 量级。所以对于一些对稳定度要求不高的场合，可将增益曲线的中心频率作为标准。由于凹陷中心频率和增益曲线中心频率很容易随工作电源和气压条件变化，而且压力加宽，压力频移及增益曲线的不对称等都会对它产生影响，所以用这种方法只能获得较高的长期稳定度，短期稳定度较低。

应用兰姆凹陷稳频时我们应该注意几点：

(1) 稳频激光器要求是单模运转，不仅要求必须是单横模，而且必须是单纵模。

(2) 频率稳定性与兰姆凹陷中心两侧的频率有关，凹陷曲线斜率越大，误差信号就越大，稳定性也越好。

(3) 兰姆凹陷的线型对称性对频率的稳定性影响大，好的对称性有利于频率稳定度的提高。

(4) 兰姆凹陷稳频以原子跃迁谱线中心频率 ν_0 作为参考标准，故谱线中心频率 ν_0 的漂移会影响频率的长期稳定性和复现性的精度。造成频移的原因大致可以分为三个方面：①气压导致的频移；②斯塔克效应导致的频移；③放电条件导致的频移。上述原因导致的频移我们无法通过伺服系统加以补偿，只能尽量减少其影响。

2. 塞曼稳频

发光原子系统置于磁场中时，其原子谱线在磁场的作用下会发生分裂，这就是塞曼效应。例如激光器单纵模振荡时，谱线中心频率 ν_0 与腔的谐振频率一致，不考虑频率牵引效应，激光输出频率即为 ν_0。若在光束方向施加一个纵向磁场（纵向塞曼效应），沿磁场方向通过光谱仪可以观察到一条谱线对称地分裂成了两条谱线，一条为左旋圆偏光，它的频率高于未加磁场时的谱线，为 $\nu+\Delta\nu$；另一条为右旋偏振光，它的频率低于未加磁场时的谱线，为 $\nu-\Delta\nu$。二者对称分布在 ν_0 两端，其交点为原谱线中心频率，且光强之和等于原谱线光强。

塞曼稳频技术正是基于左旋光和右旋光的光强大小差别来判断频率漂移。例如，左旋光光强大于右旋光光强，表示中心频率变大了，反之表示中心频率变小了。这样就可以设法形成控制信号去调节谐振腔，使它稳定在中心频率处。

利用塞曼效应稳频的方法可以分为纵向塞曼稳频、横向塞曼稳频和塞曼吸收稳频。对于无源腔频率满足 $\nu_q=\nu_0$ 的情况下，塞曼分裂后的有源腔频率会对称地分布在 ν_0 的两侧，左旋光和右旋光的增益相同，输出光强相等。但是，如果 ν_q 偏离了 ν_0，输出的左旋光和右旋光光强不再相同。双频激光器稳频的方法就是测出两者的光强差值，并以此作为鉴频信号，再通过伺服控制系统去控制激光器的腔长。

3. 饱和吸收稳频（反兰姆凹陷稳频）

前面所讨论的兰姆凹陷稳频和塞曼稳频都是以增益曲线（原子跃迁）中心频率 ν_0 作为参考频率，而原子跃迁的中心频率 ν_0 受放电条件的影响而发生变化，这导致其稳定度和复现性都受到限制。为了提高频率的稳定度和复现性，人们想到了采用外界参考频率作为标准稳频，饱和吸收稳频就属于这一类。

考虑到原子或分子谱线稳定度高且线宽窄，饱和吸收稳频是选用原子或分子的饱和吸收谱线作为参考频率，通过伺服系统，将激光频率锁定吸收线中心频率处。腔内饱和吸收稳频法通过在激光谐振腔内放入一个充有低压气体的非线性吸收管，吸收介质的吸收曲线在频率上和增益介质的增益曲线大致相符。处于腔内强驻波场中的吸收介质吸收激光后，会在吸收线中心频率处出现一个饱和吸收凹陷，相应的在激光功率曲线上产生一个凸起的尖峰，称为反凹陷。

由于吸收介质气压低，碰撞加宽较小，尖峰的宽度主要取决于吸收介质的自然线宽和饱和增宽，所以尖峰的宽度比增益曲线上凹陷的宽度窄得多。由于吸收不受放电等因素的影响，尖峰的位置很稳定，因此这种方法得到的频率稳定度很高。腔外饱和吸收稳频方法中吸收室放在腔外，以一束强光通过吸收室，使之产生吸收饱和，以逆向弱光通过吸收室，用于探测饱和吸收，可得到信噪比非常高的探测光尖峰。该峰宽度与反凹陷相同，但相对高度大大增加，从而可进一步提高稳频精度。饱和吸收稳频方法能获得很好的长期频率稳定性，但短期稳定性不好，而且一般的调制方法下，输出的激光频率和强度都存在附加调制，因而不能应用于粒子超精细结构的光谱分析等领域。

最初的饱和吸收稳频利用 Ne 原子气体作为吸收介质，但是由于吸收比较弱，反兰姆凹陷不明显。后来多采用分子气体作为饱和吸收稳频气体，这是因为分子振转跃迁寿命比 Ne 原子能级寿命长，其谱线的自然宽度比原子谱线窄得多，而且分子吸收线产生于基态与振转能级间的跃迁，吸收管不需要放电激励就能表现出强吸收，这样有效地避免了放电扰动；同时由于吸收管气压低，由分子碰撞引起的谱线加宽非常小，反兰姆凹陷的宽度窄。另外，如果所选用的分子气体为甲烷（球对称分子），其基态的偶极矩为零，能有效地避免由于斯塔克效应和塞曼效应引起的频移和加宽。

饱和吸收稳频激光器是以气体分子（原子）吸收谱线频率作为标准参考频率，吸收谱线的频率稳定性、谱线宽度和信噪比决定了激光器的稳频质量。所以吸收介质的选取尤为重要，一般来讲，它们应该满足以下条件：①原子吸收谱线与激光增益谱线频率一致；②分子（原子）吸收系数大，低能级最好位于基态，吸收峰与激光器工作波长很好匹配；③分子（原子）激发态寿命长，谱线自然宽度窄；④气压低，尽量减少谱线碰撞加宽；⑤分子结构稳定，尽可能没有固有电磁矩，以此减少碰撞、斯塔克效应和塞曼效应引起的频移和加宽。

4. 其他稳频技术

除了以上几种常见的稳频方法外，应用一些特殊技术，可实现某些特殊激光器的频率稳定。如荧光稳频法可用于激光器的稳频。其特点是任何一条振荡谱线均可通过波长为中心的荧光谱线进行稳频，使它的稳频问题大大简化。一般利用的是该荧光谱线上的狭窄的凹陷，对于吸收系统低的气体是行之有效的。我国早在几年前已经实现了腔内吸收室和腔外吸收室两种方法的荧光稳频，并且已经用于光谱分析中。随着消除叩增宽的各种高分辨激光光谱技术的发展，利用超窄稳定谱线来稳定激光频率，越来越受到人们的重视。人们已经开始研究用原子束、分子束、光子双共振，光学条纹和原子俘获等光谱方法来获得更理想的参考频率，并且致力于运用满足下列条件的光谱条件，无需辅助激光器，能及时测量谱线，具有高灵敏度和高分辨率。

◎ 自测练习

(1) 对于洛伦兹线型谱线，频率噪声的功率谱密度为_____。
(2) 早期出现的一种稳频方法是利用_____稳定激光频率。
(3) 主动稳频技术是一种采用_____控制系统的稳频技术。
(4) 兰姆凹陷稳频法的特点是利用原子谱线中心频率作为_____进行稳频。

9.4 激光倍频技术*

前面各章介绍的激光器件，其工作波长由产生受激辐射的两个能级之间的能量差决定。本节讨论将激光器产生的频率为 ω_1 的激光变换为频率为 ω_2 的激光，即激光的频率变换技术。

激光的频率变换技术的物理基础是利用材料的非线性效应。常见的频率变换技术有光学倍频、三倍频、和频与差频、光学参量振荡与放大等。本课程仅讨论光学倍频技术。

激光倍频技术也称为二次谐波技术，是指通过改变激光频率，使激光向更短波长扩展，来获得范围更宽的激光波长。激光倍频的基本原理是利用频率为 ν 的光穿过倍频晶体，产生倍频效应，其出射光中含有 2ν 光的成分，从而获得波长减少一半的激光，如 1064nm 的激光通过 KTP 倍频晶体后可获得 532nm 的激光。

9.4.1 介质的非线性极化

1. 极化强度

非线性光学现象是高阶极化现象，在强光作用下，介质的极化强度可表示为

$$P = \varepsilon_0 \chi^{(1)} \cdot E + \varepsilon_0 \chi^{(2)} : EE + \varepsilon_0 \chi^{(3)} EEE + \cdots \tag{9-19}$$

式中，$\chi^{(1)}$ 是线性极化率；$\chi^{(2)}$ 和 $\chi^{(3)}$ 是二阶和三阶非线性极化率。它们分别是二阶、三阶和四阶张量。

对于各向同性介质有标量式：

$$P = \varepsilon_0 \chi^{(1)} E + \varepsilon_0 \chi^{(2)} EE + \varepsilon_0 \chi^{(3)} EEE + \cdots \tag{9-20}$$

令

$$\chi(E) = \chi^{(1)} + \chi^{(2)} E + \chi^{(3)} E^2 + \cdots = \chi^{(1)} + \chi^{(2)}(E) + \chi^{(3)}(E^2) + \cdots \tag{9-21}$$

式(9-20)可写成：

$$P = \varepsilon_0 \chi(E) E \tag{9-22}$$

2. 非线性效应对物质折射率与吸收系数的影响

二阶极化率为光电场强度的函数，三阶极化率为光强的函数，它们都为复数，三阶极化率可写成实部和虚部两部分：

$$\chi^{(3)}(E^2) = \chi^{(3)\prime}(E^2) + i\chi^{(3)\prime\prime}(E^2) \tag{9-23}$$

与 1.2.3 节描述类似，三阶极化率的实部与折射率成正比，虚部与吸收系数成正比，即

$$\chi^{(3)\prime}(E^2) \propto n(E^2) \tag{9-24}$$

$$\chi^{(3)\prime\prime}(E^2) \propto \alpha(E^2) \tag{9-25}$$

可见，对三阶效应，极化率、折射率和吸收系数都是光强的函数。此时，物质的折射率与吸收系数可写成

$$n = n_0 + \Delta n(I) \tag{9-26}$$

$$\alpha = \alpha_0 + \Delta \alpha(I) \tag{9-27}$$

式中，n_0、α_0 分别为线性折射率和线性吸收系数。对于三阶非线性克尔介质，有 $n = n_0 + n_2$，n_2 为非线性折射率系数。

9.4.2 激光倍频技术

1. 倍频光产生的机理

当入射到介质的光波 $E = E_0 \cos\omega t$ 很强时，如非线性晶体的极化系数很大，则晶体中产生的电极化强度为

$$P = \alpha E + \beta E^2 = \alpha E_0 \cos\omega t + \beta E_0^2 \cos^2(\omega t)$$

$$= \frac{1}{2}\beta E_0^2 + \alpha E_0 \cos\omega t + \frac{1}{2}\beta E_0^2 \cos(2\omega t) \tag{9-28}$$

可见，电极化强度包括三种成分，产生了基频极化波 $P(\omega)$ 和倍频极化波 $P(2\omega)$，又产生相应的基频次波辐射 $E'(\omega)$ 和倍频次波辐射 $E'(2\omega)$，这就是倍频光产生的机理。如图 9-3 所示。

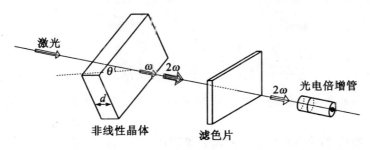

图 9-3 激光倍频效应示意图

2. 倍频光强度

出射倍频光的光强为

$$I'(2\omega) \propto \left(\frac{2}{\Delta k}\sin\frac{d\Delta k}{2}\right)^2 = d^2\left(\frac{\sin\frac{d\Delta k}{2}}{\frac{l\Delta k}{2}}\right)^2 \tag{9-29}$$

式中，$\Delta k = k^{(2\omega)} - k^{(\omega)}$，$\Delta k = 0$ 是保证最大斯奥率倍频的关键因素，称为相位匹配条件。在某种意义上说，相位匹配条件决定着光波之间能量的交换方式和效率。激光倍频技术与非线性晶体材料有关。

例 9.2 1961 年 Franken 等人发现倍频现象的实验装置如图 9-4 所示。将 $\lambda_1 = 694.3\text{nm}$ 波长的光倍频为 $\lambda_2 = 347.15\text{nm}$ 的光。

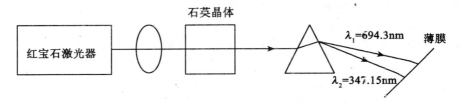

图 9-4 红宝石激光倍频效应示意图

目前，常见倍频激光为把 Nd：YAG 发出的 1064nm 的红外激光通过 KTP 倍频晶体后变成 532nm 的绿光等。相位匹配条件请读者参看相关非线性光学书籍。

◎ **自测练习**

（1）在强激光的作用下，介质会表现出非线性效应，此时，介质的极化强度可表示为_____。

（2）对三阶非线性效应，介质的极化率、折射率和吸收系数都是_____的函数。

（3）倍频光子是由两个基频光子_____产生的。符合能量守恒定律。

（4）Nd：YAG 激光器发出激光的波长是 1.06μm，经倍频后，可得到波长为_____的激光。

◎ 本章思考题

1. 进一步提高光束质量的方法是对激光腔的模式进行选择，请问模式选择的思路是什么？
2. 阐述短腔法选纵模的原理，并简要说明该方法的适用场合？
3. 引起频率抖动的常见因素有哪些？
4. 什么叫主动稳频技术。
5. 简述兰姆凹陷稳频技术。
6. 光学二次谐波，常称光学倍频，其相位匹配条件是什么？

◎ 练习九

1. 激光工作物质是钕玻璃，其荧光线宽 $\Delta\nu_F = 24.0$ nm，折射率 $\eta = 1.50$，能用短腔选单纵模吗？为什么？

2. 一台红宝石激光器，腔长 $L = 500$ mm，振荡线宽 $\Delta\nu_D = 2.4\times 10^{10}$ Hz，在腔内插入 F-P 标准具选单纵模（$n=1$），试求它的间隔 d 及平行平板的反射率 R。

3. 图示激光器的 M_1 是平面输出镜，M_2 是曲率半径为 8cm 的凹面镜，透镜 P 的焦距 $F = 10$ cm，用小孔光阑选 TEM_{00} 模。试标出 P、M_2 和小孔光阑间的距离。若工作物质直径是 5mm，试问小孔光阑的直径应选多大？

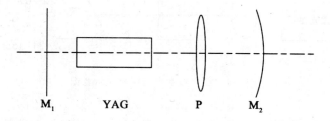

4. 一台低压 CO_2 激光器，谱线宽度为 50MHz，属多普勒加宽，激光器工作在两倍于阈值的泵浦功率，假设某个模式恰好与透射峰值模式一致，各个模式的损耗相等，计算单纵模振荡时激光器的腔长。

第十章 常见激光器

自1960年7月美国休斯实验室的梅曼发明了第一台红宝石激光器以来,激光器发展非常迅速,激光家族变得异常丰富起来。激光器种类很多,根据激光工作物质的不同可以分为:固体激光器(光纤激光器)、气体激光器、半导体激光器、染料激光器。根据激光工作介质的化学组成不同又可以分为:原子激光器、分子激光器、离子激光器、自由电子激光器、准分子激光器。根据激光运转方式不同可以分为:连续激光器、脉冲激光器,其中脉冲激光器又有单脉冲激光器和重复频率脉冲激光器两种。根据激光调制方式的不同可以分为:自由运转激光器、调 Q 激光器、锁模激光器。

本章综述一些常见激光器及泵浦系统。学习本章之后,读者应知道:

(1)常见固体激光器(如红宝石、Nd^{3+}:玻璃、Nd^{3+}:YAG 等)及其特点;
(2)常见气体激光器(如 He-Ne、CO_2、Ar^+ 等)及其特点;
(3)光纤激光器及其特点。

10.1 激光器泵浦效率

按泵浦方式分类,激光器可分为三能级系统与四能级系统。如图10-1所示。对三能级系统来说,激光器系统的量子效率为 $\eta=\nu_{21}/\nu_{30}$。

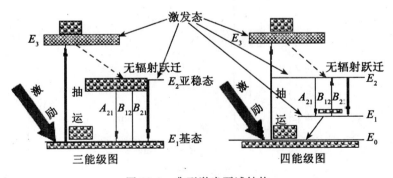

图 10-1 典型激光泵浦结构

◎ 自测练习

980nm 光泵浦的掺铒光纤激光器的量子效率为_____。假设激光器输出激光的中心波长为 1535nm。

10.2 固体激光器

激光工作物质为固体的激光器。通常固体激光器使用晶体或玻璃作为基质,激活粒子为稀土元素的离子。氧化物(如 Al_2O_3)或氟化物(如 $YLiF_4$,简写为 YLF)常作为晶体基质。泵浦采用普通光源如氙灯,工作方式既可以是连续的也可以是脉冲的,目前应用最广泛的固体激光器有红宝石激光器、钕玻璃激光器和掺钕钇铝石榴石激光器。其中红宝石激光器属三能级系统,其他固体激光器大都为四能级系统,固体激光器的优点是输出功率高、体积小、坚固。缺点是寿命和效率常常受泵灯的限制,相干性与频率稳定性不如气体激光器。由于固体激光器贮存能量的能力较强,故很适合实现 Q 开关技术,产生高功率脉冲;又由于它的荧光线宽较宽,经锁模后可得超短脉冲激光。

1. 红宝石激光器

使用掺铬离子的红宝石晶体作为工作物质的固体激光器。它是世界上最早制成的激光器,基质红宝石晶体的成分为三氧化二铝,掺入的三价铬离子为激活粒子,Cr^{3+} 的掺杂浓度为 0.05% 重量,是三能级系统(见图 10-2),发出的光波长有 694.3nm 和 692.7nm 两种(相隔 $29cm^{-1}$),都为深红色。红宝石激光器结构如图 10-3 所示,红宝石晶体为棒状,两端面严格平行并抛光,反射镜放在棒的两边,也可以直接在棒端面镀反射膜作为反射镜。由于红宝石材料的阈值高,室温下的导热率较低,因此室温下连续工作有困难,通常采用单脉冲或低重复频率脉冲工作方式。泵浦源使用脉冲氙灯,将它与红宝石棒平行放在圆形或椭圆形反射面内,脉冲式红宝石激光器具瞬时输出大功率、脉冲能量大等优点,广泛应用于激光打孔等机械加工中。

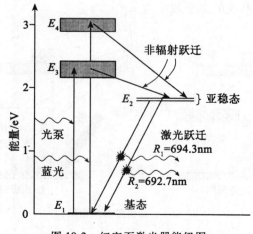

图 10-2 红宝石激光器能级图

红宝石激光器线宽是温度的函数,在室温下,红宝石激光器的基本参数如表 10-1 所示。激光上能级上的离子数为 $N_0/2$。

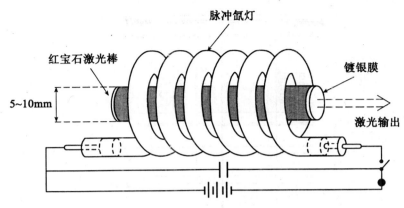

图 10-3 红宝石激光器结构

表 10-1　　　　　　　　　在室温下，红宝石的光学与光谱参数

参数	值与单位
Cr_2O_3 掺杂	0.05wt.%
Cr^{3+} 浓度	1.58×10^{19} icns/cm^3
激光波长	694.3nm　692.9nm
激光上能级寿命	3ms
R_1 跃迁线宽	11cm^{-1}
受激发射截面	2.5×10^{-20} cm^2
受激吸收截面	1.22×10^{-20} cm^2

2. 钕玻璃激光器

使用掺有钕离子的玻璃作为激光工作物质的固体激光器。玻璃为基质，钕离子（Nd^{3+}）为激活粒子。它属于四能级系统（见图 10-4），发出的光波长为 1.060 μm。激光下能级位于基态能级上方约 1950cm^{-1}，其荧光线宽为 ~300cm^{-1}，这一宽度约为 Nd^{3+}:YAG 的 50 倍，这是由于玻璃为非晶结构。

由于钕离子在玻璃中受到的点阵作用不均匀，造成谱线宽度较宽，玻璃的导热率又低。因此钕玻璃激光器的效率不高，不能采用连续工作或高重复频率的脉冲工作方式，但是，玻璃成本低，可制成几何尺寸大的棒状，掺钕量又很高，所以钕玻璃激光器的输出功率相当高。它广泛地应用于机械加工中。

例 10.1 估算连续工作模式下钕玻璃激光器的阈值。参数为 $\Delta\nu = 200$cm^{-1}，$n = 1.5$，$t_{spont} = 3\times10^{-4}$s，腔长 20cm，单程损耗 2%。

解： 腔内光子寿命 $t_c = \dfrac{nl}{\delta c} = 5\times10^{-8}$s，

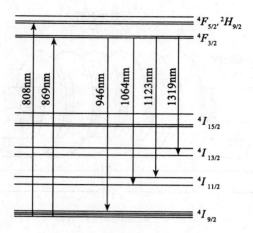

图 10-4 玻璃中 Nd^{3+} 能级图

阈值反转离子数密度： $N_t = \dfrac{8\pi t_{spont} n^3 \Delta\nu}{c t_c \lambda^2} = 9.05 \times 10^{15} \text{atoms/cm}^3$

阈值条件下的荧光功率 $P_s = \dfrac{N_t h\nu V}{t_{spont}} = 5.65 \text{W}(V = 1\text{cm}^3)$

3. 掺钕钇铝石榴石激光器

掺钕钇铝石榴石（$Y_3Al_5O_{12}$）激光器又称掺 Nd^{3+}：YAG 激光器，是使用掺有钕离子的钇铝石榴石晶体作为工作物质的固体激光器。它与钕玻璃激光器都用三价的钕离子作为激活粒子，属四能级系统。发光波长为 1064nm，激光下能级位于基态能级上方约 2111cm^{-1}，室温下，其荧光线宽为 $\sim 6\ \text{cm}^{-1}$。

钇铝石榴石比玻璃的导热率高，它的效率比钕玻璃激光器要高，适合于中等功率的连续工作或高重复频率的脉冲工作，广泛应用于测距，制导及机械加工等方面。

掺 Nd：YAG、Nd：YVO_4、Nd：YLF 与 Nd 玻璃的光学与光谱参数如表 10-2 所示。

表 10-2　　**Nd：YAG、Nd：YVO_4、Nd：YLF 与 Nd 玻璃的光学与光谱参数**

参数	Nd：YAG $\lambda = 1.063\mu m$	Nd：YVO_4 $\lambda = 1.064\mu m$	Nd：YLF $\lambda = 1.053\mu m$	Nd：玻璃 $\lambda = 1.054\mu m$（磷酸盐）
Nd 掺杂浓度（atom. %）	1	1	1	3.8（Nd_2O_3 重量比）
$N_t(10^{20}\text{ ions/cm}^3)$	1.38	1.5	1.3	3.2
$T(\mu s)$	230	98	450	300
$\Delta\nu_0(\text{cm}^{-1})$	4.5	11.3	13	180

续表

参数	Nd：YAG $\lambda=1.063\mu m$	Nd：YVO$_4$ $\lambda=1.064\mu m$	Nd：YLF $\lambda=1.053\mu m$	Nd：玻璃 $\lambda=1.054\mu m$ （磷酸盐）
$\sigma_e(10^{-19}\text{cm}^2)$	2.8	7.6	1.9	0.4
折射率	1.82	$n_o=1.958$, $n_e=2.168$	$n_o=1.4481$, $n_e=1.4704$	1.54

例 10.2 计算 Nd^{3+}：YAG 激光器的阈值。参数为 $\Delta\nu=6\text{cm}^{-1}$，$n=1.5$，$t_{\text{spont}}=5.5\times 10^{-4}\text{s}$，腔长 20cm，单程损耗 4%。

解：(1) 脉冲工作方式，腔内光子寿命 $t_c=\dfrac{nl}{\delta c}=2.5\times 10^{-8}\text{s}$，$\Delta\nu=6\times 3\times 10^{10}\text{Hz}$，

$$N_t=\frac{8\pi t_{\text{spont}} n^3 \Delta\nu}{c t_c \lambda^2}=1.0\times 10^{15}\text{atoms/cm}^3$$

假设激发态上 5% 的光子落在有用的吸收带、且 5% 的光子被晶体吸收，激光效率为 50%，灯效率为 50%，则阈值条件下，电输入为

$$E_p=\frac{N_t h\nu_{\text{laser}}}{0.05\times 0.05\times 0.5\times 0.5}=0.3\text{J/cm}^3$$

(2) 连续工作方式

$$\frac{P_s}{V}=\frac{N_t h\nu}{t_{\text{spont}}}=0.34\text{W/cm}^3,$$

如果晶体的直径为 0.25cm，长度为 3cm，其他参数与脉冲情况相同，则有电输入为

$$P_{\text{lamp}}=\frac{0.34\times\pi/4\times 0.25^2\times 3}{0.05\times 0.05\times 0.5\times 0.5}=81\text{W}$$

这一数值与实验结果一致。

4. 掺 Yb：YAG 激光器

掺 Yb：YAG 激光器属于准三能级系统，常用半导体激光器泵浦，其工作波长为 $\sim 1.03\mu m$，是 Nd^{3+}：YAG 激光器的强有力的竞争对手。

图 10-5 是 Yb：YAG 简化能级图。其只有一个 $^2F_{5/2}$ 激发态能级，有两个波长分别为

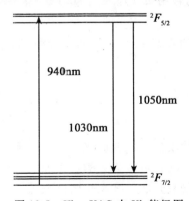

图 10-5 Yb：YAG 中 Yb 能级图

968 与 941nm 主要吸收线。跃迁为 1.03μm 波段，表 10-3 为常见准三能级系统材料相关光学与光谱参数。

表 10-3　　　　　常见准三能级系统材料相关光学与光谱参数

激光介质参数	$Y_b:YAG$ $\lambda=1.03\mu m$	$Nd:YAG_4$ $\lambda=1.06\mu m$	$Tm:Ho:YAG$ $\lambda=2.09\mu m$	$Yb:Er:玻璃$ $\lambda=1.54\mu m$ （磷酸盐）
掺杂浓度（atom.%）	6.5	1.1		
$N_t(10^{20}\text{ions/cm}^3)$	8.97	1.5	8(Tm)　0.5(Ho)	10(Yb)　1(Er)
T(ms)	1.16	0.23	8.5	8
$\Delta\nu_0(\text{cm}^{-1})$	86	9.5	42	120
$\sigma_e(10^{-20}\text{cm}^2)$	1.8	2.4	0.9	0.8
$\sigma_a(10^{-20}\text{cm}^2)$	0.12	0.296	0.153	0.8
折射率	1.82	1.82	1.82	1.531

掺 Yb：YAG 激光器采用纵向泵浦结构泵浦，泵浦波长为 943nm，常用 980nm 泵浦。与 Nd：YAG 相比，掺 Yb：YAG 激光器具有以下优点：①非常低的量子缺陷，热效应较低；②较长的激光上能级寿命，适合于作 Q 开关；③较高的掺杂浓度，不会发生浓度猝灭现象；④较宽的发生带宽，适合于锁模；⑤较低的受激发射截面，允许高能存储于激光上能级。其主要缺点是由于它属于准三能级系统且受激发射截面较低，导致其泵浦阈值较高。

5. Er：YAG 与 Yb：Er：玻璃激光器

掺 Er 激光器发射波长可以是 2.94μm（Er：YAG），也可以发射 1.54μm 波长（Yb：Er：玻璃）。前者常用于生物应用，后者用于光纤通信。

6. Tm：Ho：YAG 激光器

Tm：Ho：YAG 激光器的常用泵浦波长为 800nm。发射波长为 2.0μm。

7. 光纤激光器

光纤激光器是目前研究的热点之一。常见光纤激光器有掺 Yb、掺 Er 光纤激光器等。

10.3　气体激光器

气体激光器，激光工作物质为气体的激光器，它是目前应用很广泛的一类激光器。按激光工作介质的化学组成不同，可分为三类：①原子气体激光器，如氦氖激光器；②分子气体激光器，如二氧化碳激光器；③离子气体激光器，如氩离子激光器和氦镉激光器。气体激光器一般都是靠气体放电进行激励的。它的单色性和相干性比其他激光器好，输出功率很稳定，容易制成连续工作的激光器。广泛应用于测量，通讯，全息摄影等方面。

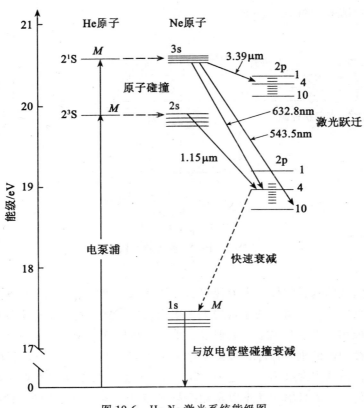

图 10-6 He-Ne 激光系统能级图

1. 原子气体激光器

使用中性的气体原子作为激活粒子的气体激光器，原子气体激光器可分为两类：一类是惰性气体原子激光器，也就是工作物质为惰性气体如氩、氪、氙、氖等。这些气体除氙以外增益都较低，通常都使用氦作为辅助气体，借以提高输出功率。目前应用最广泛，研究最透彻的是氦氖激光器。另一类是金属蒸气原子激光器，工作物质是一些金属在高温下产生的蒸气如铯、铅、锌、锰、铜、锡等。为了提高输出功率，通常也加入氦作为辅助气体。

氦氖激光器是首个连续波激光器（CW Laser），也是首个气体激光器。它是以氖原子作为激活粒子，氦为辅助气体的原子气体激光器，图10-6为氦氖激光器的能级图。氦氖激光器可获得数十种谱线的连续振荡，常见的跃迁为 Ne 原子的 2S-2P 能级，发射波长为 $1.15\mu m$ 的激光，此外还有 $0.6328\mu m$ 和 $3.39\mu m$ 两种谱线。目前使用最多的是 $0.6328\mu m$ 红光。

由于 $3.39\mu m$ 振荡的增益较高，He-Ne 激光器的正常起振波长为 $3.39\mu m$ 而不是

0.6328μm。一旦 3.39μm 振荡起振，增益限制阻止了其他模式的起振。为了获得 0.6328μm 振荡，就要在光路上增加一些元件，如：玻璃或石英布鲁斯特窗，来吸收 3.39μm 振荡，提高 3.39μm 振荡的泵浦阈值。还可以采用加非均匀磁场的方法来实现。He-Ne 激光器的结构如图 10-7 所示。

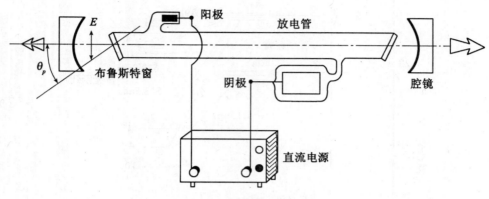

图 10-7　He-Ne 激光器结构图

将氦气与氖气的混合气体充入内径只有几个毫米，长度由十几个厘米到几十个厘米的细长的水晶放电管中。氦气的压强约为 1 毫米汞柱、氖气约 0.1 毫米汞柱。放电管两端分别封装阳极和阴极两个电极，反射镜分别放在放电管的两边，氦气在氖原子实现粒子数反转的过程中起到重要作用，可提高激光器的输出功率。氦氖激光器有诸多优点：它的单色性好，谱线宽度极窄，可达 10^3Hz，方向性强，发散角只有约 1 毫弧度，相干长度可达几十公里，而且输出功率以及频率都很稳定。缺点是效率低，输出功率小。放电管长度为 1m 的氦氖激光器输出功率只有几十个毫瓦。氦氖激光器广泛应用于精密计量，准直，全息摄影，陀螺仪，通讯，跟踪等方面。

2. 离子气体激光器

使用气态离子作为激活粒子的气体激光器，离子气体激光器可分为两类：一类是惰性气体离子激光器如氩离子、氪离子、氙离子等；另一类是金属蒸气离子激光器，如镉离子、硒离子、锌离子等。典型的离子气体激光器有氩离子激光器和氦镉激光器，离子气体激光器的输出功率比原子气体激光器要高得多。

a. 氩（Ar^+）离子激光器

氩离子激光器是使用氩离子作为激活粒子的离子气体激光器，其能级结构如图 10-8 所示。它有多种输出波长，其中最强的为蓝色的 488nm 和绿色的 514.5nm，输出功率可以达到 150W，是可见光谱区中连续输出功率最大的气体激光器。氩离子激光器的基本结构与氦氖激光器相似，为了提高放电管轴线附近的电流密度，增加输出功率，一般在放电管外附加一个产生轴向磁场的线圈。为了使放电管内的气体分布均匀，在放电管两端的电极之间加一个回气支管，作为气体的循环回路。为了防止放电管因过热引起破裂，须有水冷装置。氩离子激光器在全息摄影，信息存储，快速排字以及科研，医学等方面都有广泛应用。

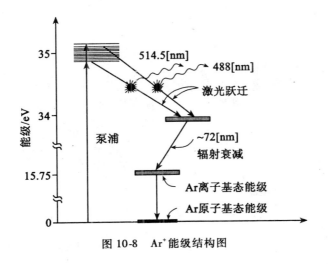

图 10-8 Ar⁺ 能级结构图

b. 氦镉激光器

氦镉激光器是使用金属镉蒸气的离子作为激活粒子，氦气作为辅助气体的离子气体激光器，它的主要输出光波长有蓝色 441.6nm 和紫外 325nm。氦气的作用是提高输出功率。为防止金属蒸气在管内分布不均匀而导致输出功率减弱与波动，在放电管两端的电极之间加回气支管形成气体循环回路，氦镉激光器的输出功率与氦氖激光器差不多，但它阈值电流较低，效率比氦氖激光器高。它可用于化学、生物学与医学等方面的研究。

3. 分子气体激光器

使用中性气体分子作为激活粒子的气体激光器。分子气体激光器可分三类：①双原子分子气体激光器，如 CO、N_2、H_2 等；②三原子分子气体激光器，如 CO_2、H_2O、N_2O 等；③多原子分子气体激光器，NH_4、C_2H_2、CH_3CN 等。其中二氧化碳激光器是目前使用最广泛的一种分子气体激光器。分子气体激光器的主要特点是波长范围广，效率高，输出功率大。二氧化碳激光器是典型的原子气体激光器，它使用二氧化碳气体分子作为激活粒子的分子气体激光器，输出光波长为 10.6μm，是远红外光，其能级结构如图 10-9 所示。通常在工作气体中充入氮气和氦气作为辅助气体，它们有利于实现二氧化碳分子的粒子数反转，有提高输出功率的作用，并且氦还有冷却作用，二氧化碳激光器由放电管和谐振腔构成，由于工作时温度较高，为保证输出功率的稳定必须在放电管外边装上水冷套管加以冷却，该激光器主要优点是效率高、输出功率大。放电管长 1m 的二氧化碳激光器可以有几百瓦以上的输出功率，是连续输出功率和能量转换效率最高的气体激光器。它广泛应用于激光切割、焊接、打孔等机械加工以及激光医疗上。另外，因为它的输出光波长正好处在大气传输性能好的波段上，故在激光通信中具有举足轻重的地位。

表 10-4 为常见气体激光器光谱性质与参数。

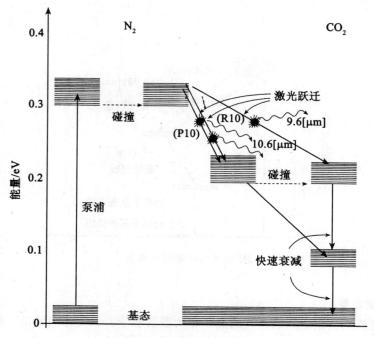

图 10-9 CO_2 激光器能级结构图

表 10-4　　　　　　　　常见气体激光器光谱性质与参数

激光器类型	He-Ne	铜蒸汽	Ar^+	He-Cd
激光波长(nm)	632.8	510.5	514.5	441.6
截面($10^{-14}cm^2$)	30	9	25	9
$\Delta\nu_0$(GHz)	1.5	2.5	3.5	1

◎ 自测练习

He-Ne 激光器的中心波长为_____ μm，CO_2 激光器的中心波长为_____ μm。

10.4　其他激光器

1. 液体激光器

激光工作物质为液体的激光器。它的工作物质又称激光溶液，由溶质与溶剂组成。按照溶剂的不同可分为无机液体激光器和有机液体激光器两类。采用光泵浦，液体激光器可实现激光溶液的循环流动，因此它的光学均匀性好。无炸裂及损伤的问题，体积大小不受限制，造价低，容易制备。缺点是光发散角大，某些激光溶液具有腐蚀性和毒性，应用最为广泛的液体激光器是有机染料液体激光器。

a. 无机液体激光器

使用无机溶液作激光工作物质的液体激光器。激光溶液中的溶剂为三氯氧化磷或二氯氧化硒等无机溶剂，溶质为钕的化合物，激活粒子是钕离子。无机液体激光器的增益高，阈值低，平均功率高。但由于其发散角大，工作物质具有毒性和腐蚀性，因此应用不广泛。

b. 有机液体激光器

使用有机液体作为激光工作物质的液体激光器。早期有机液体激光器使用稀土元素螯合物的有机溶液作为激光溶液，它无毒，无腐蚀性，但输出能量很小，不被人们所注重。另一种有机液体激光器使用染料的有机溶液做激光溶液，它增益高、效率高、价格低、易制备，还具有输出光波长可调的优点，深受人们的重视。

2. 染料激光器

使用有机染料作为激光工作物质的激光器称为染料激光器。染料可以有三种不同的状态：染料的有机溶液、染料在有机塑料中的固溶体、染料蒸气。因此染料激光器可以是液体、固体或气体激光器，但是最常用的还是有机液体染料激光器。这种激光器由四部分组成：①盛放染料溶液的染料池；②染料溶液的循环和过滤系统；③泵浦光源；④光学谐振腔。它的工作方式有单脉冲、高重复频率脉冲以及连续三种。染料激光器最突出的特点是通过改变溶液的成分、染料的种类和浓度、温度以及染料池长度等方式可以使输出光波长连续可调，调节范围从 340~1200nm。此外，染料液体激光器增益高、效率高、价格低廉、容易制备。激光溶液可以循环操作，有利于冷却，光学均匀性好。它是应用最为广泛的一种液体激光器。

3. 气动激光器

气动激光器又称气体动力学激光器，采用气体动力学的方法实现粒子数反转的激光器。这种激光器的工作物质通常为气体，如一氧化碳和二氧化碳。当工作气体通过超音速喷管时，迅速绝热膨胀而使温度降低，处在激光上能级的激活粒子由于它们的能量转移过程比气体冷却过程慢，来不及发生变动。而处在激光下能级的激活粒子，能量转移过程较快，能跟上气体冷却的过程，因而下能级的粒子数减少。这样，膨胀后的气体便可实现粒子数反转而产生激光。气动激光器的激励方式有用燃烧的、化学的、电弧加热的以及爆炸的等。它的连续功率输出是各类激光器中最高的。缺点是总体效率不高，装置较大，光束质量较差。

4. 化学激光器

化学激光器通过化学反应来实现粒子数反转的激光器，它用化学反应时释放的能量将激活粒子激励到高能级上去，可以不要外界能源，有的化学能转化成激光能的效率相当高，可制成体积小、重量轻的激光器。自从在化学激光器中采用了气动技术以后，它在高能激光器中很引人注意，化学激光器用的工作物质有碘、氟、溴、一氧化碳、二氧化碳等，发出的光波长从 1.3~10.6μm。

5. 自由电子激光器

利用聚焦的高能电子束在周期性横向磁场中运动时产生受激辐射的激光器。由一个螺线管和光学谐振腔组成，螺线管通电后形成空间周期性的横向磁场。直线加速器产生的高能电子束从螺线管一端引入，它在沿管轴线运动时，受到方向周期性变化的横向磁场作用，产生周期性的会聚与发散。它相当于一个电偶极子，在其运动过程中就会辐射电磁波。在谐振腔的作用下形成激光输出，通过改变横向磁场的空间周期，或改变注入电子束的总能量，可以改变输出激光的频率，其调谐范围远远超过可见光的范围。可从毫米波到 X 光。用于激光光谱、激光核聚变等领域。

◎ **本章思考题**

1. 绘出常见固态激光器的调谐范围对振荡波长关系曲线。
2. 为了监测环境污染，需要一工作于 720nm 波段的可调谐激光器，请问选择何种固态激光器较为合适？
3. 常见固体激光器有哪些？工作波长分别是多少？

第十一章 半导体激光器与放大器

本章介绍半导体激光器、放大器的工作原理、结构与发展动态学习本章之后,读者应知道:
(1) 半导体激光器、放大器的工作原理;
(2) 半导体激光器、放大器的基本结构;
(3) 半导体激光器、放大器的发展动态。

11.1 概述

半导体激光器(或称半导体二极管激光器,LD,1961年发明)是一类最重要的激光器。它具有体积小、寿命长,并可采用简单的注入电流的方式来泵浦,其工作电压和电流与集成电路兼容,有利于单片集成(OEIC),直接电流调制可获得 GHz 量级的调制频率激光输出。半导体激光器的应用范围覆盖了整个光电子学领域,已成为当今光电子科学的核心技术,其在照明、激光通信、光存储、光陀螺、传感器、激光打印、激光测距、条形码扫描仪、激光医疗、激光指示、舞台灯光、激光手术、激光焊接、激光武器、激光雷达、激光模拟武器、激光警戒、激光制导跟踪、引燃引爆、自动控制、检测仪器等方面获得了广泛的应用。

1. 半导体激光器的特点
(1) 小尺寸,$300\mu m \times 10\mu m \times 50\mu m$,可以很容易的插入其他仪器。
(2) 直接用低电流泵浦,典型值为 15mA,2V。可用传统半导体电路驱动。
(3) 高的电光转换效率,超过 50%。
(4) 高速率直接调制,直接电流调制速率超过 20GHz,实用于高速光通信系统。
(5) 易于单片集成,光电集成(OEIC)。
(6) 易于与光纤连接。

2. 半导体激光器的常用参数
半导体激光器的常用参数可分为:波长、阈值电流 I_{th}、工作电流 I_{op}、垂直发散角 $\theta\perp$、水平发散角 $\theta\//$、监控电流 I_m。

(1) 波长,即激光管工作波长,目前可作光电开关用的激光管波长有 635nm、650nm、670nm、激光二极管 690nm、780nm、810nm、860nm、980nm 等。

(2) 阈值电流 I_{th},即激光管开始产生激光振荡的电流,对一般小功率激光管而言,其值约在数十毫安,具有应变多量子阱结构的激光管阈值电流可低至 10mA 以下。

(3) 工作电流 I_{op},即激光管达到额定输出功率时的驱动电流,此值对于设计调试激光驱动电路较重要。

（4）垂直发散角 $\theta\perp$：激光二极管的发光带在垂直 PN 结方向张开的角度，一般在 15°~40°左右。

（5）水平发散角 $\theta/\!/$：激光二极管的发光带在与 PN 结平行方向所张开的角度，一般在 6°~10°左右。

（6）监控电流 I_m：即激光管在额定输出功率时，在 PIN 管上流过的电流。

11.2 半导体激光器结构与工作原理

11.2.1 半导体物理基础

本节我们介绍一些用于理解半导体激光器的一些背景材料。同学们应积极参看有关半导体物理方面的专业书籍。

1. 能带的概念

半导体中的电子与其他激光材料中的电子的主要差别是：半导体中的电子占据整个晶体，即共有化，而传统激光材料，如红宝石中的 Cr^{3+} 电子只限制在其周围 0.1~0.2nm 内，电子为 Cr 掺杂能级所有，而非其他离子。另一方面，在半导体中，由于它们的波函数相互交叠，晶体中没有两个电子处于相同的量子态（即拥有相同的波函数）。这就是所谓的泡利不相容原理。每个电子必须拥有唯一的空间波函数和相应的本征能量。如果画一个水平线，如图 11-1 所示，从中就会发现，对每个容许的电子能量（本征能量），能级聚集在被能隙（禁带）隔离的带内，这就是晶体中电子能级图。对于给定材料，基态及一些较高能级通常被占用，能级 E_F 称为费米能级，标示从满带（$E < E_F$）向空带（$E > E_F$）跃迁。

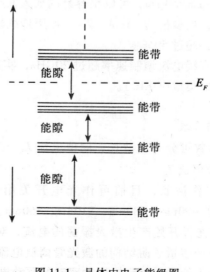

图 11-1 晶体中电子能级图

由量子力学知识可知，在孤立原子中电子的能量是量子化的，即只能取一些分离的能量值，对一些简单的原子可精确地求出其能级和电子波函数。孤立原子的外层电子可能取的能量状态（能级）完全相同，但当原子彼此靠近时，外层电子就不再仅受原来所属原子的作用，还要受到其他原子的作用，这使电子的能量发生微小变化。原子结合成晶体时，原子最外层的价电子受束缚最弱，它同时受到原来所属原子和其他原子的共同作用，已很难区分究竟属于哪个原子，实际上是被晶体中所有原子所共有，称为共有化。原子间距减小时，孤立原子的每个能级将演化成由密集能级组成的准连续能带。共有化程度越高的电子，其相应能带也越宽。孤立原子的每个能级都有一个能带与之相应，所有这些能带称为允许带。相邻两允许带间的空隙代表晶体所不能占有的能量状态，称为禁带。若晶体由 N 个原子（或原胞）组成，则每个能带包括 N 个能级，其中每个能级可被两个自旋相反的电子所占有，故每个能带最多可容纳 $2N$ 个电子（见泡利不相容原理）。价电子所填充的能带称为价带。如价带中所有量子态均被电子占满，则称为满带。满带中的电子不能参与宏观导电过程。无任何电子占据的能带称为空带。未被电子占满的能带称为未满带。例如一价金属有一个价电子，N 个原子构成晶体时，价带中的 $2N$ 个量子态只有一半被占据，另一半空着。未满带中的电子能参与导电过程，故称为导带。

固体的导电性能由其能带结构决定。对一价金属，价带是未满带，故能导电。对二价金属，价带是满带，但禁带宽度为零，价带与较高的空带相交叠，满带中的电子能占据空带，因而也能导电，绝缘体和半导体的能带结构相似，价带为满带，价带与空带间存在禁带。半导体的禁带宽度从 0.1～1.5eV，绝缘体的禁带宽度从 1.5～5.0eV。在任何温度下，由于热运动，满带中的电子总会有一些具有足够的能量激发到空带中，使之成为导带。由于绝缘体的禁带宽度较大，常温下从满带激发到空带的电子数微不足道，宏观上表现为导电性能差。半导体的禁带宽度较小，满带中的电子只需较小能量就能激发到空带中，宏观上表现为有较大的电导率（见半导体）。

小结：

我们把由 n 条能级相同的原子轨道组成能量几乎连续的 n 条分子轨道总称能带。由 2s 原子轨道组成的能带就叫做 2s 能带。有一类物质（如锗、硅、硒等），在常温下导带上只有少量激发电子，因此导电性能不好。它们的导电能力介于导体与绝缘体之间，因而叫做半导体。

2. 半导体中的电子状态

给定带上电子的波函数可用波矢和相应的布洛赫波函数表示：

$$\psi_v(\boldsymbol{r}) = u_{vk}(\boldsymbol{r})e^{i\boldsymbol{k}\cdot\boldsymbol{r}} \tag{11-1}$$

函数 u_{vk} 有与晶格相同的周期。指数因子 $\exp(i\boldsymbol{k}\cdot\boldsymbol{r})$ 表示电子的运动，与之相联系的电子德布洛意波长为

$$\lambda_e = \frac{2\pi}{k} \tag{11-2}$$

在波矢（$\boldsymbol{k}$）空间，波矢只能取一些离散值，并由覆盖整个晶体的总相移 $\boldsymbol{k}\cdot\boldsymbol{r}$ 决定，在三个坐标轴方向的分量可表示为

$$k_i = m \cdot \frac{2\pi}{L_i} \qquad m = 1, 2, 3, \cdots \tag{11-3}$$

式中，$i = x, y, z$。每个元包占有体积：

$$\Delta V_k = \Delta k_x \Delta k_y \Delta k_z = \frac{(2\pi)^3}{L_x L_y L_z} = \frac{(2\pi)^3}{V} \tag{11-4}$$

式中，$V = L_x L_y L_z$。

在波矢空间，波矢大小处于 $k \sim k+dk$ 区间的体积为 $4\pi k^2 dk$，此体积内的模式数为

$$\rho(k)dk = \frac{2 \times 4\pi k^2 dk}{\Delta V_k} = \frac{k^2 V}{\pi^2} dk \tag{11-5}$$

式中，$\rho(k)$ 为单位体积内态数目。因子 2 由泡利不相容原理决定。

导带底部电子能量为

$$E_c(\boldsymbol{k}) = \frac{\hbar^2 k^2}{2m_c} \tag{11-6}$$

式中，m_c 为导带中电子的有效质量。这里我们讨论最简单的理想情况，即导带中电子的有效质量仅依赖于电子传播矢量 $\boldsymbol{k}$ 的大小，与传播方向无关。

在实际工作中，我们常常用能量函数来完成电子记数，而不是利用波矢 $\boldsymbol{k}$。态密度函数 $\rho(E)$ 可写成

$$\rho(E)dE = \frac{1}{V}\rho(k)dk = \frac{k^2}{\pi^2}dk \tag{11-7}$$

利用(11-6)式，我们可得

$$\rho_c(E) = \frac{1}{2\pi^2}\left(\frac{2m_c}{\hbar^2}\right)^{3/2} E^{1/2} \tag{11-8}$$

或

$$\rho_c(\omega) = \hbar \rho_c(E) = \frac{1}{2\pi^2}\left(\frac{2m_c}{\hbar^2}\right)^{3/2} \omega^{1/2} \tag{11-9}$$

式中，$E = \hbar\omega$。

同理，对于价带中的电子也有类似结论：

$$E_v(\boldsymbol{k}) = \frac{\hbar^2 k^2}{2m_v} \tag{11-10}$$

$$\rho_v(\omega) = \hbar \rho_v(E) = \frac{1}{2\pi^2}\left(\frac{2m_v}{\hbar^2}\right)^{3/2} \omega^{1/2} \tag{11-11}$$

图 11-2 表示直接带隙半导体的能量-k 关系图。此时，导带最小值与价带最大值处的波矢相同。实点代表允许的电子能态，即由(11-3)式，这些态沿 k 轴均匀分布。

3. 费米-狄拉克分布率(Fermi-Dirac distribution)

电子占有能量为 E 的能态的几率由费米-狄拉克分布决定，为

$$f(E) = \frac{1}{\exp\left(\dfrac{E - E_F}{kT}\right) + 1} \tag{11-12}$$

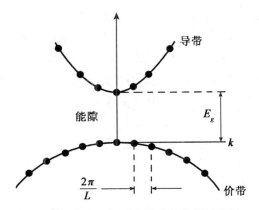

图 11-2 典型直接带隙半导体的能带结构图

式中，k 为玻耳兹曼常数；T 为温度。当电子能量远远低于费米能级时 $E_F - E \gg kT$，$f(E) \to 1$，电子态被完全占满。反之，电子能量远远高于费米能级时 $E - E_F \gg kT$，$f(E) \propto \exp(-E/kT)$，接近玻耳兹曼分布。当 $T = 0$ 时，对 $E < E_F$ 有，$f(E) = 1$；而对 $E > E_F$ 有，$f(E) = 0$，即费米能级以下的所有能级均被占有，而费米能级以上的所有能级均被空着。在非常高掺杂的半导体中，费米能级可移入导带（施主掺杂）或移入价带（受主掺杂）。可用图 11-3 说明。据 (11-12) 式，在 0K 时，所有低于费米能级的态被占有，而高于费米能级的态则空着。在这种情形下，半导体具有类似金属的行为。价带中从态 a 激发一个电子到态 b，可看作一个空穴受激从 b 到 a。

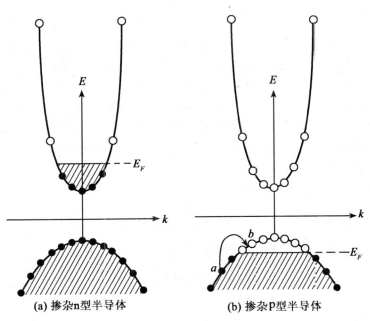

图 11-3 0K 时半导体的能带结构
斜线表示电子态被添满，小圆圈表示没有占据态（空穴）

为了更好地理解准费米能级的作用，现考虑非热平衡情况，电子以高速率跃迁到 p 型半导体的导带。这可通过注入电子通过 pn 结到 p 区或用高强度激光（光子能量 $h\nu > E_g + E_{Fc} + E_{Fv}$）照射半导体来实现。对每个吸收电子，电子从价带跃迁到导带，如图 11-4 所示。随之伴随着电子的弛豫过程，通过辐射光子或声子而自身以 $\sim 10^{-12}$ s 的时间回到导带底部，弛豫越过带隙则回到价带（即与空穴复合），这一过程的典型时间常数为 $\sim 3 \sim 4 \times 10^{-9}$ s。这一点对分析半导体的光放大过程非常重要。

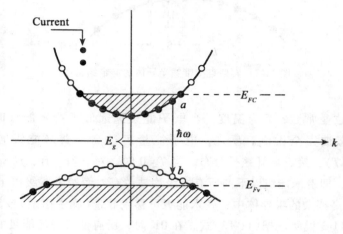

图 11-4 电子跃迁到半导体的导带

11.2.2 半导体激光器的增益与吸收

利用半导体中载流子（电子或空穴）在导带与价带之间的受激跃迁来实现半导体的受激辐射放大。激励方式有电子注入、电子束激励和光泵浦三种形式。

考虑图 11-5 所示的半导体材料。通过电泵浦获得一个非热平衡态，其中，高密度电子与空穴共存在同一个空间，可用准费米能级 E_{Fc} 和 E_{Fv} 描述。当频率为 ω_0 的光子光束通过晶体时，这光束将诱导 $a \to b$ 跃迁，导致放大，及 $b \to a$ 的吸收。如 $a \to b > b \to a$ 则有净放大。由前面讨论可知，只有那些上下电子态（波矢 k）相同的跃迁才允许。不同的能级对用不同 k 描述。

我们考虑一组几乎相同 k 的能级，跃迁能量为

$$\hbar\omega(k) = E_g + \frac{\hbar^2 k^2}{2m_c} + \frac{\hbar^2 k^2}{2m_v} \tag{11-13}$$

对于传统的激光介质，增益系数可表示为(3-11)式，即

$$g(\omega_0) = \frac{k}{n^2}\chi''(\omega_0), \quad k = \frac{2\pi n}{\lambda} \tag{11-14}$$

式中：

$$\chi''(\omega_0) = \frac{(N_1 - N_2)\lambda_0^3}{8\pi^3 t_{spon}\Delta\nu n} \frac{1}{1 + 4(\nu - \nu_0)^2/(\Delta\nu)^2} \tag{11-15}$$

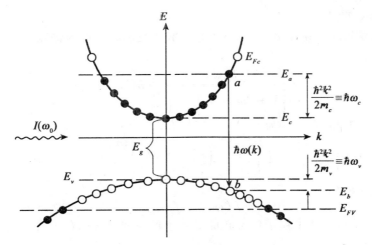

图 11-5 光与电泵浦半导体之间的相互作用

定义弛豫为 $T_2 = (\pi\Delta\nu)^{-1}$，有

$$g(\omega_0) = \frac{(N_1 - N_2)\lambda_0^2}{4t_{spon}n^2} \cdot \frac{1}{\pi\left[1 + (\omega - \omega_0)^2 T_2^2\right]} \quad (11\text{-}16)$$

半导体中 T_2 为 k 态电子与单色场相干作用的平均时间，量级为 $\sim 10^{-12}$ s。现有一上能态"a"中的一个电子，与其波矢相同的下能态"b"可能被其他电子占有，因此，向下跃迁的几率正比于：

$$R_{a\to b} \propto f_c(E_a)\left[1 - f_v(E_b)\right] \quad (11\text{-}17)$$

式中

$$f_c(E) = \frac{1}{\exp\left(\dfrac{E - E_{Fc}}{kT}\right) + 1} \quad (11\text{-}18)$$

$$f_v(E) = \frac{1}{\exp\left(\dfrac{E - E_{Fv}}{kT}\right) + 1} \quad (11\text{-}19)$$

在泵浦作用下 $E_{Fc} \neq E_{Fv}$。

经过复杂代换，有

$$g(\omega_0) = \int_0^\infty (\hbar\omega - E_g)^2 \left(\frac{2m_r}{\hbar^2}\right)^{1/2} \frac{m_r \lambda_0^2 T_2 \left[f_c(\omega) - f_v(\omega)\right]}{\pi^3 \hbar 4 n^2 t_{spon}\left[1 + (\omega - \omega_0)^2 T_2^2\right]} d\omega \quad (11\text{-}20)$$

式中：

$$\hbar\omega = E_g + \frac{\hbar^2}{2m_r}k^2 \quad (11\text{-}21)$$

$$\frac{1}{m_r} = \frac{1}{m_c} + \frac{1}{m_v} \quad (11\text{-}22)$$

式中，m_r 为有效质量。

在大多数情况下，基于 $\Delta\omega \sim T_2^{-1}$，其带宽比我们感兴趣的谱宽要窄得多，可作如下替换：

$$\frac{T_2}{\pi\left[1+(\omega-\omega_0)^2 T_2^2\right]} \to \delta(\omega-\omega_0) \tag{11-23}$$

这样，式(11-20)可表示为

$$g(\omega_0) = \frac{\lambda_0^2}{8\pi^2 n^2 t_{spon}}\left(\frac{2m_r}{\hbar^2}\right)^{3/2}\left(\omega_0 - E_g/\hbar\right)^{1/2}\left[f_c(\omega_0) - f_v(\omega_0)\right] \tag{11-24}$$

对净增益，$g(\omega_0)>0$，有

$$f_c(\omega_0) > f_v(\omega_0) \tag{11-25}$$

式(11-25)为半导体中粒子数反转的等效条件。利用式(11-18)、(11-19)，增益条件变为

$$\frac{1}{\exp\left(\dfrac{E_a - E_{Fc}}{kT}\right)+1} > \frac{1}{\exp\left(\dfrac{E_b - E_{Fv}}{kT}\right)+1} \tag{11-26}$$

由于 $E_a - E_b = \hbar\omega_0$，式(11-26)可写成

$$\hbar\omega_0 < E_{Fc} - E_{Fv} \tag{11-27}$$

式(11-27)表明，只有那些光子能量 $\hbar\omega_0$ 小于准费米能级差的频率才能放大。增益与频率的一般关系如图 11-6 所示。从图上可看出，当 $\hbar\omega < E_g$ 时，由于在这些能级上没

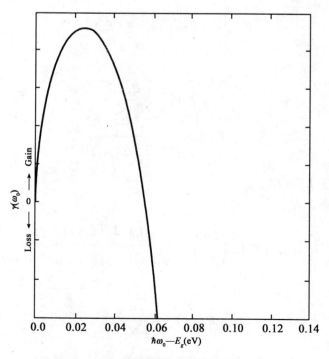

图 11-6　增益与频率的关系图（泵浦一定）

有电子跃迁存在，增益为0，当 $\hbar\omega_0 = E_{Fc} - E_{Fv}$ 时，增益又变为0，在较高频率，半导体表现出吸收特性。

图 11-7 为由 (11-24) 式计算出的 GaAs 增益随注入电子密度变化的关系曲线。所用参数为：$m_c = 0.067 m_e$，$m_v = 0.48 m_e$，$T_2 \sim 0.5 \text{ps}$，$t_{spon} \sim 3 \times 10^{-9} \text{s}$，$E_g = 1.43 \text{eV}$。从图上可看出，增益为0时的密度为 $N_{tr} \sim 1.55 \times 10^{18} \text{cm}^{-3}$。峰值增益随反转粒子数密度的变化关系如图 11-8 所示。从图上可看出，半导体材料可获得 $\sim 100 \text{cm}^{-1}$ 的增益。

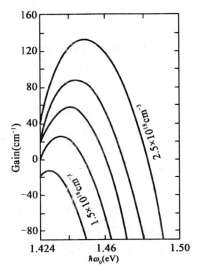

图 11-7　增益与电子密度的关系图

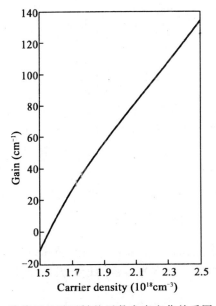

图 11-8　峰值增益随反转粒子数密度变化关系图 $T = 300 \text{K}$

11.2.3 电子注入激光器的输出功率

半导体激光器件，可分为同质结、单异质结、双异质结等几种。同质结激光器和单异质结激光器室温时多为脉冲器件，而双异质结激光器室温时可实现连续工作。

半导体激光器工作原理是激励方式，利用半导体物质（即利用电子）在能带间跃迁发光，用半导体晶体的解理面形成两个平行反射镜面作为反射镜，组成谐振腔，使光振荡、反馈、产生光的辐射放大，输出激光半导体光电器件的工作波长是和制作器件所用的半导体材料的种类相关的。半导体材料中存在着导带和价带，导带上面可以让电子自由运动，而价带下面可以让空穴自由运动，导带和价带之间隔着一条禁带，当电子吸收了光的能量从价带跳跃到导带中去时，就把光的能量变成了电，而带有电能的电子从导带跳回价带，又可以把电子的能量变成光，这时材料禁带的宽度就决定了光电器件的工作波长。

注入式激光器的饱和与功率输出与第四章介绍的传统激光器一样。当注入电流大于阈值时，激光振荡建立。定义有源区中注入载流子复合几率为 η_i，受激辐射发射的功率可写为

$$P_e = \frac{(I - I_t)\eta_i}{e}h\nu \tag{11-28}$$

这部分功率一部分在腔内损耗掉，另一部分则通过耦合镜输出。假设腔镜的反射率为 R，腔长为 L，腔内损耗为 α，则输出功率可写成

$$P_0 = \frac{(I - I_t)\eta_i}{e}h\nu \frac{(1/L)\ln(1/R)}{\alpha + (1/L)\ln(1/R)} \tag{11-29}$$

定义外微分量子效率为输出光子速率与注入速率之比：

$$\eta_{ex} = \frac{\mathrm{d}(P_0/h\nu)}{\mathrm{d}[(I - I_t)/e]} \tag{11-30}$$

联立(11-29)式，可得

$$\eta_{ex}^{-1} = \eta_i^{-1}\left(\frac{\alpha L}{\ln(1/R)} + 1\right) \tag{11-31}$$

对于 GaAs 来说，$\eta_i = 0.9 \sim 1.0$。

激光器中，电功率转换为光功率的效率为

$$\eta = \frac{P_0}{IV} = \eta_i \frac{(I - I_t)}{I}\frac{h\nu}{eV_{appl}}\frac{\ln(1/R)}{\alpha L + \ln(1/R)} \tag{11-32}$$

实际工作中，$eV_{appl} \approx 1.4E_g$，$h\nu \approx E_g$，在 300K 温度下，$\eta \approx 30\%$。

11.2.4 半导体激光器封装技术 *

半导体激光器封装技术大都是在分立器件封装技术基础上发展与演变而来的，但却有很大的特殊性。既有电参数，又有光参数的设计及技术要求，无法简单地将分立器件的封装用于半导体激光器。

半导体激光器的核心发光部分是由 p 型和 n 型半导体构成的 pn 结管芯，当注入 pn

结的少数载流子与多数载流子复合时，就会发出可见光、紫外光或近红外光。但 pn 结区发出的光子是非定向的，即向各个方向发射有相同的几率，因此，并不是管芯产生的所有光都可以释放出来，这主要取决于半导体材料质量、管芯结构及几何形状、封装内部结构与包封材料，应用要求提高半导体激光器的内、外部量子效率。常规 φ5mm 型半导体激光器封装是将边长 0.25mm 的正方形管芯粘结或烧结在引线架上，管芯的正极通过球形接触点与金丝键合为内引线与一条管脚相连，负极通过叉射杯和引线架的另一管脚相连，然后其顶部用环氧树脂包封。反射杯的作用是收集管芯侧面、界面发出的光，向期望的方向角内发射。顶部包封的环氧树脂做成一定形状，有这样几种作用：保护管芯等不受外界侵蚀；采用不同的形状和材料性质（掺或不掺散色剂），起透镜或漫射透镜功能，控制光的发散角；管芯折射率与空气折射率相关太大，致使管芯内部的全反射临界角很小，其有源层产生的光只有小部分被取出，大部分易在管芯内部经多次反射而被吸收，易发生全反射导致过多光损失，选用相应折射率的环氧树脂作过渡，提高管芯的光出射效率。用作构成管壳的环氧树脂须具有耐湿性、绝缘性、机械强度，对管芯发出光的折射率和透射率高。选择不同折射率的封装材料，封装几何形状对光子逸出效率的影响是不同的，发光强度的角分布也与管芯结构、光输出方式、封装透镜所用材质和形状有关。若采用尖形树脂透镜，可使光集中到半导体激光器的轴线方向，相应的视角较小；如果顶部的树脂透镜为圆形或平面形，其相应视角将增大。

一般情况下，半导体激光器的发光波长随温度变化为 0.2~0.3nm/℃，光谱宽度随之增加，影响颜色鲜艳度。另外，当正向电流流经 pn 结，发热忹损耗使结区产生温升，在室温附近，温度每升高 1℃，半导体激光器的发光强度会相应地减少 1% 左右，封装散热；时保持色纯度与发光强度非常重要，以往多采用减少其驱动电流的办法，降低结温，多数半导体激光器的驱动电流限制在 20mA 左右。但是，半导体激光器的光输出会随电流的增大而增加，目前，很多功率型半导体激光器的驱动电流可以达到 70mA、100mA 甚至 1A 级，需要改进封装结构，全新的半导体激光器封装设计理念和低热阻封装结构及技术，改善热特性。例如，采用大面积芯片倒装结构，选用导热性能好的银胶，增大金属支架的表面积，焊料凸点的硅载体直接装在热沉上等方法。此外，在应用设计中，PCB 线路板等的热设计、导热性能也十分重要。

进入 21 世纪后，半导体激光器的高效化、超高亮度化、全色化不断发展创新，红、橙半导体激光器光效已达到 100lm/W，绿半导体激光器为 50lm/W，单只半导体激光器的光通量也达到数十流明（lm）。半导体激光器芯片和封装不再沿袭传统的设计理念与制造生产模式，在增加芯片的光输出方面，研发不仅仅限于改变材料内杂质数量、晶格缺陷和位错来提高内部效率，同时，如何改善管芯及封装内部结构，增强半导体激光器内部产生光子出射的几率，提高光效，解决散热，取光和热沉优化设计，改进光学性能，加速表面贴装化 SMD 进程更是产业界研发的主流方向。

◎ 自测练习

(1) 某高纯度半导体碳纳米管的禁带宽度为 0.738eV，则其吸收带位于_____ nm。

(A) ~1680　　(B) ~1000　　(C) 500　　(D) 100

11.3　半导体激光放大器结构与工作原理

半导体激光放大器，又称半导体光放大器(SLA)，其基本结构、原理和特性与半导体激光器非常相似。当偏置电流低于振荡阈值时，激光二极管就能对输入的相干光实现放大作用。

11.3.1　半导体激光放大器结构与工作原理

工作在阈值电流以下的半导体激光放大器都可用作半导体光放大器，其放大性能主要取决于有源层介质特性和激光腔结构。半导体激光放大器原理图如图11-9所示。SLA两端面构成FP腔，入射光从腔左边入射，通过具有增益的有源层介质后到达右腔镜，小部分从端面反射，大部分则输出腔外。假设入射光场为 E_i，FP腔的透射系数与反射系数分别为 t_1, r_1; t_2, r_2。半导体光放大器的输出光为多次透射光之和，可写成

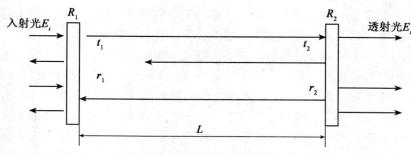

图11-9　半导体激光放大器原理

$$E_t = \frac{t_1 t_2 \exp(-\gamma L)}{1 + r_1 r_2 \exp(-2\gamma L)} E_i \tag{11-33}$$

式中，γ 为有源层的复传播常数，可表示为

$$\gamma = -\frac{\Gamma g - \alpha}{2} + i\beta \tag{11-34}$$

式中，Γ 为模式限制因子；g 为有源层增益系数，α 为有源层损耗系数；$\beta = 2\pi n/\lambda$ 为有源层的相位参数；n 为有源层的折射率。

由(11-33)式，可得放大器的增益为

$$G = \frac{|E_t|^2}{|E_i|^2} = \frac{(1-R_1)(1-R_2)G_s}{(1-\sqrt{R_1 R_2} G_s)^2 + 4R_1 R_2 G_s \sin^2[\pi(\nu - \nu_m)/\Delta\nu]} \tag{11-35}$$

式中，$R_1 = r_1^2$，$R_2 = r_2^2$ 为端面功率反射系数；ν_m 为FP腔的谐振频率，$\Delta\nu = c/(2L)$ 为腔内纵模间隔；$G_s = \exp[(\Gamma g - \alpha)L]$ 为有源层的单程非饱和增益。

由式(11-35)可知，FP腔半导体光放大器的增益是频率的周期函数，当 $\nu = \nu_m$ 时，增益达到最大值，最大增益与最小增益分别为

$$G_{max} = \frac{(1-R_1)(1-R_2)G_s}{\left(1-\sqrt{R_1R_2}G_s\right)^2} \qquad (11\text{-}36)$$

$$G_{min} = \frac{(1-R_1)(1-R_2)G_s}{\left(1+\sqrt{R_1R_2}G_s\right)^2} \qquad (11\text{-}37)$$

最大增益与最小增益之比为

$$b = G_{max}/G_{min} = \frac{\left(1+\sqrt{R_1R_2}G_s\right)^2}{\left(1-\sqrt{R_1R_2}G_s\right)^2} \qquad (11\text{-}38)$$

当 $\sqrt{R_2R_1}G_s \ll 1$ 时，$b \to 1$，则有 $G \to G_s$，增益起伏消失，相当于宽带单程行波半导体放大器。

通常 G_s 很大（>100）。为了获得宽带发放大，R_1 和 R_2 必须做得很小，如当 $\sqrt{R_2R_1}G_s \approx 0.04$ 时，3dB 带宽可达 7nm(9THz)。实际上要使 R_1 和 R_2 做得很小是很困难的，因此，半导体光放大器的增益总是随频率变化的。由(11-35)式，可得对谐振点增益归一化的小信号增益频率特性为

$$\frac{G(\nu)}{G(\nu_m)} = \frac{1}{1+\dfrac{\sin^2[\pi(\nu-\nu_m)/\Delta\nu]}{\sin^2[\pi B/\Delta\nu]}} \qquad (11\text{-}39)$$

当 $\Delta\nu \gg \nu-\nu_m$ 时，(11-39)式可简化为

$$\frac{G(\nu)}{G(\nu_m)} \approx \frac{1}{1+\left[\dfrac{\nu-\nu_m}{B}\right]^2} \qquad (11\text{-}40)$$

式中，B 为 3dB 带宽。可见，FP 腔半导体光放大器的增益曲线具有洛伦兹线型。增益下降 3dB 的频率范围称为放大器的带宽，可表示为

$$\Delta\nu_A = \frac{2\Delta\nu}{\pi}\sin^{-1}\left[\frac{1-G_s\sqrt{R_1R_2}}{\left(4\sqrt{R_1R_2}G_s\right)^{1/2}}\right] \qquad (11\text{-}41)$$

由式(11-36)可见，为实现高增益放大，应使 $\sqrt{R_2R_1}G_s \to 1$，而由式(11-41)可见，这将使放大器带宽变窄。通常带宽只占自由谱区的很小一部分，典型值为 $\Delta\nu = 100\text{GHz}$，而 $\Delta\nu_A < 10\text{GHz}$，所以，FP 腔半导体光放大器的带宽比行波半导体光放大器的小得多，不适合于在光通信系统中作为高速和多信道放大，一般用作光信号处理器件。

如果在 FP 腔半导体光放大器的腔端面镀增透膜，以抑制端面的反射反馈，FP 腔半导体光放大器就变成了行波半导体光放大器。如要求放大器提供 30dB 增益（$G_s = 1000$），则应使

$$\sqrt{R_2R_1} < 1.7 \times 10^{-4} \qquad (11\text{-}42)$$

11.4 半导体激光器/放大器发展动态

半导体激光器/放大器是目前激光领域的技术热点之一，我们的日常生活已离不开

它。半导体激光器/放大器的发展趋势是高功率、超宽带、高效率等。

1. 高功率

大功率半导体激光器阵列(LDA)具有电光转换效率高、体积小、重量轻、寿命长、功耗低、可靠性好、结构简单、易于调制及价格低廉等优点,随着半导体工业和其他相关领域的不断发展,LDA广泛应用于光电子学的诸多领域,成为当今光电子科学的核心技术。

虽然半导体激光器具有转化效率高、波长覆盖范围广、体积小、重量轻等一系列的优点,已经在光通信等领域得到了广泛应用,但是由于结构的限制,其具有输出光功率密度较低、光束质量较差等缺点,限制了其在材料加工、表面处理、抽运固体介质等方面的进一步应用。为了改善这些缺点,人们提出了利用光束合成的方法提高其输出功率密度,改善光束质量。

光束合成技术可以分为相干合成技术和非相干合成技术,相干合成技术包括线性合成技术(腔内滤波器、相位锁定等)和非线性合成技术(相位共轭、受激拉曼散射等)。相干合成可以大大地提高光束的空间和波长亮度,但是必须控制激光光源的相位或对其进行锁定以满足光束在远场处进行干涉的条件。该方法结构非常复杂,相位的微小变化就会影响合成的效率。而非相干合成技术结构相对简单,而且无需对光束的相位进行控制,它将是实现高功率半导体激光器的首选技术之一。

2. 垂直腔面发射激光器(Vertical-cavity surface-emitting laser)

20世纪80年代,垂直腔面发射激光器(VCSEL)的出现引起了人们极大的兴趣,由于其光束质量好、阈值低、容易实现二维阵列等优点,广泛应用于国防、光通讯、信息处理、医疗、科学研究等各个领域。

早期的电泵泵浦式的VCSEL由于是串联电阻,不可避免地引发了热堆积,使进一步提高功率成为难题。1997年M. Kuzetsov等人首次提出了光泵垂直扩展腔面发射半导体激光器(OPS-VECSEL)的想法。OPS-VECSEL结合了二极管泵浦全固态激光器和电泵VCSEL两者的优点,第一次实现了直接从半导体激光器中得到高功率、衍射角小的圆对称光束,是半导体激光器的革命性进展。与传统固态激光器相比,它可以通过调节增益区材料组分、量子阱宽度等来设计激射波长,并可得到小衍射角、圆对称的高质量光束,与电泵VCSEL相比,省去了复杂的掺杂工艺,并降低了热效应,实现了大功率输出。而且,由于其光束质量好,在腔内插入非线性晶体、饱和吸收体SESAM等后,可进行直接倍频、锁模、波长调谐等,从而扩展了输出波长的范围,也可得到超短脉冲输出。

M. Kuzetsov最先研究的是近红外波段的OPS-VECSEL,并获得了高功率、高质量的输出光束,在1004nm附近的连续波TEM_{11}模输出功率达到0.69W,TEM_{00}模输出功率为0.52W,0.37W的光耦合进单模光纤,实现了很高的耦合效率。随后,许多研究人员投入到这一研究领域,采用不同技术改善其性能,使OPS-VECSEL的发射波长从近紫外覆盖到中红外,目前最高平均功率已达30W,并应用到生物医学、自由空间光通信、天然气探测、环境监测、激光显示等领域。

光泵浦垂直腔面发射激光器具有如下优点:

（1）输出光束质量好，可以通过调整半导体材料的组分改变能带结构以及调整量子阱宽度，从而得到不同激射波长的激光；

（2）与电泵浦 VCSEL 相比，省去了复杂的掺杂工艺，同时，功率的提高不再受到串联电阻等因素的制约，可以实现瓦级甚至百瓦级的高功率输出；

（3）便于在腔内加入倍频晶体、SESAM 等实现倍频、被动锁模，从而获得宽波长范围、短脉冲宽度的激光。

（4）可用于激光显示、光镊等，易于作成二维阵列，在半导体工艺逐渐成熟的基础上容易实现批量生产及商用化。

但是，实现高功率 OPS-VECSEL 仍面临以下问题：

a. 散热问题

散热问题是实现高功率 OPS-VECSEL 面临的关键问题。温度的升高主要在以下几个方面影响 OPS-VECSEL 的性能：①由于温度提高引起热载流子泄漏和非辐射结合过程而影响增益；②温度提高会改变介质折射率，使得 DBR 性能改变；③半导体材料的禁带宽度也随着温度的提高向长波长漂移，量子阱所在位置会偏离波节处，OPS-VECSEL 的输出波长、功率以及转换效率等将受到很大影响。目前主要采用两种方法解决散热问题：薄片结构和热散。薄片结构是指利用化学腐蚀等方法剥离衬底，从而减小增益结构和热沉间距离，使热量更快传散出去。由美国相干公司研制的最高功率输出的 OPS-VECSEL 就采用这种技术。除了从增益结构底部散发热量外，还可以在其顶部加入热散，更好地解决散热问题。使用不同的散热材料，也可改善散热情况，目前报道的散热材料主要有蓝宝石、硅、碳化硅和金刚石。还有一种很有效的方法可以从根本上减少系统产生的热量，这就是量子阱内泵浦 OPS-VECSEL。一般地，泵浦光在势垒层被吸收，泵浦光与输出光光子能量相差较多，其微分量子效率不是很高，并且由于量子亏损，即泵浦光子能量与输出光光子能量之差，通过热的形式散发出来，使得产生了多余的热量。如果能够选择与输出光波长相近的泵浦光就能够大大地提高微分量子效率，同时从根本上减少系统产生的热量，2004 年，Marc 等人提出了这一思想并做了一定的研究。阱内泵浦的优点除了提高微分量子效率，减少热量外，由于势垒层对于泵浦光是透射的，泵浦光只在量子阱层被吸收，因此可以增加量子阱数目来提高泵浦光的吸收率。

由于单个量子阱层很薄，单次吸收效率约 1%，在设计上与势垒层泵浦不同的是，阱内泵浦 OPS！VECSEL 的 DBR 对于泵浦光和出射光都要高反。2006 年，Marc 的小组在室温下利用 30W 的 806nm 泵浦光得到 1W 的 850nm 激光输出。

b. 腔设计

合理设计腔型，选择最佳腔长、输出镜曲率半径、透射率、晶体放置位置等，可以提高 OPS-VECSEL 性能，并使其结构紧凑，使用方便，有利于应用。如前面提到的，采用 V 型腔，结构简单；采用 Z 型折叠腔，适于插入倍频晶体、滤波片，设计时要控制折叠角度在一定小角度范围内；最为理想的是 I 型腔，泵浦光从芯片底部入射，芯片上表面对于泵浦光高反，泵浦光可以在腔内多次往返，增加利用率，这样的结构更加简单紧凑。OPS-VECSEL 的出现是半导体激光器发展历程中一个重要的里程碑，它有望弥补长期以来半导体激光器功率低的不足，实现大功率高光束质量的激光输出，在某些领域与全固态激光器及离子激光器相媲美。目前国内这方面研究还较少,对这一课题进行深入细致的研究具有十分重要的理论及实际应用价值。

3. 量子阱激光器

衬底出光的 InGaAs/GaAs 量子阱垂直腔面发射半导体激光器的有源层由三个 InGaAs/GaAs 应变量子阱组成,InGaAs 量子阱宽为 8nm,GaAs 势垒宽为 10nm。三个量子阱被上、下 AlGaAs 限制层包围构成为一个波长的谐振腔。上下两个分布布喇格反射镜为四分之一波长的 GaAs 和 AlGaAs 周期结构组成。其中 p 型反射镜为 38.5 周期(掺杂 C,浓度为 $3\times10^{18}cm^{-3}$),n 型反射镜为 28.5 周期(掺杂 Si,浓度为 $3\times10^{18}cm^{-3}$),N 型反射镜的对数比 p 型反射镜对数少,以使器件的光从 n 型反射镜一侧由衬底出射形成衬底出光型器件,在 p 型分布布喇格反射镜与有源区之间加入一层高 Al 组分的 $Al_{0.98}Ga_{0.02}As$ 层,厚度为 30nm,此层在器件的工艺过程中将被氧化为 Al_xO_y 绝缘层,起到电流限制作用,形成电流注入窗口,器件结构中各外延层由金属有机化合物气相沉积(MOCVD)技术在 n-GaAs 衬底(掺杂 Si,浓度为 $3\times10^{18}cm^{-3}$)上外延生长获得。

◎ 本章思考题

1. 半导体激光器特点与常用参数。
2. 半导体物理基础。
3. 半导体激光器的增益与吸收。
4. 电子注入激光器的输出功率、半导体激光器封装技术。
5. 半导体激光器/放大器发展动态。
6. 半导体激光放大器结构与工作原理。

参 考 文 献

[1] 周炳琨院士主编. 激光原理[M]. 4版. 北京：国防工业出版社，2004
[2] 蓝信钜，等编著. 激光技术[M]. 2版. 北京：科学出版社，2005
[3] 阎吉祥，主编著. 激光原理与技术[M]. 北京：高等教育出版社，2004
[4] 周炳鲲，等编著. 激光原理[M]. 北京：国防工业出版社，2000
[5] 陈钰清，等编著. 激光原理[M]. 浙江：浙江大学出版社，1992
[6] 卢亚雄，杨亚培，陈淑芬. 激光束传输与变换技术[M]. 成都：成都电子科技大学出版社，1999
[7] 俞新宽，江铁良，赵启大. 激光原理与激光技术[M]. 北京：北京工业大学出版社，1998
[8] O Svelto. Principles of Lasers[M]. 4th. Plenum Press，1998
[9] G P Agrawal 著. 非线性光纤光学原理及应用[M]. 贾东方，等译. 北京：电子工业出版社，2002
[10] A Yariv 著. 现代通信光电子学[M]. 5版. 北京：电子工业出版社，2002
[11] 杨祥林，等编著. 光放大器及其应用[M]. 北京：电子工业出版社，2000
[12] 陈海燕著. 掺铒磷酸盐玻璃光波导放大器及应用[M]. 武汉：湖北科学技术出版社，2006
[13] 王忠和，张光寅编著. 光子学物理基础[M]. 北京：国防工业出版社，1998